职业设计师岗位技能培训系列教程

从设计到印刷 Photoshop CS5 平面设计师必读

1 DVD 影音视频教学光盘

钟星翔 魏 薇 赵艳东 编著

PS

印刷工业出版社
北京希望电子出版社
Beijing Hope Electronic Press
www.bhp.com.cn

内容提要

本书以通俗的语言，介绍了Photoshop的基础知识和使用方法，并通过一系列来自一线的典型案例，循序渐进地讲解了界面设置、Photoshop操作流程的概述、色彩调整、图层通道技术、专色版设置等内容，以及职业设计工作中涉及到的最多的实际案例——招贴广告。

在图书的最后，还通过实际案例介绍、陷阱分析来帮助读者迅速掌握软件在平面设计中的关键应用方法、平面设计工作的工艺流程、各种常见印刷类设计稿的设计规范，清楚了解在平面设计工作中常遇到的技术难题与易犯错误，熟练掌握正确的工作方法，以达到具有两年以上工作经验的设计师的工作水平。

本书作为新闻出版总署教育培训中心开展的“职业数码出版设计师”高技能人才培训项目的教学用书，也可以作为设计、印刷等专业院校的教材，及有志于从事设计工作的自学人员的学习用书。

本书配套光盘内容为书中案例视频教学、从设计到印刷的设计流程教学视屏，同时还配有部分图片素材。

图书在版编目（CIP）数据

从设计到印刷Photoshop CS5平面设计师必读/钟星翔,魏薇,赵艳东编著.
-北京:印刷工业出版社，2011.6

职业设计师岗位技能培训系列教程

ISBN 978-7-5142-0212-0

I.从…II.①钟…②魏…③赵…III.图像处理软件，Photoshop CS5－技术培训－教材 Ⅳ.TP391.41

中国版本图书馆CIP数据核字(2011)第084968号

从设计到印刷Photoshop CS5平面设计师必读

编　著：钟星翔　魏　薇　赵艳东

责任编辑：郭　蕊　刘　芯　　责任校对：蒋　依

责任印制：密　东　　责任设计：深度文化

出版发行：印刷工业出版社（北京市翠微路2号　邮编：100036）

北京希望电子出版社（北京市海淀区上地三街9号嘉华大厦C座610　邮编：100085）

网　址：www.bhp.com.cn

经　销：各地新华书店

印　刷：北京市密东印刷有限公司

开　本：787mm×1092mm　1/16

字　数：368千字

印　张：16

印　数：1～4000

印　次：2011年6月第1版　2011年6月第1次印刷

定　价：39.80元（配1张DVD光盘）

ISBN：978-7-5142-0212-0

序

职业教育是我国教育事业的重要组成部分，是衡量一个国家现代化水平的重要标志，我国一直非常重视职业教育的发展。西方发达国家的职业教育一直处于一个较高的水平，有效地促进了国家的经济发展、社会进步，增加了就业。发展职业教育，提高劳动者的素质，培养实用型人才是职业教育的一个重要目标，尤其是在当前我国城镇化步伐加快，农村剩余劳动力大转移的前提下，职业教育的地位更为突出和重要。经过20多年探索，我国职业教育改革发展的思路日益清晰。《国务院关于大力发展职业教育的决定》明确提出，要“推进职业教育办学思想的转变。坚持‘以服务为宗旨、以就业为导向’的职业教育办学方针，积极推动职业教育从计划培养向市场驱动转变，从政府直接管理向宏观引导转变，从传统的升学导向往就业导向转变。促进职业教育教学与生产实践、技术推广、社会服务紧密结合，推动职业院校更好地面向社会、面向市场办学”。各级政府和社会各界对这种职业教育的办学思路已逐步形成共识，并引导着我国职业教育不断深化改革，在服务中求支持，在改革中求发展。

在此背景下，新闻出版总署教育培训中心与相关专业培训公司、软件厂商、相关院校合作推出了“职业数码出版设计师”培训计划，旨在培养出符合企业需求的平面设计师。该培训计划将实际工作场景融入培训课程，以实际工作案例作为课程内容，将大大激发学生的学习热情。随着排版设计的新技术和平板电脑、手机等硬件设备的广泛应用，人们渐渐的更乐意使用这些硬件来阅读电纸书，以获取信息。电纸书的排版设计师也成为市场稀缺的高薪人才。“职业数码出版设计师”培训计划更是根据此市场需求，推出了“电、纸媒体排版”学习课程，让学员不光掌握传统的设计印刷知识，对前沿技术也能充分了解。

“职业数码出版设计师”培训地点位于北京大兴区的北京印刷学院高职院内，从这里已经走出了一批批高素质平面设计师。他们深深地感到“职业数码出版设计师”培训为其工作打下了良好的基础，并且起到了连接学校和企业的桥梁作用。本系列用书是根据“职业数码出版设计师”培训计划编写的教材，作者将多年的工作经验和技巧融入教材实例中，也希望该书能对有兴趣从事平面设计工作的读者有所帮助。

本套教材是配合该项目的实施，专门开发的教材。教材采用了大量实际案例，并将软件知识点与专业知识进行综合分析与讲解，力求帮助读者通过强化专业技能培训与实务训练，迅速掌握软件在平面设计中的关键应用方法、平面设计工作的工艺流程、各种常见印刷类设计稿的设计规范，清楚了解在平面设计工作中常遇到的技术难题与易犯错误，熟练掌握正确的工作方法，以达到具有两年以上工作经验的设计师的工作水平。

本书附赠的光盘中包括案例教学视频，拍摄了本套书封面从设计、制作、出片、打样、印刷以及装订的完整流程，带领读者实地跟踪、参观演练从设计到印刷的完整工艺流程，以对其有一个完整的感性认识，从而更加清晰地掌握手中涉及到的专业知识。

编著者

前 言

本套教材以职业活动为导向，以“理论实践一体化”为原则，有较强的针对性和适应性，能帮助读者更准确、更快捷地去理解和掌握平面设计与印刷有关的专业知识，充分体现了理论加实践的可操控性。本书既可以作为具有应用和实践特色的主题教材，同时又可以作为自学的实践教材，能帮助学习者切实地把握本课程的知识内涵，提高理论与实践的水平，具备了职业活动导向教材的特色。

设计软件是设计师完成视觉传达的得力助手，平面类设计软件中最深入人心的当数Photoshop、Illustrator、InDesign、CorelDRAW，它们分工协作，相辅相成。通过对本教材的学习，可以传授给读者视觉思维的表达能力和软件设计能力。

平面设计软件大致可以分为图像软件（如Photoshop）、图形软件（如Illustrator、CorelDRAW）、排版软件（如InDesign、CorelDRAW）三类。图像和图形软件的区别就如同给设计师一个照相机和一支画笔，设计师可以选择将物品拍下来，也可以选择画出来；而排版软件区别于其他两类软件就是能对文字更加高效精确地编辑，对版面的控制也最方便。

本书介绍的Photoshop是Adobe公司推出的一款优秀的图像软件，在实际的设计工作中运用广泛，如印刷领域中的调整照片颜色，合成图像、专色设置等，同时该软件还应用于其他的设计领域，如网站制作、环境艺术设计、三维动画、和多媒体领域等。

本书内容与特点

本书介绍了Photoshop CS5的知识点和使用方法，同时讲解了Photoshop CS5的新功能，并通过来自一线的典型案例，全面讲解了软件界面设置、Photoshop操作流程的概述、色彩调整、图层通道技术、专色版设置等内容，以及职业设计工作中涉及到的最多类型的实际案例，包括封面设计、招贴广告等。

本书的最大特点就是在保证基础知识讲解完整的基础上，融入了工作中应该掌握的印刷知识，并且以实际案例让读者身临其境地感受平面设计。

最后，通过实际案例介绍、陷阱分析帮助读者迅速掌握软件在平面设计中的关键应用方法、平面设计工作的工艺流程、各种常见印刷类设计稿的设计规范，清楚了解在平面设计工作中常遇到的技术难题与易犯错误，熟练掌握正确的工作方法，以达到具有两年以上工作经验的设计师的工作水平。

本书配套光盘内容为书中案例视频教学、从设计到印刷的设计流程教学视频，同时还配有部分图片素材供读者学习使用。

本书由钟星翔、魏薇、赵艳东编写，钟星翔完成了1–4章稿子的编写，魏薇完成了5–8稿子的编写，赵艳东完成了9–10章稿子的编写，同时参与编写和资料整理的还有王夕勇、王静、霍奇超、蔡欣平、陈涛杰、韦娜娜、姚秀菊、李娜、李畅、韩妥、张冠玉、于亚杰，在此一并表示感谢。

因编者水平有限，敬请读者批评指正。

编著者

CONTENTS 目录

第1章 使用Photoshop前的准备工作

第2章 原稿的获取

第3章 创建选区

第4章 图层应用知识

第5章 蒙版通道应用知识

第6章 色彩应用

CONTENTS 目录

第7章 滤镜

第8章 陷阱分析

第9章 提高效率

第10章 实战案例

- 平面设计硬件配置方案与优化Photoshop设置
- Adobe平面设计软件基本功能
- Photoshop软件基础知识
- Photoshop的基本操作
- 印刷品设计中的基本概念
- 文字
- Photoshop CS5的新增功能

1

第1章

使用Photoshop前的准备工作

编者心得

“工欲善其事，必先利其器。”我们要利用Photoshop创造更高的工作效率，就需要全面了解Photoshop，对Photoshop的性能进行优化设置，发挥它的最大用处。本章主要讲解Photoshop基本操作和优化设置，帮助设计师更好地去完成工作。

1.1 平面设计硬件配置方案与优化Photoshop设置

作为一名平面设计师，稳定而高效的工作环境是非常重要的。下面将讲解平面设计所需的硬件配置方案与如何在Photoshop中进行优化设置。

1.1.1 硬件环境配置方案

1. CPU以及内存和硬盘

Photoshop等图像软件在运行时需要较大内存，2G的内存容量会让设计师在执行各种滤镜操作时更加得心应手。在处理十几兆甚至上百兆的图形图像文件时，大容量内存带来的收益很可能比高速CPU更多。CPU、内存和显卡是电脑的核心部件，建议购买一线厂商的产品。

由于Windows操作系统和Mac OS（苹果机）操作系统之间存在差别，所以对于Photoshop的安装要求也不同。以下是Adobe推荐的对于两种不同系统的最低配置，如图1-1和1-2所示。

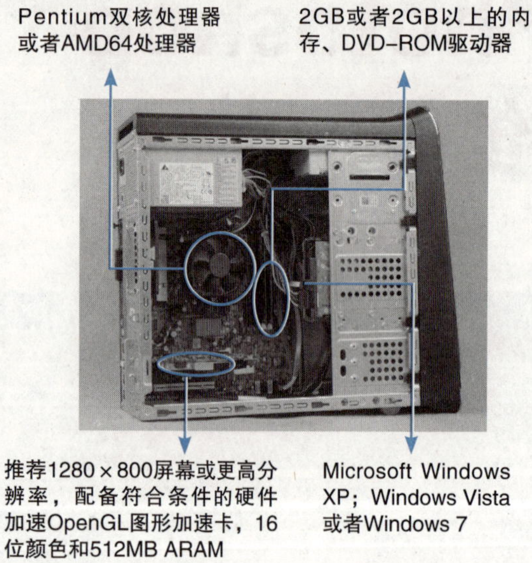

图1-1

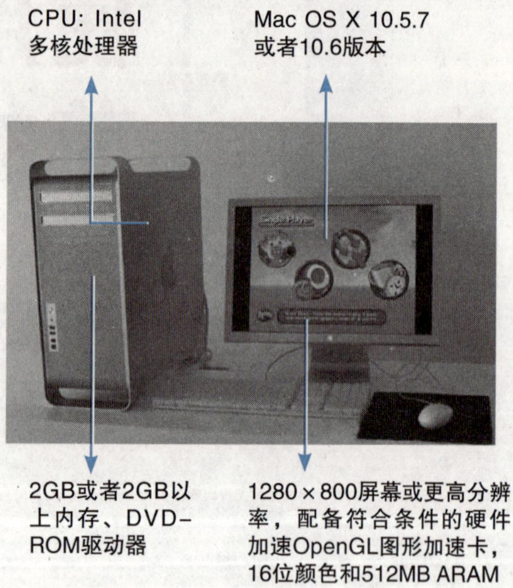

图1-2

提 示

在使用Photoshop过程中，内存中会保留大量的临时文件，所以需要较大的空间。通常用于设计的计算机内存需2～4G。

1.1.2 如何在Photoshop中进行优化设置

在使用Photoshop进行设计时，Photoshop会在内存中保留一些操作步骤，如果设计师对当前的效果不满意，可以退回到之前的步骤。例如在【历史记录】调板中可以实现这样的操作，如图1-3所示。

执行【编辑】→【首选项】→【常规】命令，在弹出的对话框中设置保存历史记录的数量，如

图1-4所示。计算机在经过了长时间的工作后，内存中会保留大量的临时文件，导致计算机运行速度变慢。这时，可以执行【编辑】→【清理】命令将内存中的临时文件删除，如图1-5所示。

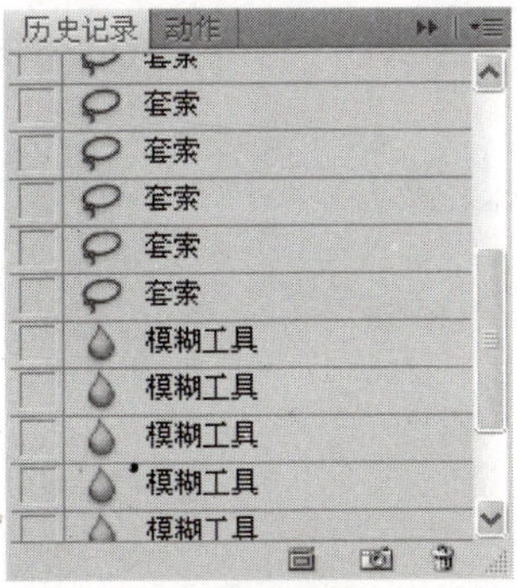

图1-3

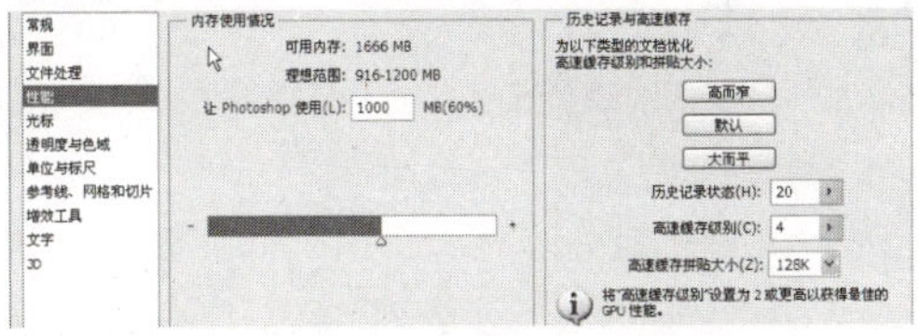

图1-4

图1-5

在删除了临时文件以后，如果计算机的内存还不够用，Photoshop还可以使用一种专用虚拟内存技术（暂存盘）。在打开的对话框中根据自己的需要来设定暂存盘，设计师可以更改主暂存盘磁盘，并指定在主暂存盘已满时使用的第二、第三和第四暂存盘磁盘。主暂存磁盘应该是最快的硬盘，并且确保它经过了碎片整理和有足够的可用空间。

提 示

在计算机内存较小的情况下，可以设置较少的数值，以节省内存空间。

1.2 Adobe平面设计软件基本功能

Adobe平面设计软件包括Photoshop、Illustrator、InDesign、Acrobat等用这些软件成设计工作是设计师的最佳选择。本节主要讲解用Adobe软件进行平面印刷品设计的流程和展示Photoshop设计功能。

1.2.1 用Adobe软件进行平面印刷品设计的流程

Adobe软件功能的完美整合为平面设计师带来了福音，使设计师可以将更多的时间用来发挥自己的创意。使用Adobe平面软件设计印刷品的流程如图1-6所示。

Photoshop：用来处理图像，如抠图、图像调整、色彩调整、图像合成。

Illustrator：用来绘制矢量图形、单页插画、海报、标准字设计。

InDesign：用于进行文字排版、组合图形图像、创建表格、输出PDF。

Acrobat：用于对已生成的PDF文件进行检查修改。

提 示

文字通常在InDesign中进行处理，Photoshop不宜处理较多或很小的文字，因为在Photoshop中处理的文字会被栅格化，使字体变得模糊。

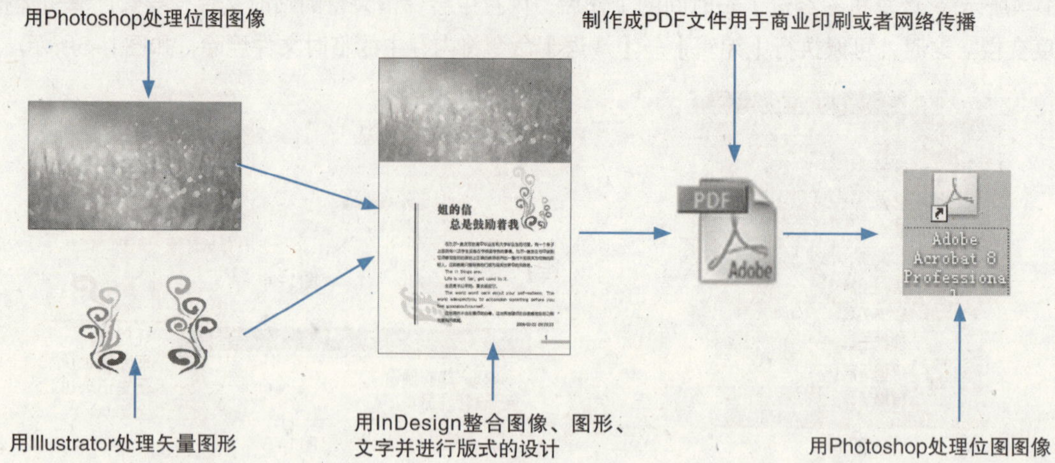

图1-6

1.2.2 Photoshop设计功能展示

使用Photoshop为其他排版、设计软件处理图像是设计师必须具备的技能之一。Photoshop常被用来进行以下工作：抠图（做选区）、调整图像色彩、修整图中的脏点与瑕疵、多个图像的拼合以及图书封面与广告等平面作品的设计等。

1. 抠图

将原图中的图像从背景中分离，用来进一步处理，如将其移动到另外一个背景中进行拼合，如图1-7所示。

图1-7

2. 修整图中的污点与瑕疵

摄影作品中经常会出现污点与瑕疵，在Photoshop中能轻松地将它们修除，如将图1-8中人物雀斑修除，效果如图1-9所示。

3. 色彩调整

Photoshop提供了强大的图像色彩调节工具，对图像的偏色、曝光不足（层次与亮度）都可以进行调整，例如，调整图1-10的色彩偏差，使其更加真实自然，效果如图1-11所示。

图1-8

图1-9

图1-10

图1-11

4. 整页设计

利用Photoshop对多幅图像进行抠选、拼合形成最终的设计稿，图1-12为一个贺年明信片单页。

图1-12

第1章 第2章 第3章 第4章 第5章

1.3 Photoshop软件基础知识

本节主要介绍Photoshop基础知识，包括Photoshop的屏幕组件和Photoshop的主菜单。

1.3.1 Photoshop的操作界面

启动Photoshop，打开一幅图片后的工作界面如图1-13所示。

图1-13

1. 图像编辑窗口

每打开一个图像文档都会弹出一个编辑窗口，在标题栏上会显示图像的相关信息，如文件名称、显示比例、标尺、目前所在图层以及所使用的颜色模式等，如图1-14所示。

图1-14

2. 工具箱

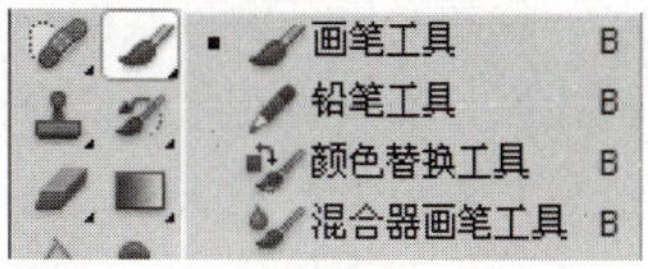

图1-15

对于一些常用的基本编辑工具，如选框、移动、切片以及颜色设置等工具，Photoshop将它们集中在工具箱内，当鼠标指针移至某工具图标处稍停片刻，系统自动显示该工具提示。在工具箱中，某些工具图标的右下角有一个小三角形符号，表示存在一个工具组，其中包括了若干相关工具。要选择工具组中的其他工具，可单击该工具图标并按住鼠标左键不放，直至弹出相应的子工具框为止。接着在工具弹出框中单击所需的工具，该工具成为这个工具组中的当前工具，如图1-15所示。

3. 工具选项

工具选项可以显示与当前所使用的工具相关设置参数，并且可以调整使用工具的相关属性。例如：我们选择工具箱中的【画笔工具】，在工具选项栏中，则显示与画笔工具相关的属性，如图1-16所示。

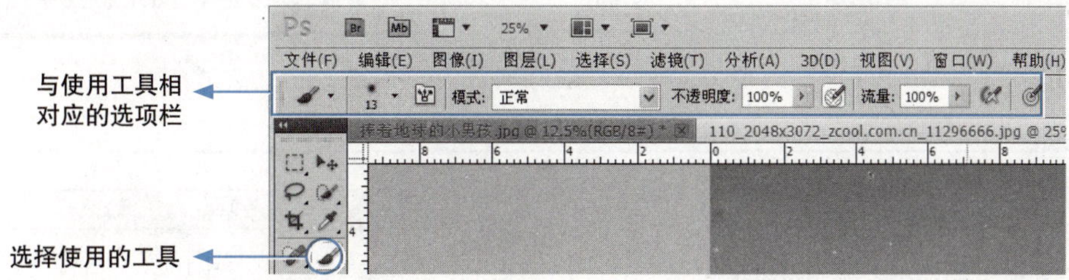

图1-16

4. 调板

调板是Photoshop中一项很有特色的工具，设计师可利用调板设置参数、选择颜色、编辑图像和显示信息等。每个调板在功能上都是独立的，设计师可以根据需要随时使用。当启动Photoshop后，常用的调板就被分为多个组，且位于工作界面的右边，设计师可以随时打开、关闭、移动和重新组合它们。

Photoshop CS5共为设计师提供了24个调板，它们被组合放置在各个调板窗口中。执行【窗口】命令，在弹出的菜单中单击某一前面没有打勾的调板名称就可以将该调板打开，如图1-17所示。另外，除了显示在调板中的设置项目外，单击调板右上角的按钮还会弹出一个下拉菜单，设计师可以通过执行菜单中的命令对图像做进一步的设置和处理，如图1-18所示。

图1-17

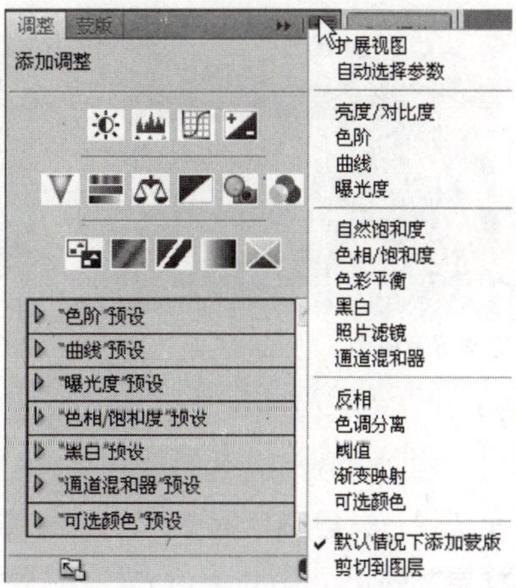

图1-18

5. 状态栏

状态栏位于窗口底部，由两个部分组成。其中，左侧区域用于显示图像编辑窗口的显示比例，设计师也可在此窗口中输入数值后按Enter键来改变显示比例。右侧区域用于显示图像文件信息，单击其右侧的小三角形符号，可以打开所示的菜单，如图1-19所示。选择其中的选项可查看图像的文件信息。在状态栏的图像文件信息区中按住鼠标左键不放，还可以查看图像的宽度、高度、通道及分辨率等信息，如图1-20所示。

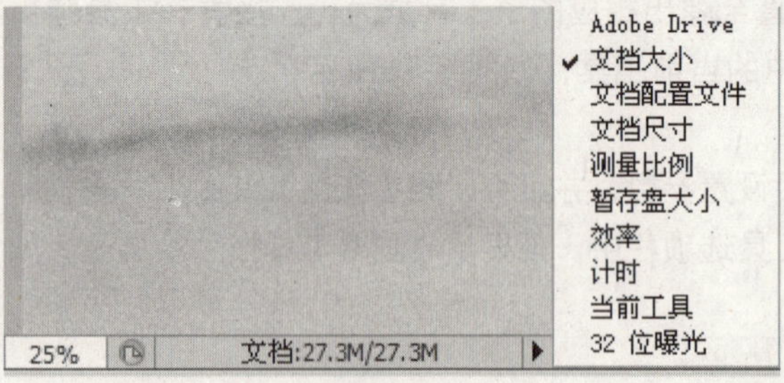

图1-19

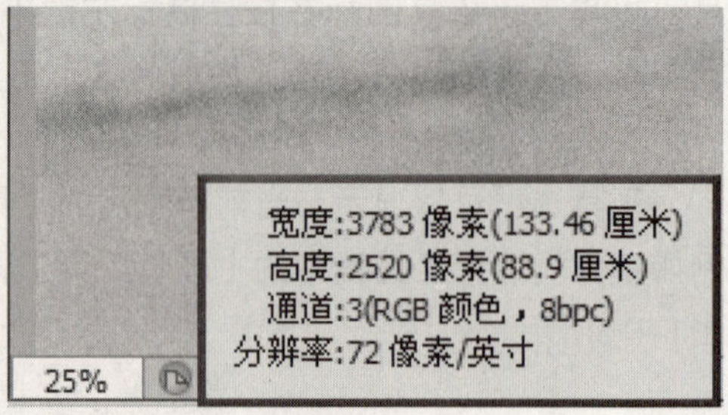

图1-20

提 示

选择“效率”选项后，其中的百分数表示Photoshop工作效率，如图1-21所示。若该数值经常低于60%，则说明计算机硬件可能已无法满足要求。

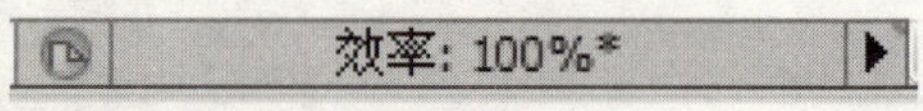

图1-21

6. 程序栏

程序栏位于窗口的顶部，它提供了一组按钮，左边的按钮可以打开“Bridge”、调整窗口的显示比例、显示标尺、参考线和网格，以及用不同的方式排列文档。右侧的按钮则可以转换工作区、将窗口最小化、最大化、关闭，如图1-22所示。

图1-22

在Photoshop中，有标准屏幕模式、带有菜单栏的全屏模式、全屏幕模式3种屏幕模式，不同的显示模式显示不同的屏幕构成元素，如图1-23所示。

标准屏幕模式

带有菜单栏的全屏幕模式

全屏幕模式

图1-23

在Photoshop的最新版本CS5中，根据不同的应用领域对工作区进行了细化，分为基本功能、设计、绘画、摄影、3D、动感6个工作区。每个工作区都有不同的调板，如图1-24所示，这样更加强化了Photoshop软件在不同领域的不同功能，令其功能发挥到了极致。

“基本功能”工作区　　“动感”工作区　　“3D”工作区

图1-24

1.3.2 Photoshop的主菜单

在Photoshop中可以通过菜单和快捷键两种方式来执行所有命令。

1. 文件菜单

【文件】菜单下的命令用于对图像文件进行创建、保存、打开、输入、输出、打印等操作，如图1-25所示。

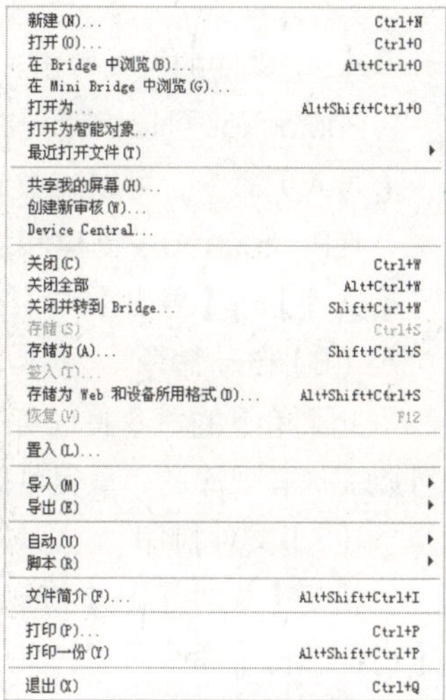

图1-25

（1）新建空白文档

执行【文件】→【新建】命令，弹出【新建】文档对话框，用来创建一个新的图像文件。可以在弹出的【新建】对话框中设置文件的幅面大小、颜色模式与分辨率。

（2）打开文件

在Photoshop中，可以通过【文件】菜单下的【打开】、【在 Bridge中浏览】、【打开为】、【打开智能对象】、【最近打开文件】等命令来打开文件，如图1-26、图1-27分别为【打开】、【在Bridge中浏览】所示。

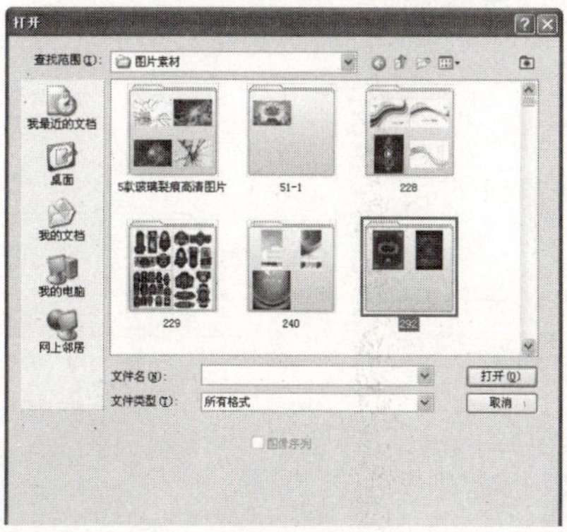

图1-26

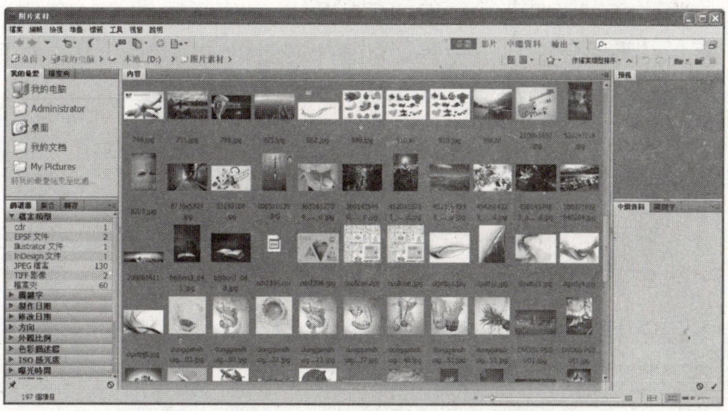

图1-27

提 示

【在Bridge中浏览】命令中，可以通过Adobe Bridge软件快速浏览并打开图像。选中要打开的图片，双击鼠标左键可在Photoshop中打开该文件。

（3）关闭保存文件

在Photoshop中，可以通过【文件】菜单中的【关闭】、【关闭全部】、【关闭并保存到

Bridge】、【存储】、【存储为】、【签入】、【存储为Web和设备所用格式】等命令来关闭文件、保存文件，如图1-28 所示。

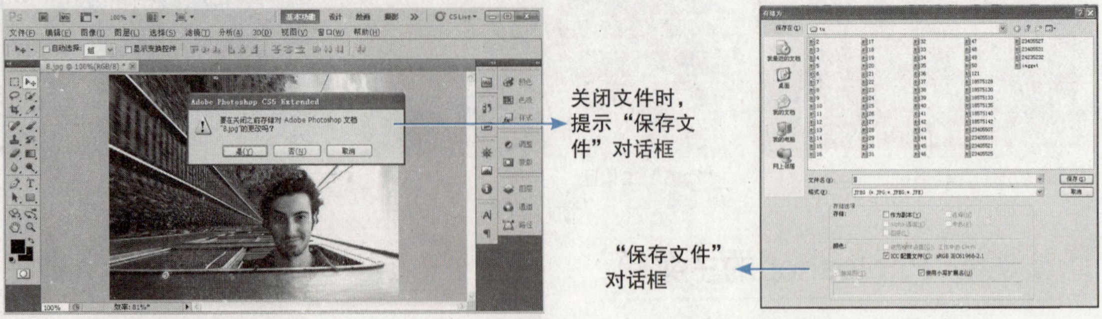

图1-28

（5）文件的导入导出

Photoshop可以编辑视频帧、注释和WIA 等内容，在新建或者打开文件之后，执行【文件】→【导入】命令，可以将数码相机和扫描仪生成的图片直接导入到Photoshop中。

在Photoshop中创建和编辑的图像也可以导入到Illustrator中，用来满足不同的使用目的。执行【文件】→【导出】→【Zoomify】，可以将高分辨率的图像发布到网页上。

（6）自动命令

此菜单下的命令将任务组合到一个或多个对话框里，从而简化了复杂的任务。【自动】命令可以完成有规律的、重复性的操作。

（7）文件打印

执行【文件】→【打印】命令可以设置打印机、打印范围和份数等选项。执行【文件】→【打印一份】命令可以打印一份文档；是最快捷的打印方式，执行该命令可以在不弹出任何对话框的情况下，采用当前选项打印一份文件。

2. 编辑菜单

Photoshop大多数编辑命令都集中在此菜单下，例如对图像进行复原、转移、复制、填充等，如图1-29（b）所示。

（1）文件还原

Photoshop CS5中，可以通过【还原】、【前进一步】等命令对错误的操作进行修改，恢复以前的操作状态。

还原：【还原】命令用来撤销最后一次做的修改，恢复为上次操作之前的状态。【重做】命令用来重做被撤销的上一次操作，相当于取消【还原】，在“历史记录”调板中会有显示，如图1-29（a）所示。

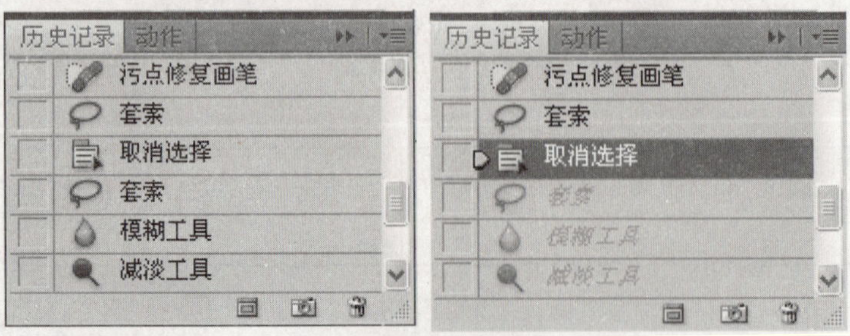

图1-29（a）

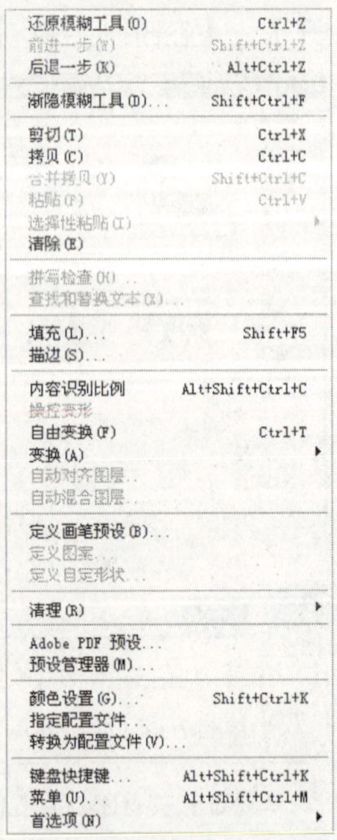

图1-29（b）

（2）文件的移动合并

剪切：选择区域内的图像复制到剪贴板上，同时清除选择区域内的图像。

复制：将选择区域中的图像复制到剪贴板上，对原选择区域不做任何修改。

合并复制：将选择区域中所有图层的内容复制到剪贴板中，进行粘贴时将各图层合并为一层并粘贴到新图层中。

粘贴：将剪贴板中的内容粘贴到当前图像文件中的一个新图层中。

贴入：当存在选择区域时此命令可用，其作用是将剪贴板中的内容粘贴到一个新图层中，并根据选择区域制作图层蒙版。

（3）文本的修改

查找和替换文本：可以通过该命令查找单个字符、一个单词或一组单词。找到要查找的内容后，可以将其替换为其他内容，如图1-30所示。

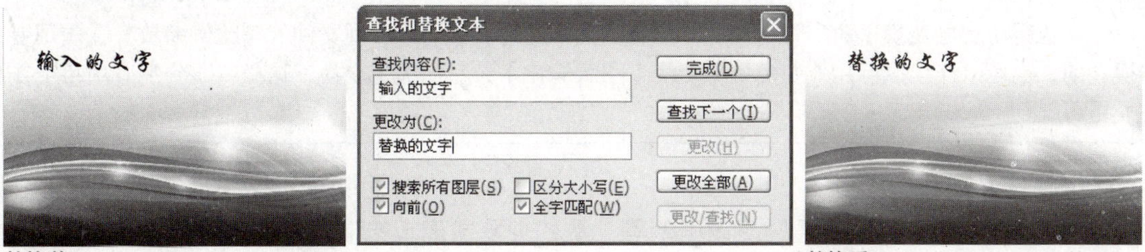

替换前　替换后

图1-30

（4）文本的填充、描边

该命令可以使用前景色或图案、历史记录等对选区或图层进行填充，或者使用该命令在选区、图层周围绘制彩色边框，如图1-31 所示。

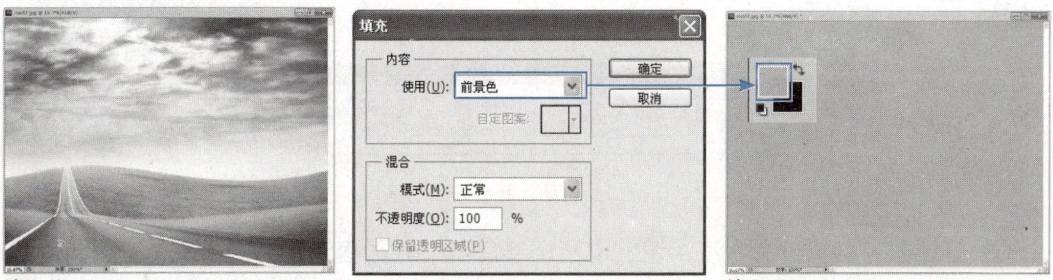

填充前　填充后

图1-31

（5）图像的变换

自由变换：执行【自由变换】命令可对选区、图层或路径连续完成多个变换操作，如缩放、旋转、倾斜、透视等，而不需要选择其他变换命令，如图1-32所示。

图1 32

变换：使用该菜单下的子菜单命令可对选区、图层或路径完成一种指定的变换操作，如【缩放】命令可对项目进行缩放，如图1–33所示。

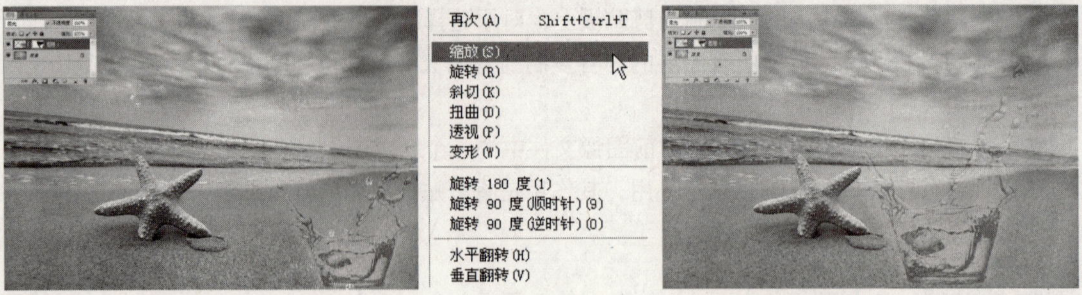

图1–33

提 示

在执行【自由变换】命令时，按住Shift键对文件进行操作可以实现文件的等比例缩放。在应用变换之前，也可以连续执行几个变换命令，使【图像弱化】，然后提交变换，这样要比分别应用每个变换更可行。

（6）定义形状

在Photoshop中，可以通过更改画笔等工具的形状或图案来制作一些特殊的画面效果，如图1–34所示。

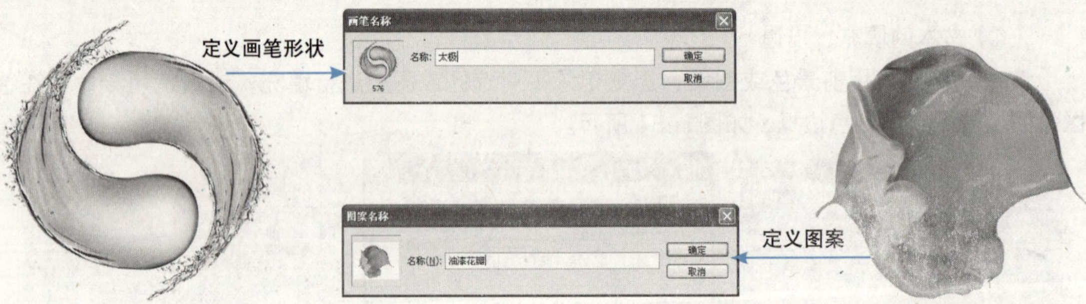

图1–34

预设管理器：执行该命令可以调出【预设管理器】对话框，在此对话框中可以对画笔、样式、图案、自定形状、渐变、色板和等高线等工具进行设置，以便在工作中随时抓取和应用它们。每一个单独的画笔或样式叫做一个预设，【预设管理器】就是用来管理这些预设的，如图1–35所示。

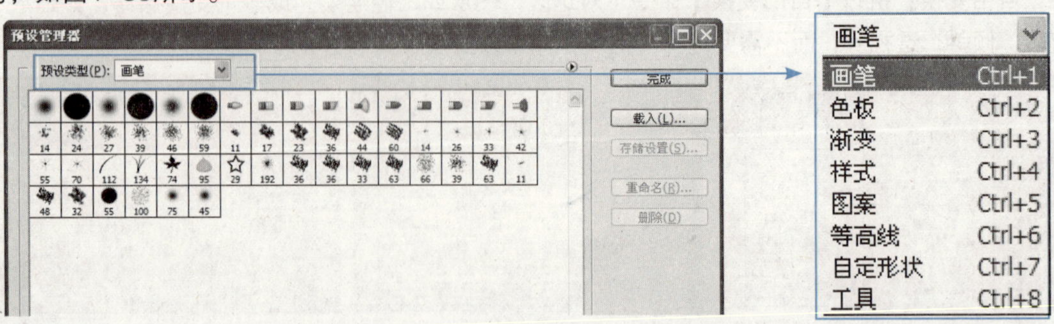

图1–35

（7）软件基本参数设置

颜色设置：通过该命令可以在弹出的【颜色设置】对话框中进行色彩管理。由于不同的设备与软件使用不同的色彩空间，色彩管理的目的是使文件中色彩描述与现实色彩更接近，让不同的设备所表示的颜色尽可能一致，如图1–36所示。

指定配置文件：用来管理输入设备的色彩空间和文档。

键盘快捷键：可以快速选择工具、执行命令，如图1–37所示。

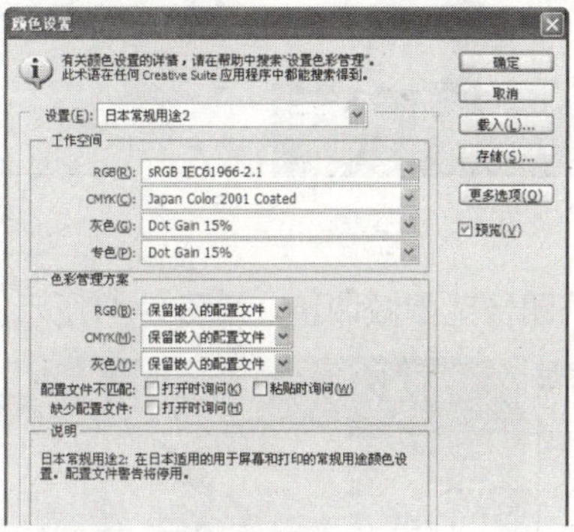

图1–36

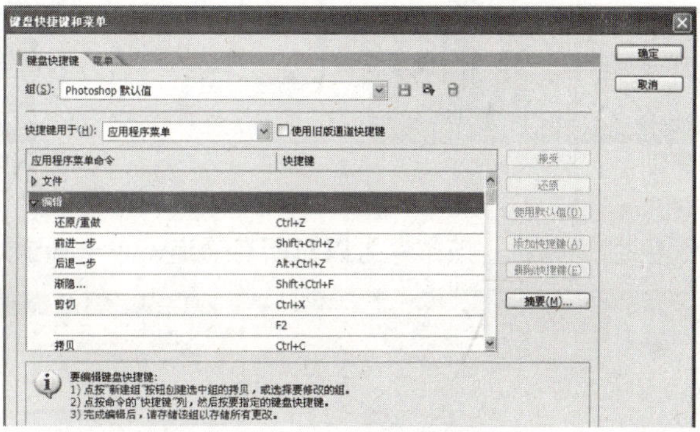

图1–37

在Photoshop中，可以根据自己的习惯，通过【键盘快捷键】命令来更改软件的命令快捷键和菜单快捷键的设置，以此提高工作效率。

3. 图像菜单

该菜单中的选项主要用于更改图像的颜色模式、调整图像的色彩数值，图像和画布的大小等。

（1）模式

该命令下的几个菜单项用于转换图像的颜色模式。要根据最终的用途来确定图像的颜色模式，比如说要用于印刷，则采用CMYK模式，如图1–38所示。

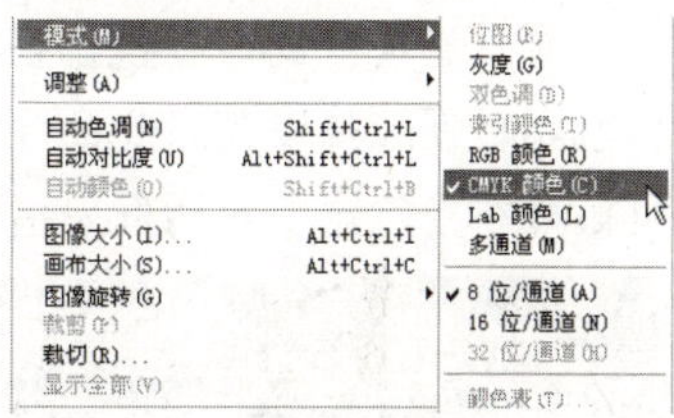

图1–38

（2）调整

用来调整图像的色相、明度、色彩的饱和度的变化。

色阶：用来手动调整图像整体的明暗层次，即高光、暗调和中间调，如图1–39所示。

图1–39

第1章 第2章 第3章 第4章 第5章

曲线：此命令和【色阶】命令的功能非常相似，它们都是用来调整图像色彩的明暗度以及反差。【色阶】命令是针对整体图像的明暗度进行调整，【曲线】命令则是针对色彩的浓度以及明暗做调整，甚至变换色度。调整曲线时，只要对照图像效果预览，用鼠标拖动曲线即可，如图1-40所示。

调整前　调整后

图1-40

色相/饱和度：该命令可以对所有通道、单一通道或选取的图像范围做调整，如图1-41所示。

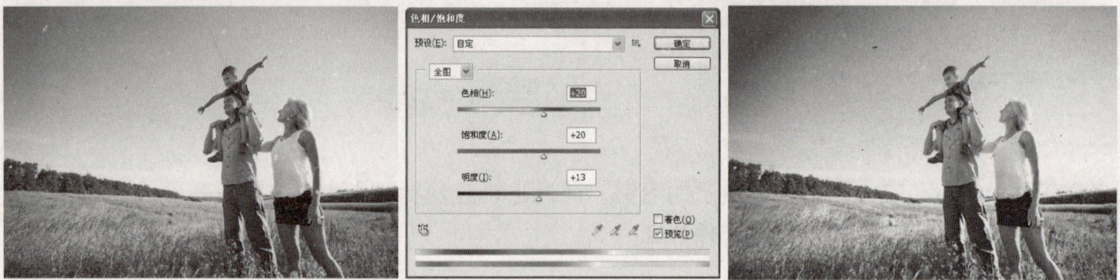

调整前　调整后

图1-41

照片滤镜：此命令模仿在相机镜头前面加彩色滤镜，以便调整通过镜头传输的光的色彩平衡和色温，使胶片曝光。此命令还允许预设的颜色，以便向图像应用色相调整。使用自定颜色时，可打开【拾色器】对话框来指定颜色，如图1-42所示。

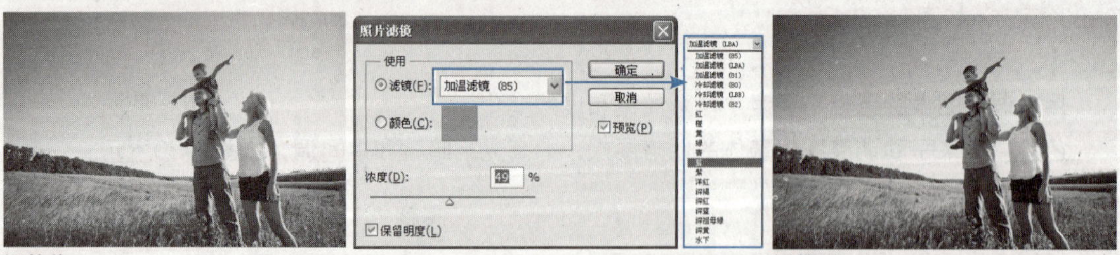

调整前　调整后

图1-42

通道混合器：执行【图像】→【调整】→【通道混合器】命令，打开【通道混合器】对话框。在该对话框中的【输出通道】下拉列表框中可以选择指定的通道，与当前处理的图像在通道以及对比上进行合成，从而产生不同的色彩效果。

提 示

通道合成的原理其实就是将各通道的信息，按指定的浓度复制到某通道中，产生加成的效果。指定的浓度越大，效果越明显。

反相：反相命令可以将图像中的所有颜色或者选区内的颜色转换为互补色，如红色变为青色、黑色变为白色。连续两次执行反相命令时，所得到的结果和原先的图像是一模一样的，又回到原来的状态。

渐变映射：【渐变映射】命令会自动根据图像中的灰度值填充所选取的渐变色。执行【图像】→【调整】→【渐变映射】命令，打开【渐变映射】对话框。在该对话框中的“灰度映射所用的渐变”下拉列表框中选择需要应用的渐变色，然后单击【好】按钮，就可以将渐变色应用到图像上，如图1-43所示。

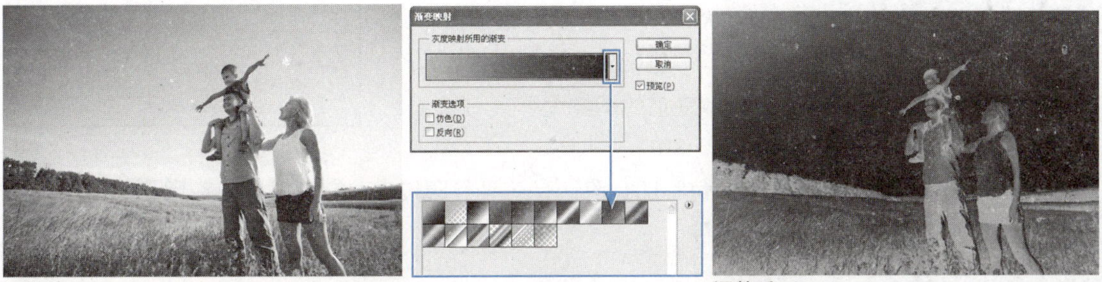

调整前　调整后

图1-43

色调均化：用于重新分配图像中像素的亮度值。在执行该命令后，可将图像中最亮的像素转换为白色，将最暗的像素转换为黑色，然后使其他颜色平均分配在所有色阶上。【色调均化】命令与【自动色阶】命令的功能类似，但【自动色阶】产生的效果更好。

阈值：可以将彩色或者灰度图像转换为黑白图像效果。执行【图像】→【调整】→【阈值】命令，在打开的【阈值】对话框中可以直接拖动滑块来调整阈值。当拖动滑块向左移动时，图像中的白色成分增多；当拖动滑块向右移动时，则图像的黑色成分增多。当然，也可以直接输入数值进行调整，如图1-44所示。

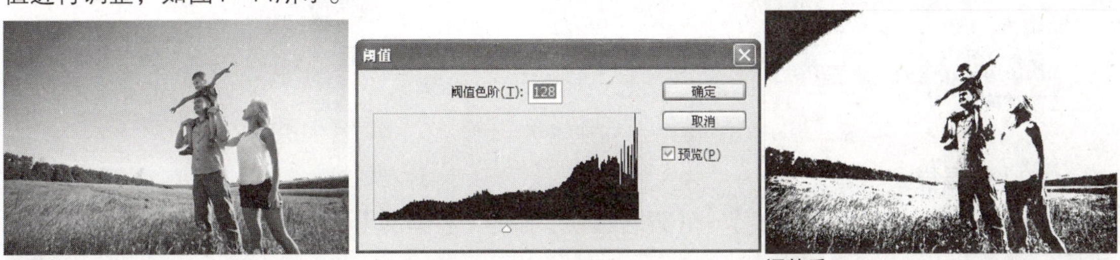

调整前　调整后

图1-44

（3）应用图像

该命令用来将一幅图像（源图像）的图层和通道与另一幅图像（目标图像）的图层和通道进行混合，以产生特殊效果。

（4）计算

执行【图像】→【计算】命令，弹出【计算】对话框。在此对话框中可以选择计算“源”、计算使用的“混合”方式以及计算结果存储的位置。

提 示

在执行【计算】命令时，计算源可以是Alpha选区通道，也可以是颜色通道，还可以是图像中所有像素点折算出的灰度值，或者是某个图层中的“不透明”区域。“混合”方式中可以设置透明度的变化，也可以选择一个新的Alpha选区以通道的形式出现在通道调板中。当然，还可以将这个新的通道存储在一个“新文档”中或是使结果以一个选择区域的形式出现在图像之中。

（5）图像大小

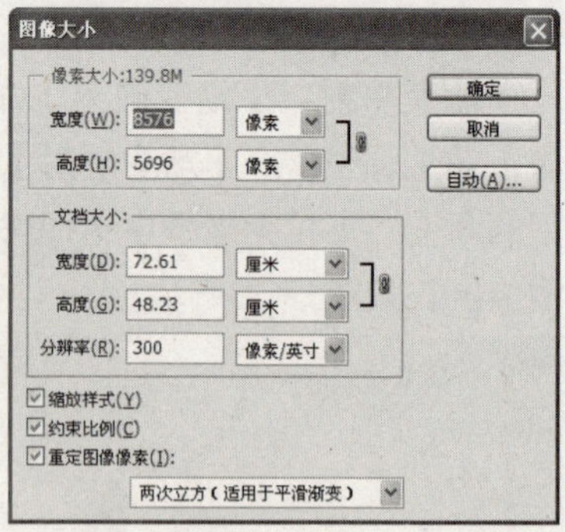

图1-45

执行【图像】→【图像大小】命令，会弹出【图像大小】对话框，如图1-45所示。在【像素大小】中可以看到当前图像的“宽度”和“高度”，通常以“像素”为单位。另外一个单位是“百分比”，可输入缩放的比例。“像素大小”选项右边的链接符号表示锁定长宽比例。“像素大小”后面的数字表示当前文件的大小，如果改变了图像的大小，“像素大小”后面会显示改变后的图像大小，并在括号内显示改变前的图像大小。

（6）陷印

对于CMYK图像，可以调整颜色陷印。陷印是一种叠印技术，它能够避免在印刷时由于稍微没有对齐而使印刷图像出现小的缝隙。

4. 图层菜单

该菜单下的命令用来对图层进行操作，包括图层的创建、修改与删除，图层的编组、合并及图层样式的设定等。

（1）新建

用于创建新的图层、背景图层、图层组或者复制图层等。例如创建新图层，如图1-46所示。

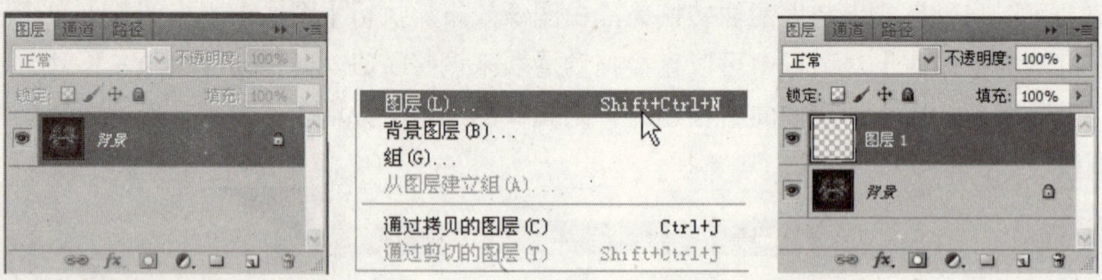

创建前　　创建后

图1-46

（2）图层样式

执行【图层】→【图层样式】→【混合选项】命令，将弹出【图层样式】对话框，如图1-47所示。

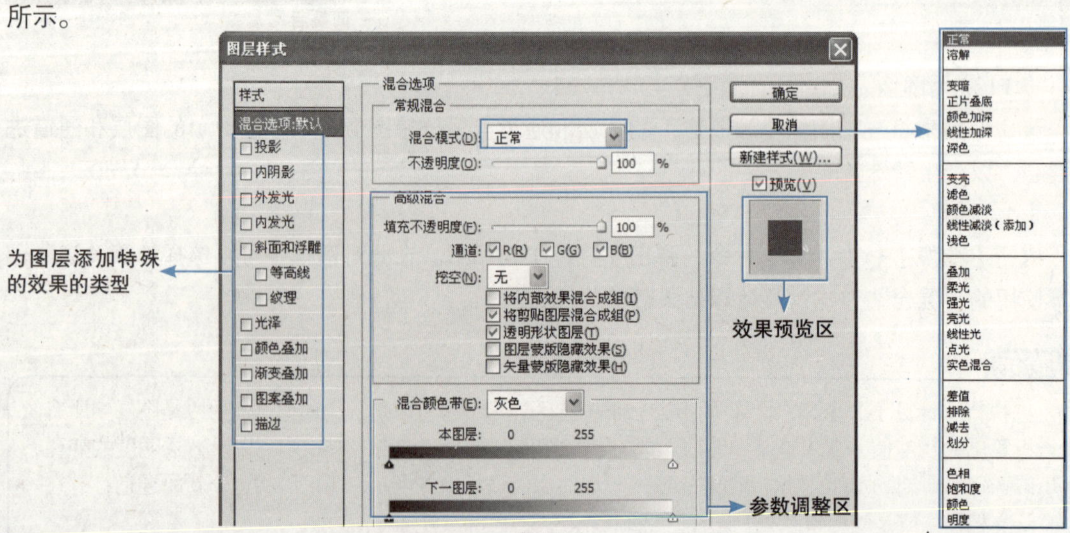

图1-47

（3）新建填充图层

可以用于填充的内容包括纯色、渐变和图案。当设定了新的填充图层时，软件会自动生成一个图层蒙版。如果当前图像中有一个激活的路径，生成新的填充图层时，会同时生成图层矢量蒙版，而不是图层蒙版。另外，填充图层可以设定不同的透明度以及不同的图层混合模式，和调整图层一样，能随时删除填充图层，而不影响图像本身的像素，如图1-48所示。

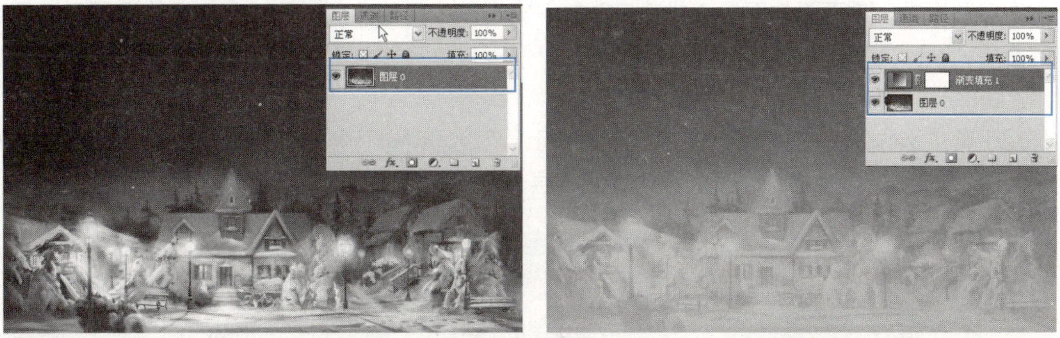

填充前　　填充后

图1-48

（4）新建调整图层

调整图层对于调整图像的色彩非常有帮助，在调整图层中进行的各种色彩调整，其效果与对图像执行【色彩调整】命令相同。使用调整图层对图像试用颜色和调整色调，不会修改图像中的像素。颜色或色调更改均位于调整图层内，该图层像透明膜一样，下层图像可以透过它显示出来，如图1-49所示。

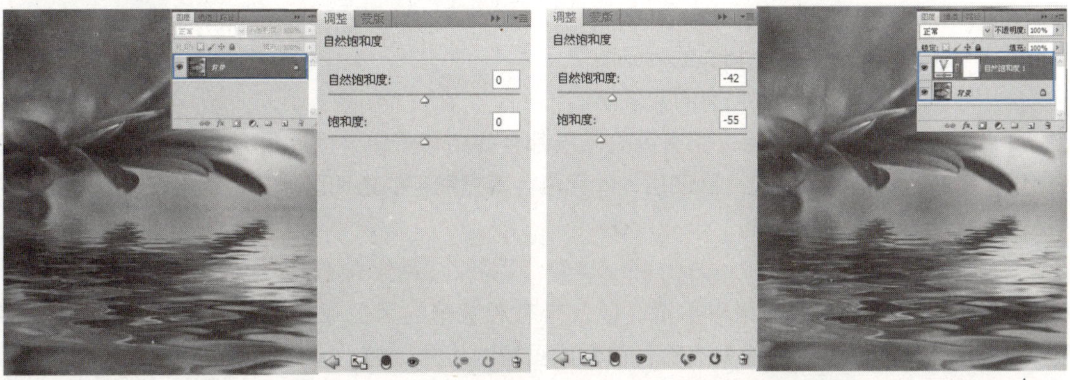

图1-49

提 示

【新调整图层】菜单和【图像】菜单中的【调整】菜单具有一些相同的选项，使两者能够达到同样的色彩调整效果。但是使用调整图层则更加灵活，因为它与图像像素分离，可以随时修改。

（5）图层蒙版

图层蒙版包括添加图层蒙版、移去图层蒙版、停用图层蒙版、启用图层蒙版4种编辑选项。蒙版中还包括矢量蒙版、剪切蒙版、快速蒙版，对蒙版的具体编辑操作会在第5章中详细讲述。

（6）智能对象。

这是CS5中新增加的新型图层，它基于像素内容或矢量内容，可以对单个对象进行多重复制，当编辑其中一个对象时，所有复制的对象都随之更新。

（7）栅格化

在Photoshop软件中，通过【图层】→【栅格化】命令可以将创建的包含矢量数据（如文字图层、形状图层和矢量蒙版等）和生成的数据图层（如填充图层）转变为图像图层。只有转为图像图层才可以执行各种滤镜的效果。

（8）用图层编组创建剪贴组

在剪贴组中，最下面的图层（或基底图层）充当整个组的蒙版，形成裁切组的图层只能是连续的图层。

（9）链接图层

用于链接选择的两个或多个图层以及图层组，可以同时进行移动、应用变化以及创建剪贴蒙版，如图1-50所示。同样，处于链接状态的图层也可以进行上述操作。

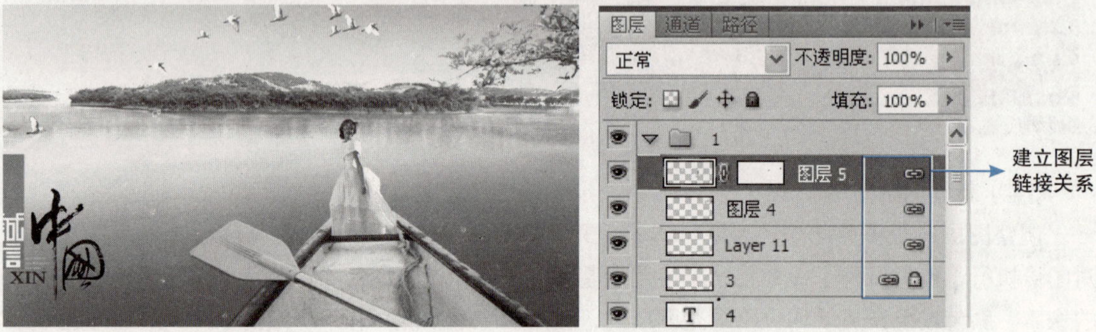

图1-50

（10）图层合并

合并图层：用来合并两个相邻的可见图层。

合并可见图层：用来合并所有可见图层。

拼合图像：在拼合图像后，所有可见图层都合并到背景中，因此可大大缩小文件占用的空间。拼合图像时将扔掉所有隐藏的图层，并用白色填充剩下的透明区域。通常是在完成对各图层的操作之后，才进行拼合图像。

（11）修边

该命令用于修正图像边缘不平滑，以及带有原背景的黑色或白色杂边所产生的光晕或是锯齿，可以轻松地将多余的像素清除，使合成图像的边缘更加平滑与自然。其中包括【颜色净化】、【移去黑色杂边】、【移去白色杂边】和【去边】选项。

5. 选择菜单

此菜单栏下的命令涉及对选区的操作，包括选区的创建、修改、存储与载入等，主要用来选择对象。

（1）反向

【反向】命令是将图像中的选择区域与非选择区域进行转换。

（2）色彩范围

【色彩范围】命令是利用图像中的颜色变化关系来制作选择区域的命令。像是一个功能更加强大的魔棒工具，除了以颜色差别来确定选取范围外，它还综合了选择区域的相加、相减、相似命令，以及据基准色选择等多项功能，如图1-51 所示。

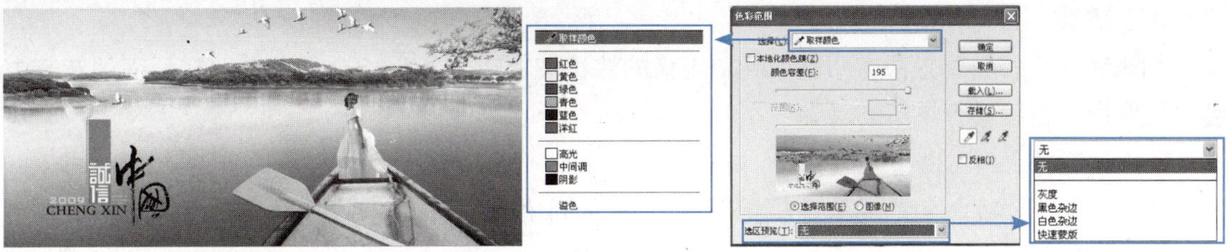

图1-51

（3）修改

边界：用新选区框住现有的选区。

平滑：通过在选区边缘上增加或减少像素来改变边缘的光滑程度。

扩展：按特定数量的像素扩展选区。

收缩：按特定数量的像素收缩选区。

羽化：此命令用来模糊当前选区的边缘，如图1-52 所示。

图1-52

（4）选取相似

此命令使选区在图像上扩展，是针对图像中所有颜色相近的像素，在有大面积实色的情况下非常实用。

（5）变换选区

自由变换已经设定了选区形状和位置，而变换选区只对图像的选区进行变换操作，对图像中的像素点没有影响。

（6）存储选区

将已设定好的选区存放到通道中以供调用，如图1-53 所示。

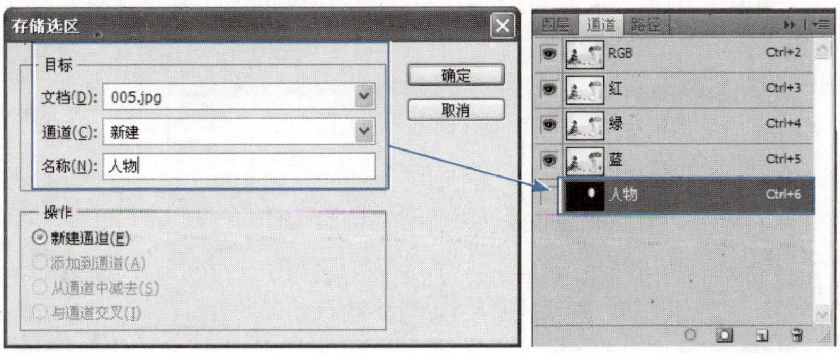

图1-53

6.【滤镜】菜单

用来制作各种特殊效果。Photoshop内置的滤镜按其功能分为13个子菜单，在后面的章节中会针对常用的滤镜进行讲解。

7.【分析】菜单

主要用于Photoshop的测量、标记等，如图1-54 所示，在打开的【测量比例】对话框中可设置测量比例的数值，如图1-55所示。

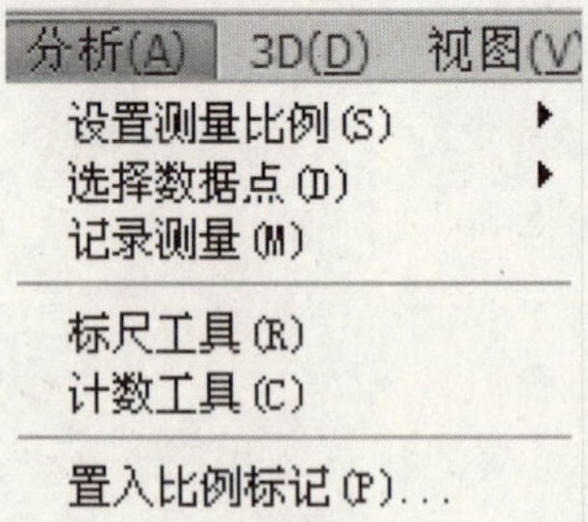

图1-54

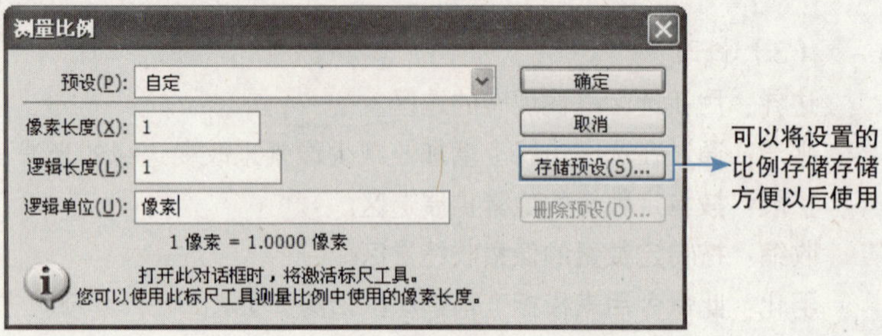

图1-55

8.【3D】菜单

3D是Photoshop CS4版本中新增加的功能，使用3D功能能够实现从二维空间到三维空间的转换，让图像的变化更加丰富，也能够做出更多更精彩的效果。

随Photoshop版本的不断提高3D的功能也越来越强大，借助全新的光线描摹渲染引擎，现在可以直接在3D模型上绘图、用2D图像绕排3D形状、将渐变图转换为3D对象、为图层和文本添加深度、实现打印质量的输出并导出到支持的常见3D格式。选择菜单栏中的【3D】命令，可以看到所有的命令都分列其中。按照其功能我们通常将3D菜单分为创建文件、渲染图像、图像表面处理、UV材质、合并与输出5部分，如图1-56所示。

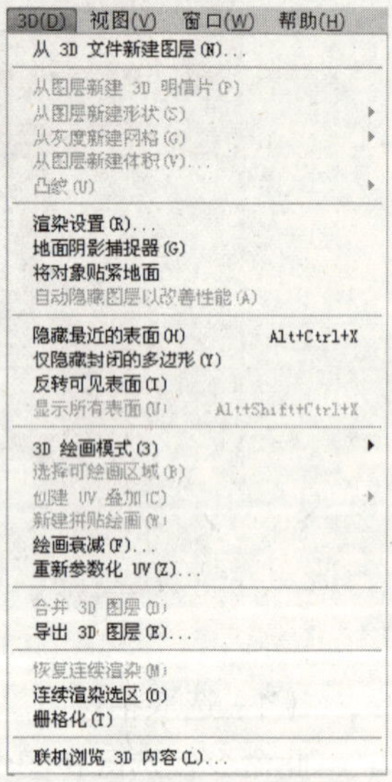

图1-56

（1）创建3D文件图层

在Photoshop中，共有【从3D文件新建图层】、【从图层创建3D明信片】、【从图层新建形状】、【从灰度新建网格】等6种创建方式用来创建3D文件图层。

（2）渲染设置

渲染是Photoshop的3D功能中一个很重要的设置，在所弹出的对话框中设置不同的参数能渲染输出不同的图像效果。执行【3D】→【渲染设置】命令，弹出渲染设置对话框，如图1-57所示。

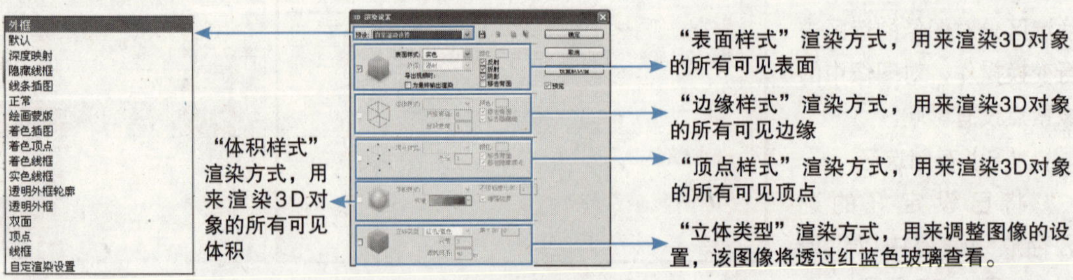

图1-57

地面阴影捕捉器：执行【3D】→【地面阴影捕捉器】命令可以捕捉地上的阴影。

将对象贴紧地面：执行【3D】→【将对象贴近地面】命令可以使对象紧贴到3D的地面上。

（3）选择要绘画的表面

在Photoshop中，对结构复杂的模型，使用任意选择工具在3D模型上创建选区，限制绘画区域。还可以选择【3D】菜单中的命令将其隐藏，如通过【反转可见表面】命令隐藏可见表面和使用【显示所有表面】命令再现隐藏的表面全部可见，如图1-58所示。

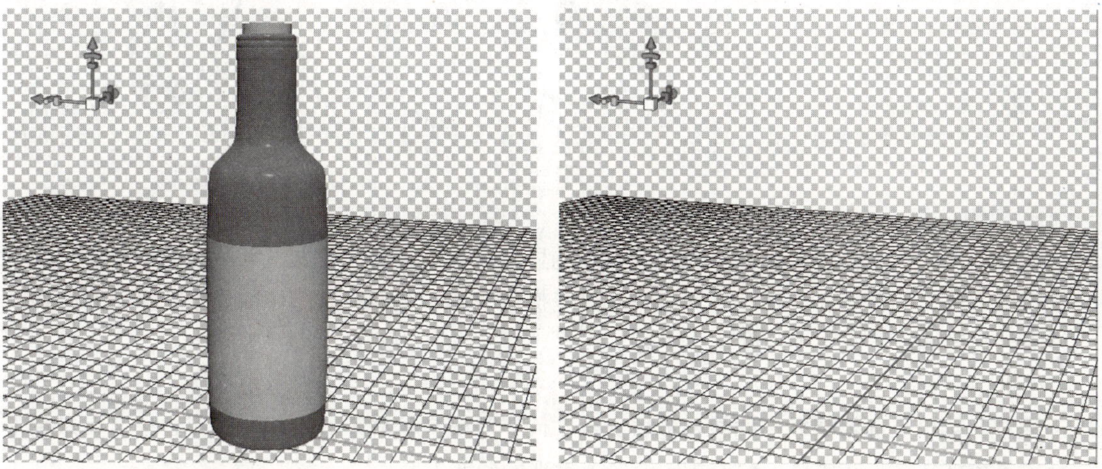

图1-58

（4）3D 绘画设置

选择可绘画区域：由于3D模型不能在纹理之间产生一一对应的关系，所以直接在模型上绘画和直接在纹理上绘画是不同的。只通过观察是不能正确地判断是否可以成功的在上面绘画。执行【3D】→【选择可绘画区域】命令，可以选择最佳的绘画衰减区。

创建UV叠加：在模型上的多种材料所使用的纹理可以应用于模型不同表面区域的编组，这个过程叫做UV映射。它将纹理与模型相互匹配，能使纹理正确的在模型上显示，如图1-59所示。

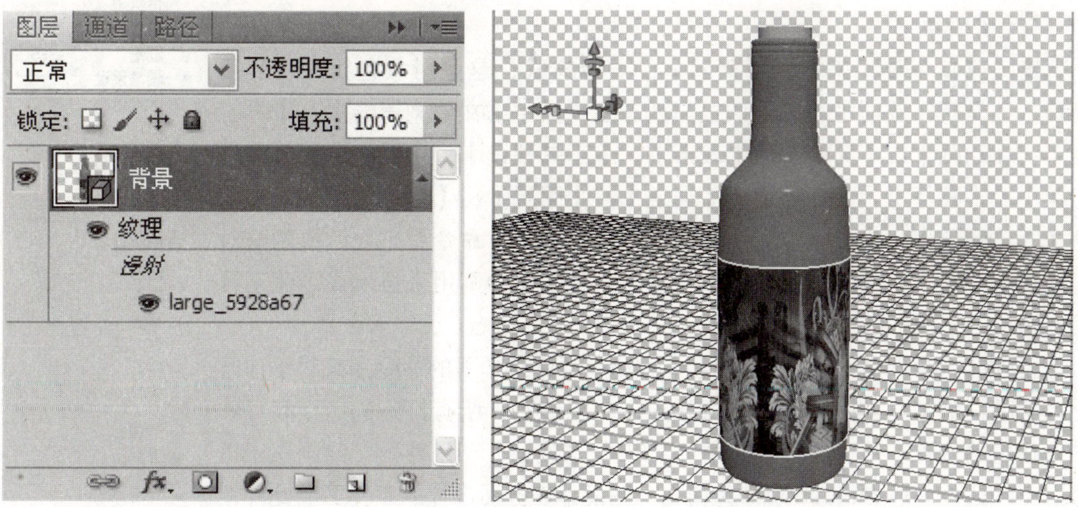

图1-59

（5）使用3D工具

使用3D工具可以改变3D模型的大小、位置，使用3D相机工具可以改变3D场景视图，利用3D轴可以控制3D模型，如图1-60所示。

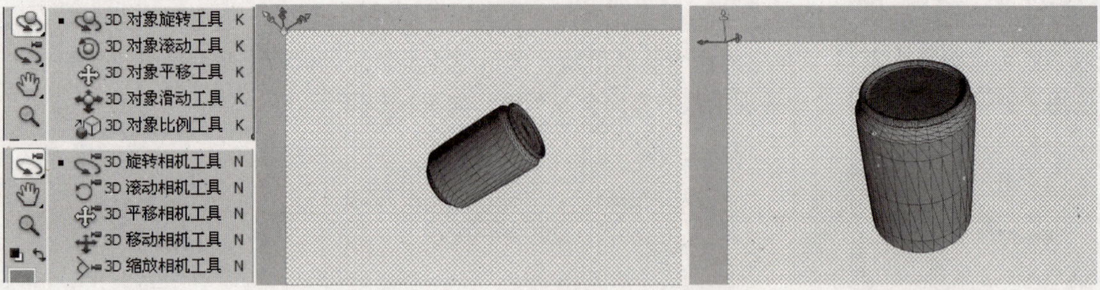

图1-60

9. 视图菜单

此菜单中的选项是用于控制图像在屏幕中的显示状态、数量和方式，并可以隐藏和显示各种辅助性的工具，如标尺、网格、参考线等，这些操作只影响图像在屏幕中的显示状态，对图像本身没有任何影响，所以本书不做重点讲述。

（1）校样设置

通过此菜单反选希望模拟的校样配置文件空间，与颜色校样配合使用，可以直接在显示器上显示电子校样文档（在屏幕上预览指定设备上重现的颜色）。

（2）色域警告

用来打开或关闭色域警告功能。打开色域警告功能时，会高亮显示位于当前校样配置文件空间色域之外的所有像素。

（3）对齐与对齐到

对齐有助于精确放置选区边缘、裁切选框、切片、形状和路径，【对齐】命令可以启用或停用。在启用对齐功能的情况下，使用菜单【视图】→【对齐到】下的命令指定与之对齐的不同元素，如选择【参考线】选项可以与参考线对齐。

10. 窗口菜单

窗口菜单主要用来控制界面对象的显示方式，这些对象包括文档视图窗口、工具箱、选项栏、各种调板与状态栏。其中【文件浏览器】、【导航器】、【动画】、【动作】、【段落】、【工具预设】、【画笔】、【历史记录】、【路径】、【色板】、【通道】、【图层】、【图层复合】、【信息】、【颜色】、【样式】、【直方图】与【字符】命令用来显示或隐藏对应的调板。而【工具】、【选项】与【状态栏】命令则用来显示或隐藏工具箱、选项栏与状态栏，如图1-61所示。

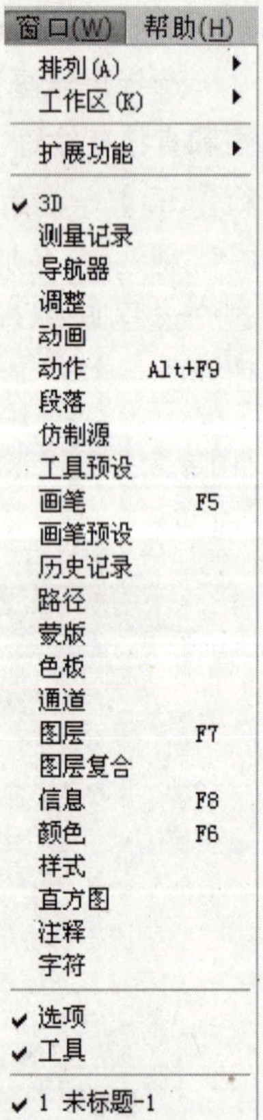

图1-61

工作区：在Photoshop的最新版本CS5中，此菜单下的命令用来对工作区进行存储、调节与删除等操作，当退出应用程序时，所有打开的调板和可移动对话框的位置将被存储。同时增加“3D”“设计”“动感”“绘画”“摄影”工作区，这是Photoshop专为简化一些设计任务而设计的工作区。此外，在存在多个已存储的工作区版面中，可以使用与工作区名称对应的菜单选项切换工作区。

调板：在Photoshop中浮动调板位于工作界面的右上方，面板提供了有助于操作的功能和选项。应用工具和执行菜单命令编辑图像后，使用调板可以进一步的对图像进行调整，如图1-62所示。

图1-62

调板在默认状态下是嵌入边侧的，这样在制作图像文件时就会拥有更多的工作空间，我们可以显示需要的调板，隐藏不需要的调板，如图1-63所示。

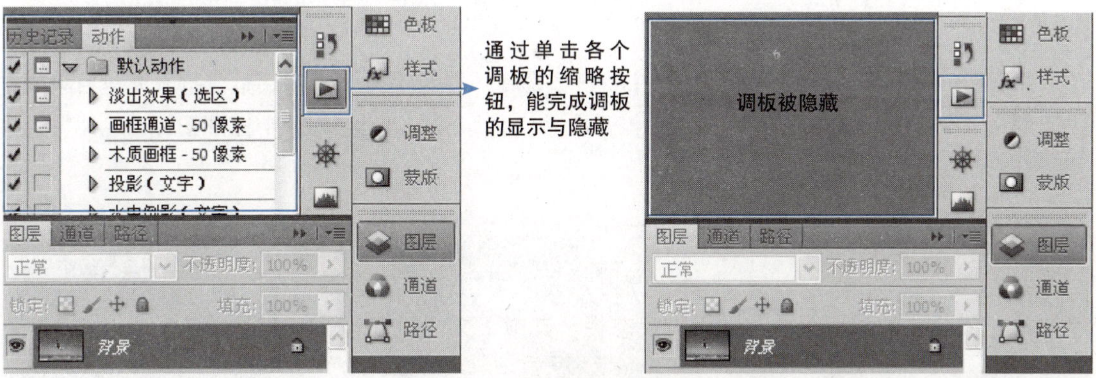

图1-63

调板在特殊情况下可以与面板拆分开，从组合调板中独立出来，并且可以重新编组进行组合，如图1-64所示。

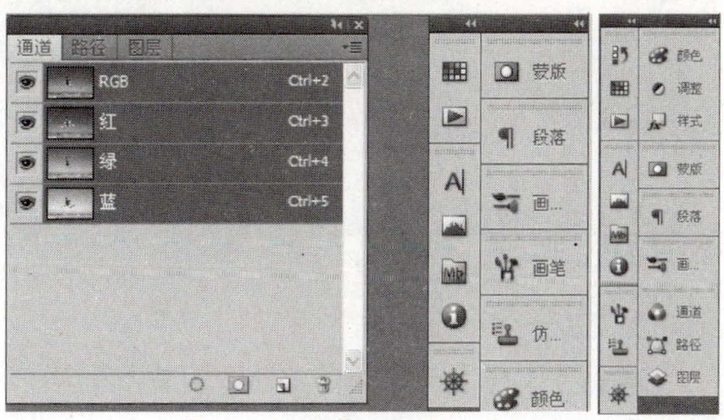

图1-64

11. 帮助菜单

此菜单用来获得多种Photoshop的帮助信息和Photoshop的各种疑难解答，本书不做详细解释。

1.4 Photoshop的基本操作

本节讲解Photoshop的基本操作，包括文件的基本操作（打开文档、关闭文档、存储文档）、操作的撤销和重复以及设置前景色和背景色。

1.4.1 图像文件的基本操作

1. 新建

打开Photoshop，执行【文件】→【新建】命令，弹出【新建】对话框，设置参数，然后单击【确定】按钮，新建文件完成，如图1-65所示。

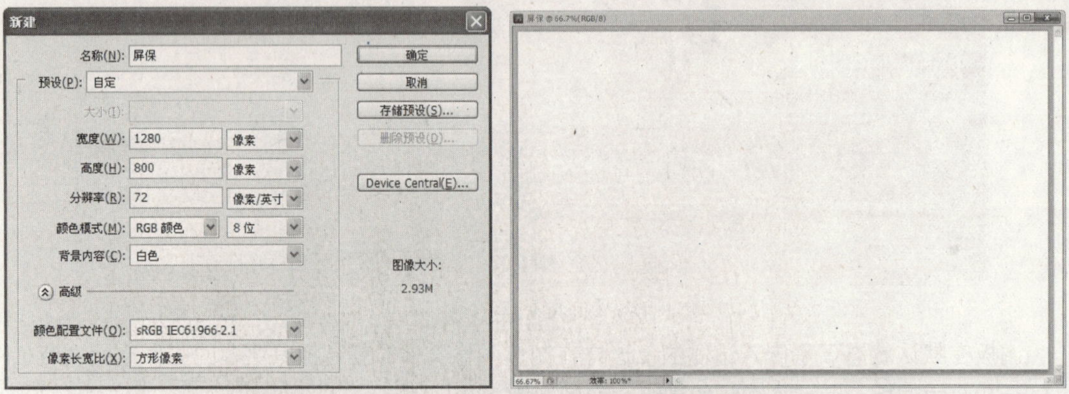

图1-65

2. 打开

打开Photoshop，执行【文件】→【打开】命令，弹出【打开】对话框，打开光盘目录下的“素材\第1章\轮船”文件，然后单击【打开】按钮，即可在Photoshop中打开图片“轮船”，如图1-66所示。

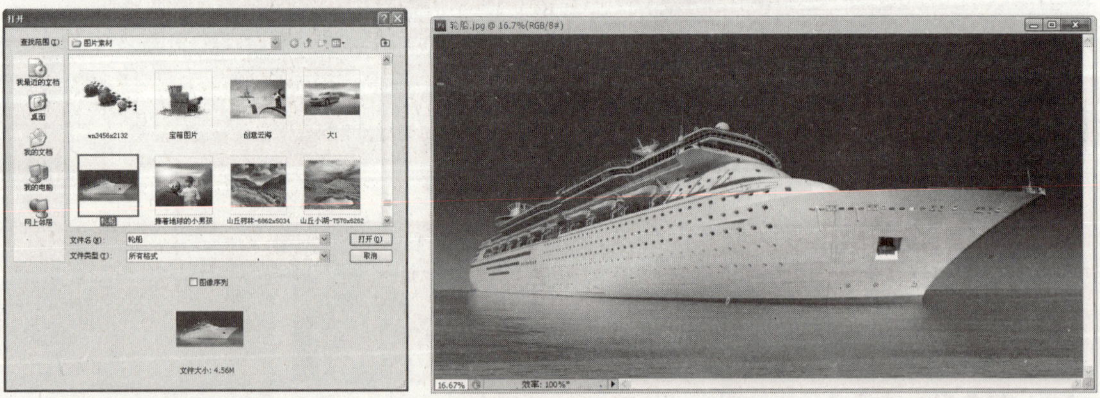

图1-66

3. 关闭

执行【文件】→【关闭】命令可以关闭当前图像窗口，即关闭当前打开的图像文件。如果文件被修改，会弹出对话框询问是否保存文件。

4. 存储

执行【文件】→【存储】或【存储为】命令可以将当前图像窗口中的图像保存到磁盘上。

1.4.2 操作的撤销和重复

1. 还原或重做

【还原】命令用来撤销最后一次所做的修改，恢复为上次操作之前的状态。【重做】命令用来重做被撤销的上一次操作，相当于取消【还原】。在Photoshop中打开光盘目录下的“→素材\第1章\创意云海”文件，如图1-67（a）所示。执行【图像】→【调整】→【去色】命令，效果如图1-67（b）所示。执行【编辑】→【还原去色】命令，效果如图1-67（c）所示，将图像还原到最初状态。

原图稿

图1-67（a）

经过去色处理

图1-67（b）

还原以后

图1-67（c）

2.【前进一步】和【后退一步】

Photoshop会将最后若干步的操作记录下来，可以使用【后退一步】命令撤销上一次操作，将文件恢复到上一次操作之前的状态，也可以通过【前进一步】命令将撤销的操作重做一次。【后退一步】与【前进一步】命令可撤销或重做多步操作。

提 示

【还原】和【重做】的快捷键是Ctrl+Z。设计师完成一步操作后，可以通过反复按快捷键Ctrl+Z 来对比操作前后的效果。【后退一步】快捷键和【还原】命令快捷键相同，但是只能后退一步，需要后退多步时，按快捷键Crtl+Shift+Z，并且可以后退多步修改效果。

3. 历史记录

历史记录是用来记录我们每一步的操作过程，执行【窗口】→【历史记录】命令，打开【历史记录】调板，可以看到所记录的操作过程，单击某一步骤的名称可以返回到操作之前的状态，也可以单击【历史记录】中原图的缩略图，返回到图片的最初状态，如图1-68所示。

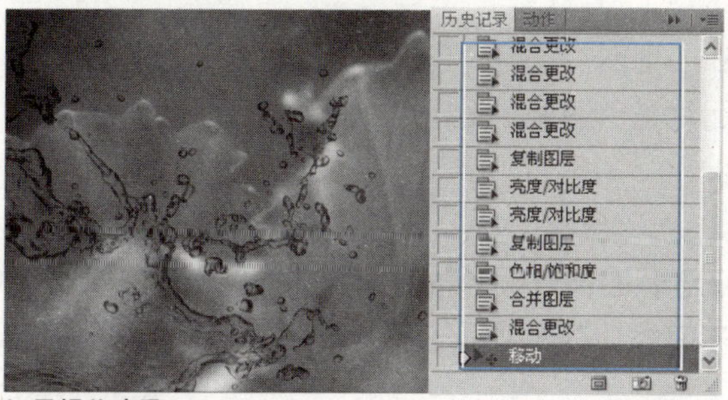

记录操作步骤

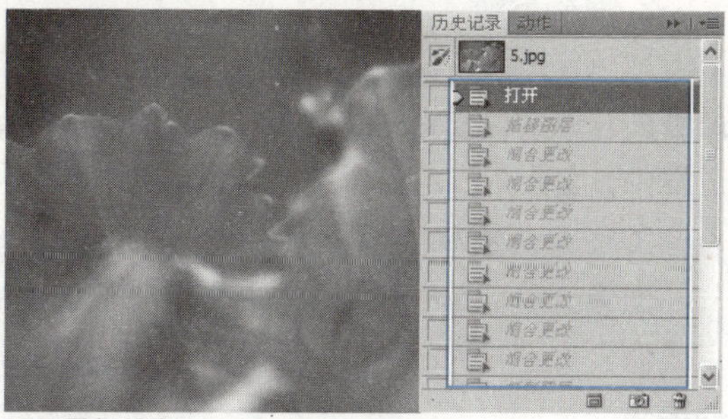

返回最初状态

图1-68

1.4.3 设置前景色和背景色

通过单击工具箱中的前景色和背景色按钮可以很方便地选取需要的颜色，操作步骤如下：

单击工具箱中的设置前景色按钮，在弹出的【拾色器】中设置为“C=100、M=0、Y=0、K=0”，单击工具箱中的设置背景色按钮，在弹出的【拾色器】中设置为“C=0、M=100、Y=0、K=0”，如图1-69所示。

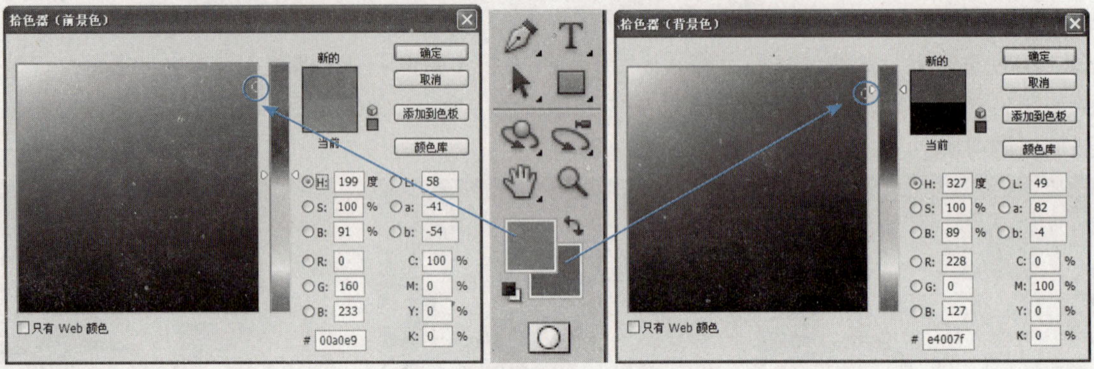

图1-69

提 示

按快捷键Alt+Delete 可在当前图层中填充前景色，按快捷键Ctrl+Delete可在当前图层中填充背景色。在做印刷品设计时，一定要在拾色器中设置准确的颜色数值，不要使用【默认前景色和背景色】按钮设定颜色。因为默认的黑色是RGB 的黑色，在设计印刷品时使用容易造成印刷事故。

1.5 印刷品设计中的基本概念

了解和熟知商业平面设计中的一些基本概念，对设计制作大有裨益。本节将对一些基本的概念进行简单的介绍，包括原稿、分辨率、出血、颜色模式、抠图、色彩校正、原稿分析、分色、计量单位的设定、暂存盘的设定和视图模式的切换等。

1. 原稿

在平面设计中通常将未进行处理的原始素材称作原稿，包括图形、图像和文字。图像原稿通常经过Photoshop 的色彩调整、去污、合成等操作后，再到其他软件中进行进一步的设计制作。

2. 原稿分析

原稿分析通常使用在色彩校正过程中，是指在处理图片之前，首先要对图片进行分析，主要是看图片的层次是否完整、尺寸是否符合要求、图片是否清晰，之后再进行相应的调整。在分析过程中，主要依靠色值，不能仅仅依靠眼睛来判断。

3. 图像分辨率

图像分辨率是Photoshop中一个非常重要的概念，图像分辨率指的是每英寸图像含有多少个点或像素。不同的印刷品对图片分辨率的要求是不同的，下面列出了一些常见设计作品对分辨率的要求。

普通画册的图片分辨率通常是300 ~ 350像素 / 英寸。

高档画册的图片分辨率通常能达到400像素/英寸。

彩色杂志的图片分辨率通常是300 像素/英寸。

时尚类的杂志对图片的要求相对较高，通常是350像素/英寸。

黑白杂志的图片分辨率通常是200～250像素/英寸。

报纸的图片分辨率通常是80～150像素/英寸。

喷绘写真的图片通常是72～120像素/英寸。

网络传播的图片通常是72像素/英寸或96像素/英寸。

下面是各种不同的印刷品，如图1-70所示。

图1-70

4. 出血

出血是指为了印刷品最后的裁切而在设计的时候预留的尺寸，通常印刷品的裁切边多留3mm。下刀的地方留出血，不下刀的地方不留出血。

5. 颜色模式

执行【图像】→【模式】命令，在弹出的菜单中，设计师可以选择多种模式，如图1-71所示。在这里主要介绍和印刷关系最为密切的3种颜色模式，这也是在商业平面设计中接触最多的颜色模式：灰度、CMYK和RGB。如果图片用于彩色印刷，那么颜色模式一定要转换为CMYK。如果图片用于喷绘或网络传播，颜色模式要转为RGB。如果图片用于黑白报纸、杂志，颜色模式要用灰度。

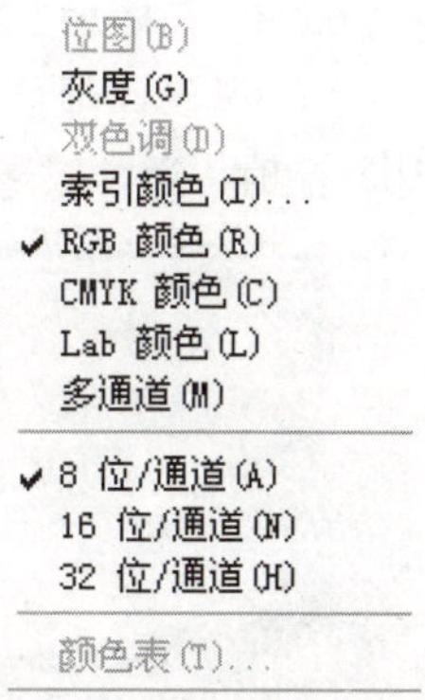

图1-71

提 示

从事设计工作不久的设计师经常容易在制作彩色印刷品时忘记将图片的颜色模式更改为CMYK。制作完成后一定要进行检查，将图片更改为CMYK 模式。

6. 分色

在印刷中，分色是一个很重要的概念，具体内容会在通道部分详细讲解。

（1）在Photoshop中打开一幅彩色的RGB图像，看到的是一个颜色丰富的画面，打开通道调板，如图1-72所示。Photoshop将这幅图像所有的颜色进行了分色，分为红、绿、蓝3种颜色。图片的所有的颜色信息，被分别存放在红、绿、蓝三个通道中。也就是说，在这幅图像中，不同比例的红、绿、蓝颜色混合在一起形成了颜色丰富的画面。

（2）在Photoshop中打开一幅彩色的CMYK图像，可以看到的是一个颜色丰富的画面，打开通道调板，如图1-73所示，Photoshop将这幅图像所有的颜色进行了分色，分为青色、洋红色、黄色、黑色4种颜色。所有的颜色信息被分别存放在青色、洋红色、黄色、黑色4个通道中。也就是说，这幅图像是由不同比例的青、洋红、黄、黑颜色混合在一起形成的画面。

图1-72

图1-73

7. 计量单位的设定

在印刷品设计中，正确的计量单位至关重要。错误的尺寸设定可能会导致印刷品的报废，所以一定要在Photoshop中使用正确的设置。

（1）打开一幅图像，执行【视图】→【标尺】命令，在图像的周围显示标尺，如图1-74所示。

（2）在标尺上右击，弹出的菜单中显示了当前标尺所使用的单位。

（3）设计师可以根据自己的需要更改标尺的单位，以方便在设计制作过程中查看。在设计印刷品时，通常以毫米为单位，如图1-75所示。

图1-74

图1-75

1.6 文字

文字是每个设计作品的重要部分，它可以用来传达信息，还能起到版面美化的效果，强化要表达的主题。Photoshop提供了多种文字的创建工具，文字的编辑也非常的灵活。

1.6.1 文字的种类

Photoshop中的文字在栅格化之前会保留矢量的文字轮廓，任意的缩放文字或者调整文字的大小，不会产生锯齿。

文字的划分方式有很多种，从排列方式上划分为：横排文字和直排文字；从文字的类型划分为：普通文字和蒙版文字；从创建内容来划分为：点文字、段落文字和路径文字。

我们可以通过3种方法创建文字。第一种是在点上创建文字；第二种是在段落中创建文字；第三种是沿路径创建文字。其中横排和直排文字工具T用来创建点文字、段文字和路径文字。横排文字蒙版工具和直排文字蒙版工具用来创建文字选区。

1.6.2 文字工具选项

我们在利用文字工具进行文字输入的时候，首先要了解工具选项栏和【字符】调版中的设置属性，包括字体、大小、文字颜色等，如图1-76所示为横排文字工具选项栏。

图1-76

设置文本方向：用来设置文本文字的排列方向，单击该按钮文字在横排或竖排间转换。

设置字体：用来改变文本中的字体，单击下拉菜单可以选择要使用的字体。

设置字体样式：用来设置字符的样式，包括规则、斜体、粗体和粗斜体等，如图1-77所示的各种字体效果。

图1-77

设置字体大小：用来选择字体的大小，或者直接输入数值来进行调整。

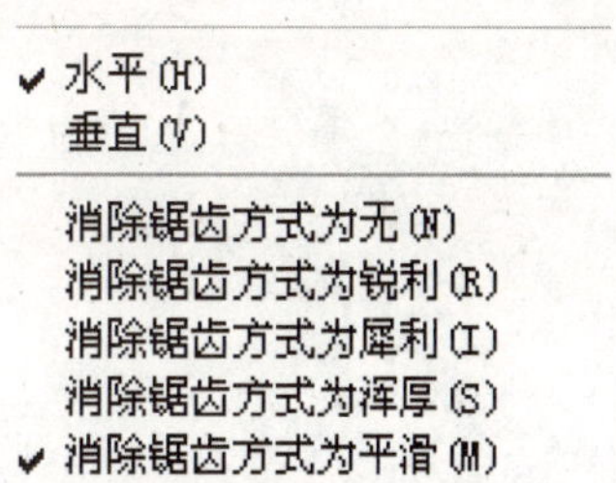

图1-78

设置消除锯齿：用来为文字消除锯齿的选项，Photoshop会通过部分的填充边缘像素来平滑文字的边缘，让文字的边缘混合到背景中而看不到边缘的锯齿。执行【图层】→【文字】→【消除锯齿方式】命令，也可以为文字消除锯齿，如图1-78所示。

设置文本对齐：根据输入文字光标的位置来设置文本的对齐方式，包括左对齐文本、右对齐文本、居中对齐文本，如图1-79所示。

设置文本颜色：单击颜色色块，在弹出的【拾色器】对话框中选择要设置的字体颜色。

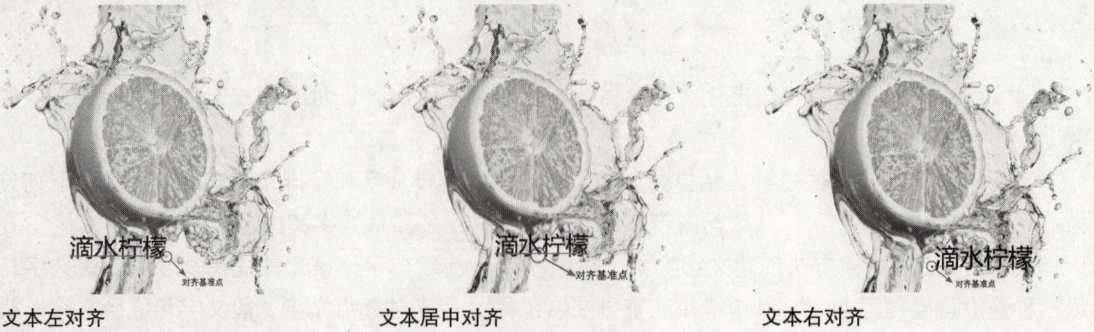

图1-79

创建文字变形：用来创建变形的文字，我们可以在【文字变形】对话框中为文本添加变形样式，创建变形的文字，如图1-80所示。

图1-80

1.6.3 创建文字

1. 创建点文字

打开光盘目录下的“素材\第1章\旋转水花.jpg”如图1-81所示。选择横排文字工具，在工具选项栏中设置字体为“微软雅黑”、大小为6、颜色为“红色”，在需要输入文字的位置单击出现闪烁的光标，输入“旋转水花”字样，同时图层面板会出现一个文字图层，如图1-82所示。

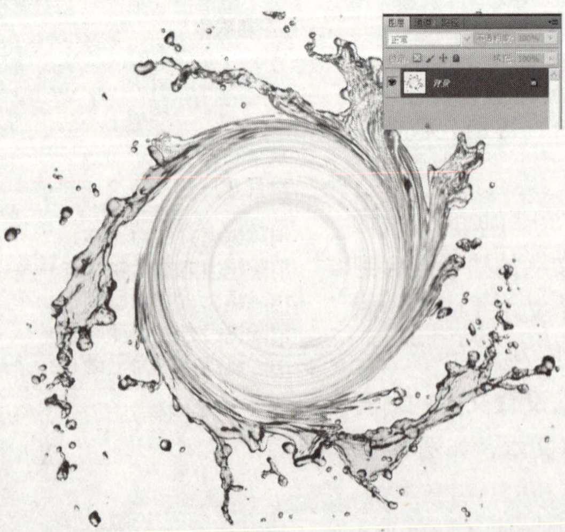

图1-81

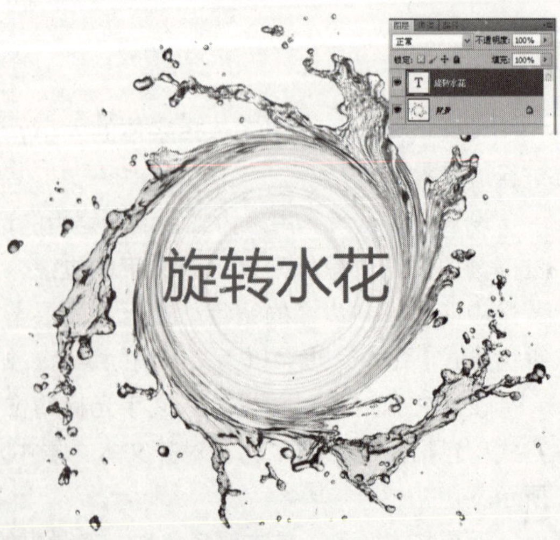

图1-82

1.6.4 创建段落文字

打开光盘目录下的”素材\第1章\滴水柠檬.jpg”，如图1-83所示。选择横排文字工具，在工具选项栏中设置字体为“微软雅黑”、大小为36、颜色为“黑色”。在画面的空白处拖出一个定界框，如图1-84所示。

图1-83

图1-84

创建文字定界框之后，画面中出现闪烁的光标，这时我们可以输入文字，当文字到达定界框的位置之后会自动换行，如图1-85所示。输入完成后，可以按快捷键Crtl+Enter创建段落文本，如图1-86所示。

图1-85

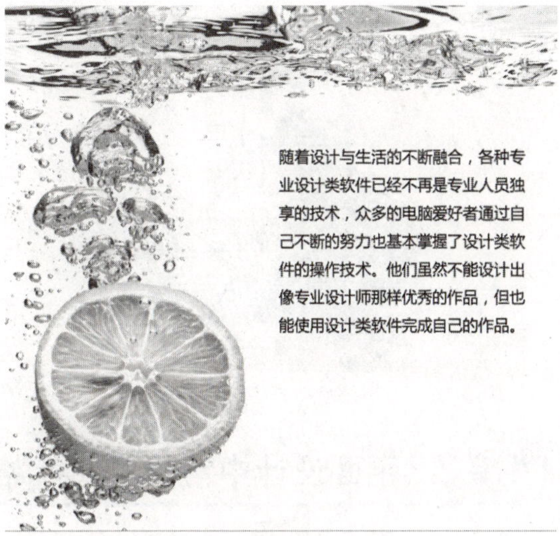

图1-86

1.6.5 创建文字形状选区

利用蒙版文字工具可以创建文字形状的选区。选择直排文字蒙版工具在画面上单击，然后输入文字就可以创建一个文字选区，同样也可以利用创建段落文字的方法来创建段落文字形状。

单击图像插入一个文本光标，在工具选项栏中设置字号、字体等参数。

在文本光标后输入文字，在输入文字时画面背景呈现淡红色，且文字为实体，如图1-87所示。在此状态下可以先选中文字再改变其字号、字体等属性。

在工具选项栏中单击【提交所有当前编辑】按钮，或者是单击工具栏中的【选择工具】都可以退出文字输入状态，即可得到如图1-88所示的文字型选区效果。

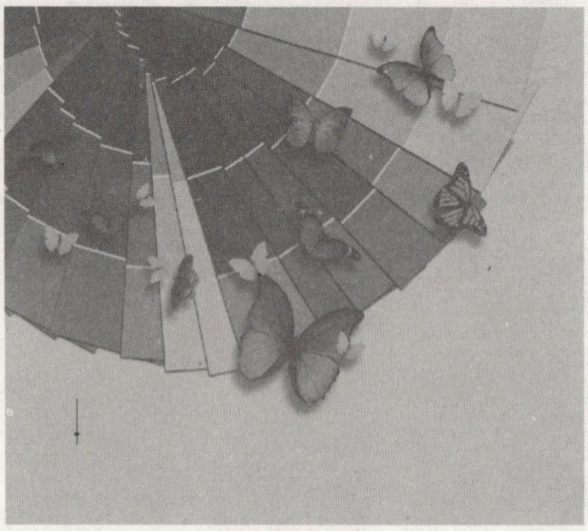

图1-87

图1-88

1.6.6 创建路径文字

路径文字是指沿开放路径或封闭路径的边缘流动的文字。当沿水平方向输入文本时，字符沿着与基线垂直的路径出现。当沿垂直方向输入文本时，字符沿着与基线平行的路径出现。在任何一种情况下，文本都会以点添加到路径时所采用的方向流动，如图1-89所示。

图1-89

1.6.7 平面设计中常用的文字格式

在Photoshop中常用的文字格式有文字的字号、字体、对齐方式等。字号、字体和行距等是设计中最常用的几种文字格式，下面分别对它们进行讲解。

1. 字号

字号分为两种表达形式，国际上通用的是磅制，而国内以号制为主，磅制为辅。

当选择号制的时候，号制越小，字越大。例如，一号字比二号字大，三号字比四号字大，依次类推。

磅制又称为点制，是以计算文字外形的“点”值作为标准的。在Photoshop中选择【编辑】→【首选项】→【单位与标尺】命令，从弹出的对话框中可以将字号的计算单位设置为“像素”、“点”、“毫米”三者之一，如图1-90所示。

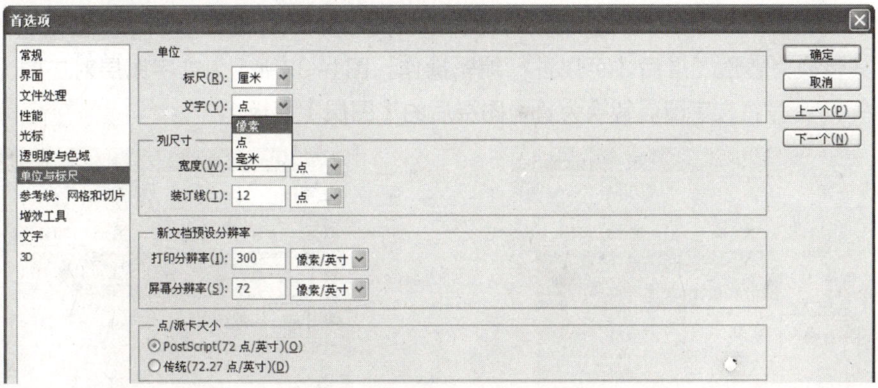

图1-90

2. 字体

字体分为中文字体和英文字体。字体就是具有同样粗细、宽度和样式的一组字符（包括字母、数字和符号）所形成的完整集合。

3 .行距

各个文字行之间的垂直间距称为行距。对于罗马文字，行距是从一行文字的基线到上一行文字的基线的距离。基线是一条看不见的直线，大部分文字都位于这条线的上面。可以在同一段落中应用一个以上的行距量，但是，文字行中的最大行距值决定该行的行距值，数值越大，行距越大。

1.6.8 平面设计中常用的段落样式

处理文字的时候，一般通过设置文字参数来改变文字的格式。在文字被选中的情况下，使用工具选项栏里的参数和【字符】面板里的参数对文字的格式进行设置。

在对文字进行操作时，最常见的操作是设置字号、字体、行距等属性，使用【字符】面板对文字进行设置，如图1-91所示。

段落样式在设计中的重要性不亚于文字样式。在不同的设计作品中应用不同的段落样式能让整个设计生动起来。

在Photoshop CS5中，段落属性包括文本对齐方式、左缩进、右缩进、首行缩进、段前添加空格、段后添加空格和连字，如图1-92所示。

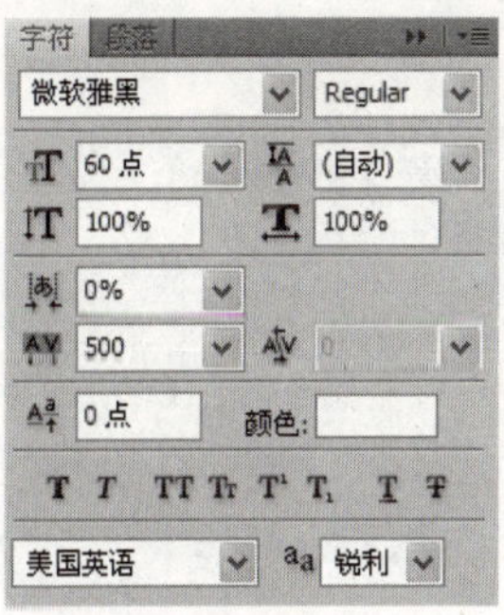

图1-91

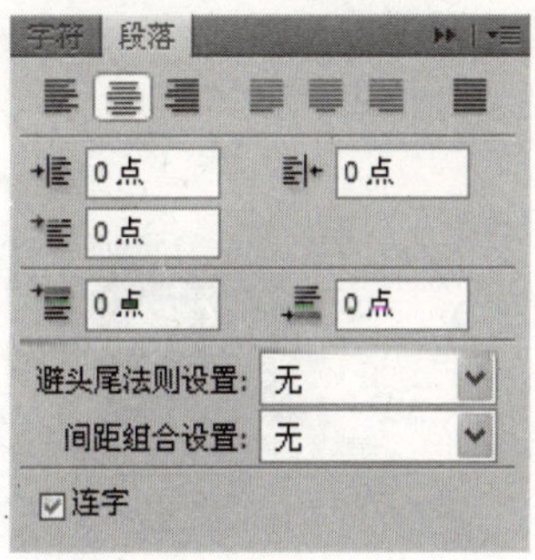

图1-92

1.6.9 转换文字

1. 文字图层转换为普通图层

在Photoshop中，文字图层是不可编辑的，只有通过执行【图层】→【栅格化】→【文字】命令，将其转换为普通图层后才可以进行编辑操作。图1-93所示为文字图层对应的【图层】面板。图1-94所示为将文字图层转换为普通图层后的【图层】面板。

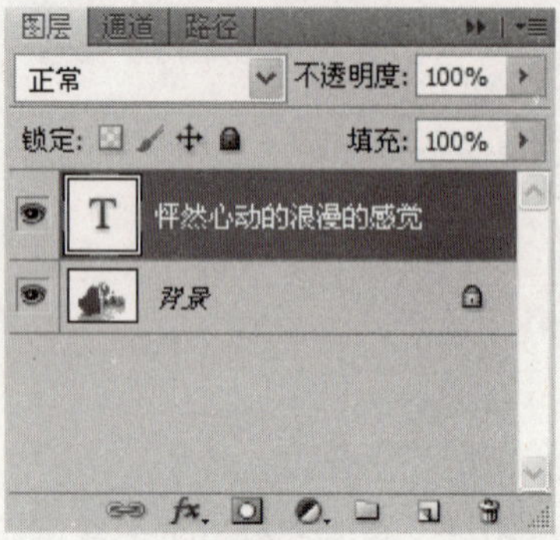

图1-93

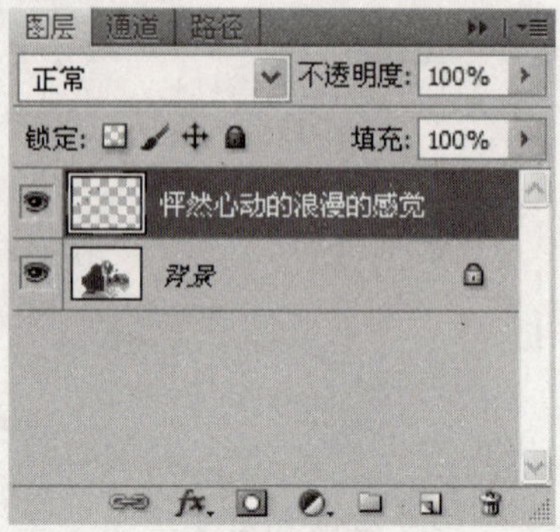

图1-94

2. 文字图层转换为形状图层

执行【图层】→【文字】→【转换为形状】命令，可以将文字转换为与其轮廓相同的形状，相应的文字图层也会转换为形状图层，如图1-95所示。

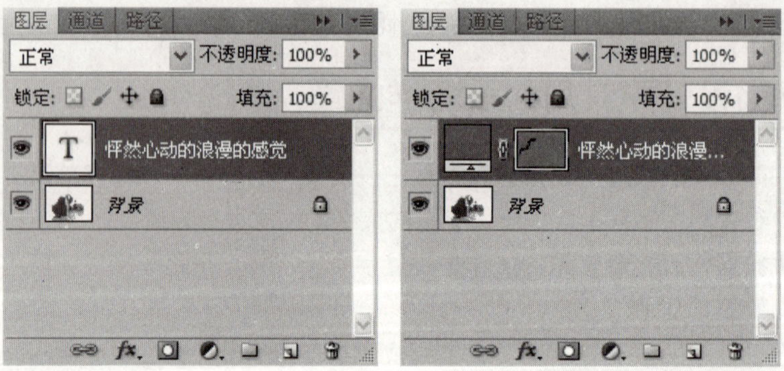

图1-95

3. 生成路径

执行【图层】→【文字】→【创建工作路径】命令，可以由文字图层得到与文字外形相同的工作路径，如图1-96所示。

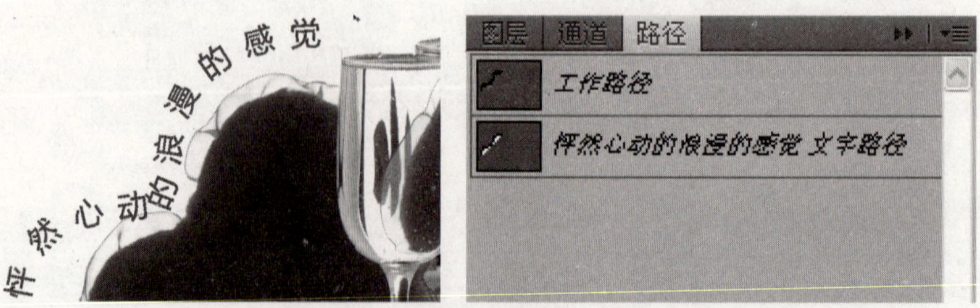

图1-96

1.7 Photoshop CS5的新增功能

Photoshop采用了全新的选择技术，能精确地遮盖和检测最容易出错的图像边缘，使复杂图像的选择变得更加容易。新增的内容识别功能可以填充丢失的像素，此外图像修饰和逼真绘画功能，以及各种工作流程和性能增强都给我们带来了全新的感受。

1.7.1 内容识别填充

在Photoshop以前的版本中，要除去图像中不想要的部分，需借助仿制图章等工具修补背景中出现的空白区域，而新增的内容识别填充功能可以自动从选区周围取样，然后填充选区，使之与周围的像素相互融合，如图1-97所示。

图1-97

1.7.2 选择复杂图像

面对复杂的图像点击一下鼠标就能选择一个图像的指定区域，轻松地抠取毛发等细微的图像元素，如图1-98、图1-99所示。使用新增的细化工具还可以改变选取的边缘，改进蒙版。选择完成后还可以直接将选取范围输出为蒙版、新文档、新图层等。

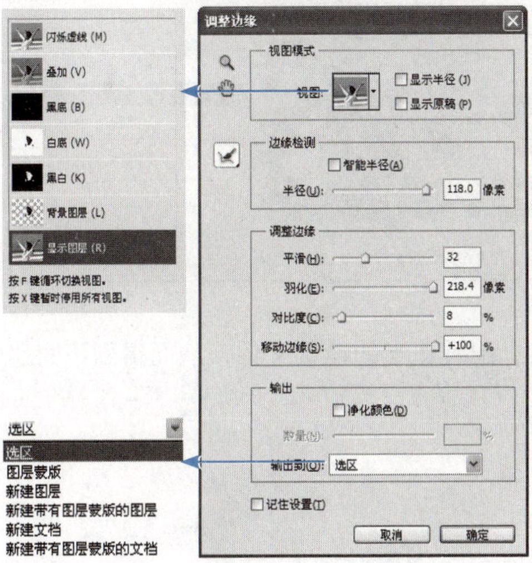

图1-98

图1-99

第1章 第2章 第3章 第4章 第5章

1.7.3 图像操控变形

启用图像操控变形功能，在图像上添加关键节点以后，就可以对图像进行变形。例如将圆形油漆桶的形状改变成多边形，如图1-100、图1-101所示。

图1-100

图1-101

1.7.4 自动镜头校正

【自动镜头校正】滤镜，以及【文件】菜单中的新增功能的【镜头校正】命令可以查找图片的数据，如图1-102所示。Photoshop会根据用户使用的相机和镜头类型对色差和晕影等一些数据作出精确调整。

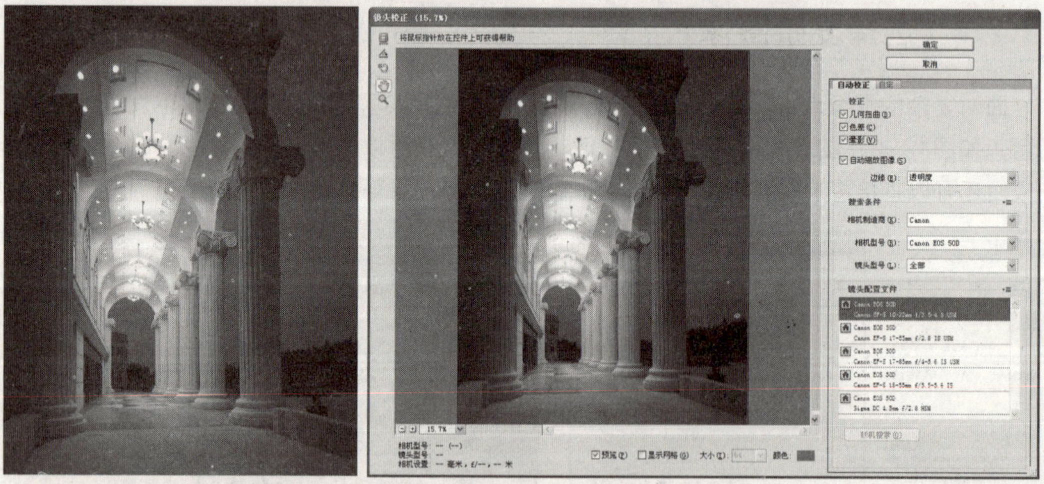

图1-102

我们可以根据不同的相机型号来选择不同的镜头，配置适当的镜头文件，从而得到不同的图片效果。

1.7.5 绘图效果的增加

在Photoshop的最新版本CS5中，可以借助混合器笔刷和毛尖笔刷创建逼真、带纹理的笔触。也可以将照片轻松地转变为绘画效果或者为其创建独特的艺术效果。还可以通过画笔选项修改画笔的形态，并同时改变绘画的效果，如图1-103所示。

图1-103

1.7.6 GPU加速功能

GPU的加速是利用计算机显卡的GPU。利用GPU加速实现工具功能的增强，如使用裁切工具对图像进行剪切、缩放等，如图1-104所示。

图1-104

1.7.7 扩展功能——Kuler

执行【窗口】→【扩展功能】→【Kuler】命令，打开【Kuler】调板，如图1-105所示。【Kuler】调板主要用于快速创建浏览和共享颜色主题。

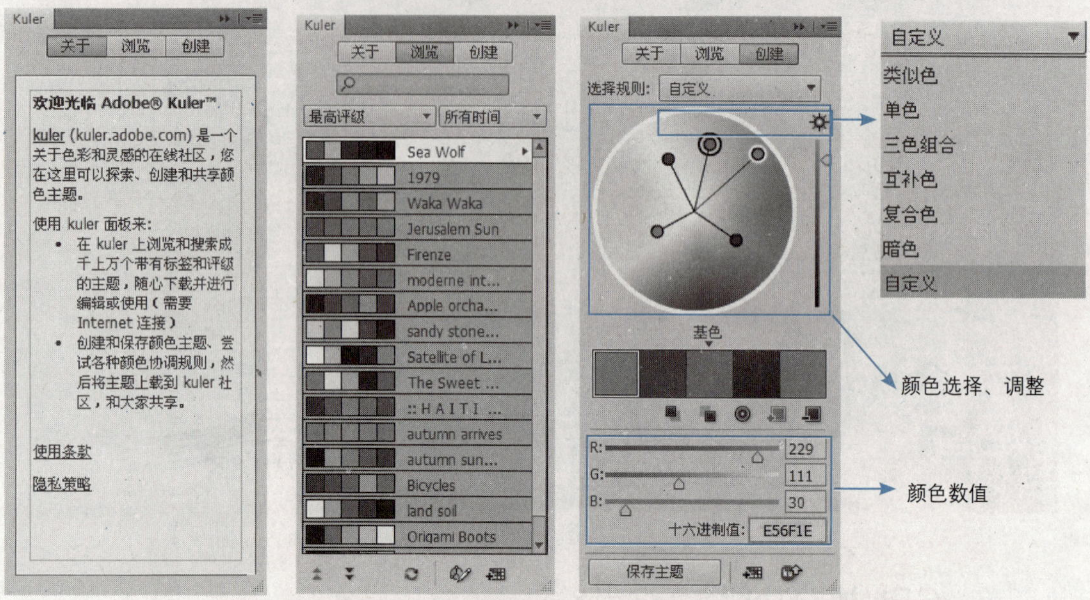

图1-105

1.7.8 轻松的媒体管理

执行【文件】→【在Mini Bridge中浏览】命令，打开【Mini Bridge】调板，如图1-106所示。在工作环境中访问我们所需要的资源，能够更加灵活地对媒体进行管理。

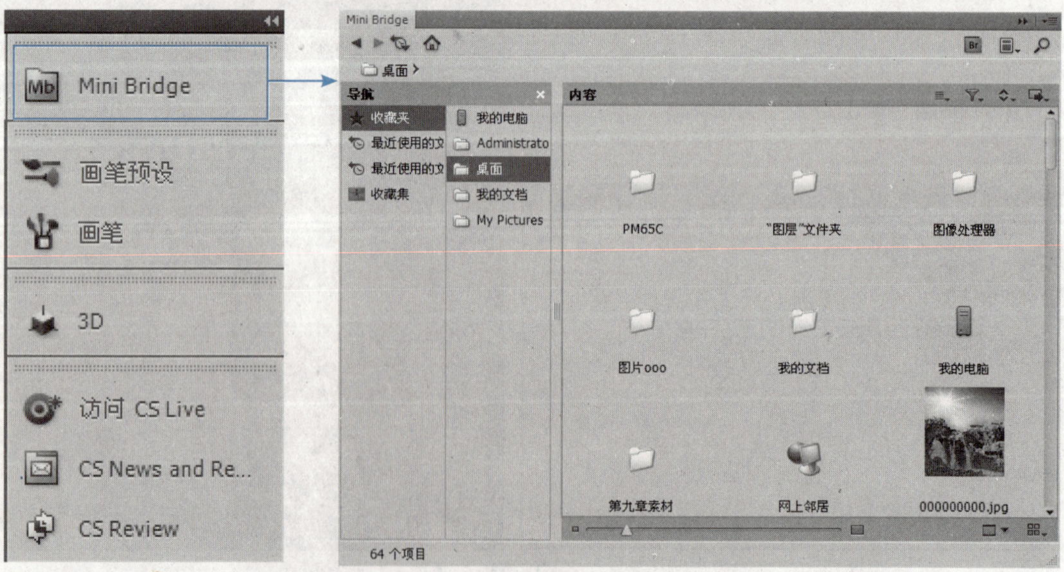

图1-106

1.8 小结

Photoshop是平面设计师必须熟练掌握的软件之一，本章首先介绍了Photoshop在平面设计中的重要作用及Photoshop如何与其他的平面设计软件协同工作，然后展示Photoshop在平面设计中常用的功能，最后介绍了Photoshop在设计和印刷中的一些基本概念。希望读者能够通过本章的学习对平面设计常识有所了解。

1.9 习题

1. 填空题

（1）Photoshop用来处理（ ），Illustrator用来处理（ ），InDesign用来（ ）。

（2）在印刷品设计中最常使用的长度单位设置是（ ）。

（3）普通画册的图片分辨率通常是（ ）像素/ 英寸。

2. 问答题

（1）什么是抠图?

（2）什么是出血?

3. 操作题

（1）将历史记录状态更改为30步。

（2）练习文件的基本操作：打开、保存和关闭。

（3）创建一个规范的文件，要求宽210毫米、高285毫米、分辨率300像素/英寸、色彩模式CMYK、背景色白色。

读书笔记

- 电子文件获取原稿
- 由非电子文件获取原稿
- 由其他软件获取原稿
- EPS/PDF文件的处理方法
- 原稿的初步筛选
- 图像的初步处理

2

第2章

原稿的获取

编者心得

在Photoshop中进行平面设计之前首先要准备好图片素材，通过不同的方式获得的图像原稿品质也有所不同，在很大程度上影响设计师的工作，本章主要讲解各种原稿获取的方式及利弊。

2.1 电子文件获取原稿

电子文件就是指可以直接在电脑上使用的文件格式。用于商业平面设计的图像原稿中，电子文件的原稿包括客户提供的电子文件、图库中的图像文件、图片网站上购买的图片或收集的免费图片。

2.1.1 客户提供的电子文件

有些客户要求在设计过程中使用其提供的电子文件，但并不是所有的图片都符合印刷要求，设计师需要对这些文件进行检查，不符合印刷要求的图片需要和客户进行沟通，更换图片或者对图片进行一些修复处理。

检查电子文件的内容包括分辨率大小、尺寸大小、清晰度、平滑度等，这些知识会在第3章中进行讲解。

2.1.2 图库

光盘图库一般分为摄影图库与矢量图库两种。摄影图库运用比较广泛，可以用于制作插图、背景等，矢量图库多用于插图。

摄影图库种类丰富，包括材质、风景、人物、食物等，如图2-1所示。风景图库还可以分为自然风景、城市风景、名山大川等。

矢量图库包括卡通形象、矢量边框、底纹等，一般在设计中用来丰富版面，如图2-2所示。

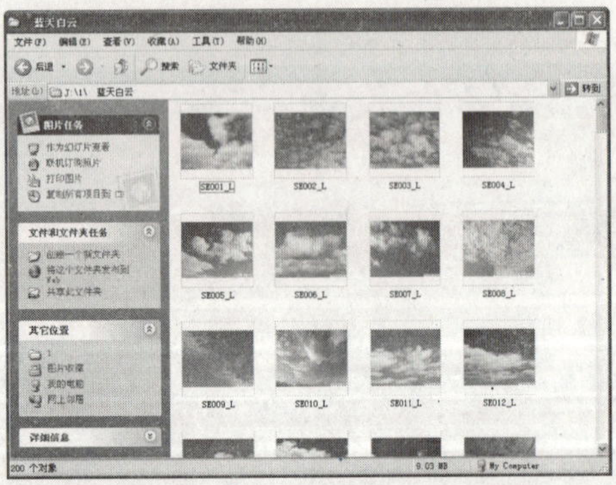

图2-1

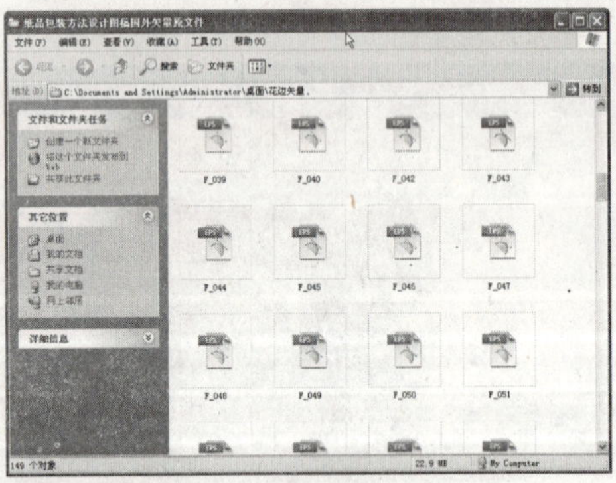

图2-2

2.2 由非电子文件获取原稿

非电子文件主要包括底片、照片、印刷品等，这类原稿通常需要通过专业的电分转换为电子文件后使用。下面讲解在平面设计中选择非电子文件原稿的方法和技巧。

2.2.1 拍摄

很多客户在制作宣传品时，要求宣传品上要有他们的公司图片、产品图片，这就需要对实物进行拍摄。

1. 数码拍摄

数码相机无须胶卷并且直接可以获得数字图像。数码相机的图像可以直接使用，而无须扫描就可以编辑输出，既降低了成本又方便快捷。但是，如果图像要用于印刷，拍照时就要注意以下一些问题。

使用数码相机拍摄时，可以将同样的内容使用不同的设置多拍几份，使图片有一定的选择余地。

通常图片的分辨率要300像素/英寸才能达到印刷要求，而大多数数码相机拍摄的图片的分辨率只有72像素/英寸，这样的图片如果用于印刷要缩小尺寸。

提 示

印刷常用的分辨率是300像素/英寸，但是不同的印刷品需要设置的分辨率也不同，这个在后面会进行讲解。

用于印刷的图片分辨率应该是300像素/英寸，而不是300像素/厘米。在设置时，要看清后面的单位。

数码相片通常有一定的偏色，需要后期进行校正才能用于打印，而且数码相片与传统专业摄影拍的正片相比，图像颗粒较大、层次也不如正片好，所以对要求很严格的图像，建议使用传统专业摄影拍的正片。

在用数码拍摄时，可以带一台笔记本，随时查看拍摄结果，如果发现颜色偏差较大的图片时，可以随时补拍。

2. 传统拍摄

在商业设计案例中，经常需要设计公司或专业的摄影人员进行拍摄，然后通过专业的电子分色将拍摄的正片转换为电子文件，再到电脑上进行设计制作。摄影图片原稿可以分为8×10正片、4×5正片、120正片、135正片、135负片、洗出来的照片等几种类型。正片和负片的特点见表2-1。

表2-1 正片和负片的特点及其应用

正片	负片
色彩真实饱和，影像的清晰度、明锐度比较高	色彩、清晰度、明锐度相对于正片较差
曝光宽度比较狭窄，稍不足或是过度都会影响影像质量，所以拍摄反转片要求曝光一定要十分准确，成本也比较高	操作较为简便，对环境要求不高，成本低廉
经常用作专业用途，如用于印刷精美图片	在日常生活中运用较为广泛

问 答 1

什么是正片？什么是负片？

彩色胶片可以分成两大类型，即反转片和负片。

彩色反转片有时也称为幻灯片(即正片)，是一种经过反转冲洗后直接得到彩色透明正像的胶片。

正片多用于幻灯片、观片灯箱上直接放映，还可作为原片用来分色制版印刷。要求颗粒细，反差大，灰雾小，解像力和清晰度都较高。

彩色负片主要是供印放彩色照片用的感光片，在拍摄并经过冲洗之后，可获得明暗与被摄体相反，色彩与被摄体互为补色的带有橙色色罩的彩色底片。要求感光度高，宽容度大。

2.2.2 扫描

扫描仪和电分机，如图2-3所示。

平台扫描仪

滚筒扫描仪

图2-3

1. 扫描仪的适用范围

平台扫描仪用于扫描一些绘画线稿、公司Logo等比较简单的图案。如果客户对图像质量要求不高就可以选择平台扫描仪。

滚筒扫描仪通常用来扫描一些要求较高的图像，以保证高档印刷品的质量。

2. 扫描的基础知识

要求较高的原稿需要交给专业的公司，由专业人员用滚筒扫描仪或更专业的电子分色设备获取。虽然扫描的工作是由专业人员完成，但是也需要设计师根据用途与专业人员进行沟通，使原稿符合设计要求。

在扫描之前，设计师应该清楚作品的印刷加网线数以及原稿在使用时的大概尺寸。

设计师还需要了解以下公式的含义。

扫描分辨率=印刷加网线数×2×放大的倍数

例如，将8厘米×10厘米的正片原稿放大10倍使用（80厘米×100厘米），印刷加网线数为150lpi，那么扫描分辨率应该为150（印刷加网线数）×2×10（放大的倍数）=3000dpi。

原稿扫描后的效果，如图2-4所示。

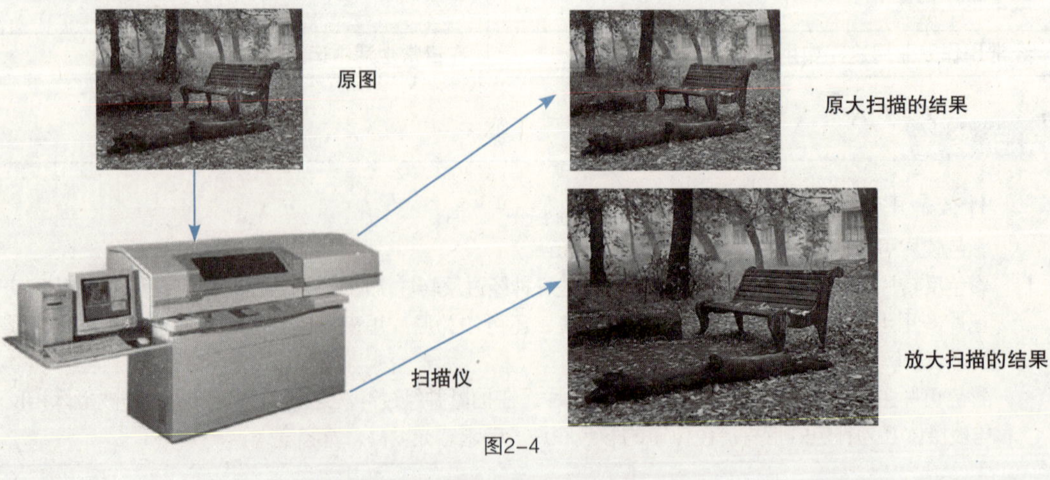

图2-4

提示

印刷加网线数是指印刷品在水平或垂直方向上每英寸的网线数（lpi），即挂网网线数。不同的纸张印刷加网线数不同，常用纸张印刷加网线数见表2-2。

表2-2　常用纸张印刷加网线数

纸张	印刷加网线数
胶版纸	110～150lpi
报纸	80～120lpi
铜版纸	150～175lpi

3. 如何选择用于扫描的原稿

如果图片素材质量不好，作为设计师无论花多少时间做修复，都无法达到理想的效果。

用于电子扫描的原稿有正片、负片、照片和印刷品。

区分好的原稿和坏的原稿，可以按照下面的顺序来进行选择，如图2-5所示。

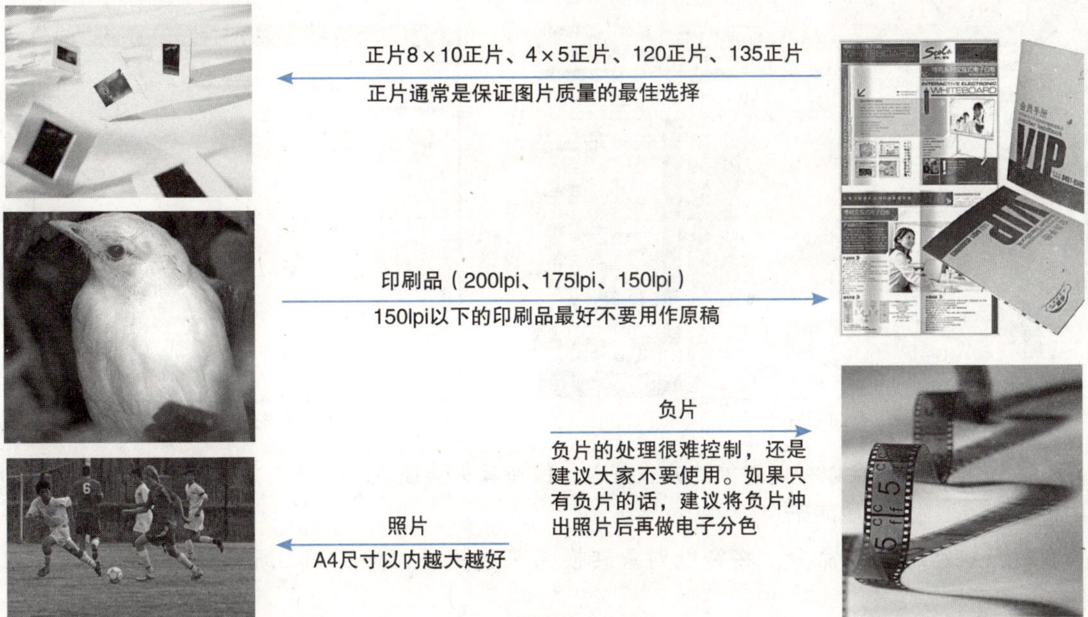

图2-5

设计师应尽可能地保证原稿质量，为后面的制作奠定坚实的基础。

4. 设计师如何控制电分的品质和成本

设计师要了解设计作品对图片的要求，才能够控制好电分的成本和品质。

（1）印刷品图片的分辨率要求。

（2）扫描图片在印刷品中的大概尺寸。

问答 2

扫描的分辨率是不是越大越好？

如果扫描时分辨率过低或不足，将造成输出品质差。专业扫描的收费标准通常是按照扫描后的文件大小进行收取的，过大的文件会造成不必要的浪费，且文件过大，制作时也会影响工作效率。

2.3 由其他软件获取原稿

Photoshop经常要处理由其他软件生成的图像文件，在处理时也有一些需要注意的小技巧。

2.3.1 来自Adobe Illustrator的图像原稿

Adobe Illustrator是矢量图形绘制软件，设计师可以将Adobe Illustrator中绘制的图形导入到Photoshop中进行使用，操作步骤如下。

1 在Photoshop中执行【文件】→【新建】命令，新建一个文件。

2 执行【文件】→【置入】命令，置入Illustrator文件，如图2-6所示。在【置入】对话框中选择所需Illustrator文件，如图2-7所示。

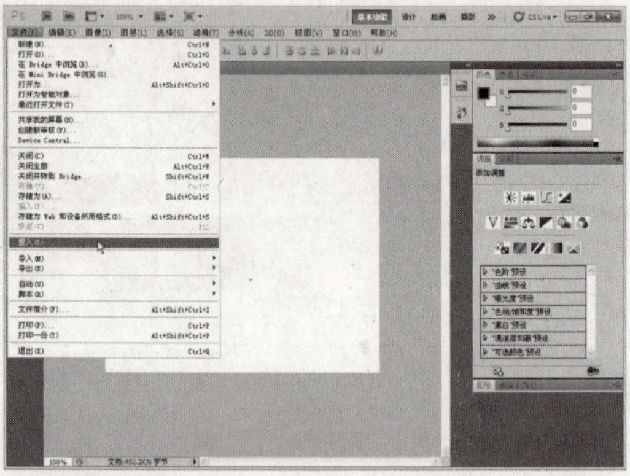

图2-6

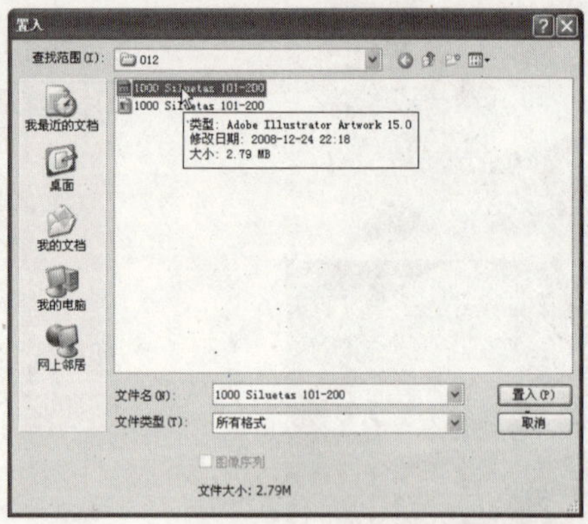

图2-7

3 Illustrator会以智能对象的方式置入，保持其矢量属性。智能对象仍然能够在Illustrator中进行编辑，如图2-8所示。

4 执行栅格化命令，将智能对象转换为普通图层，如图2-9所示。添加的图层，如图2-10所示。

图2-8

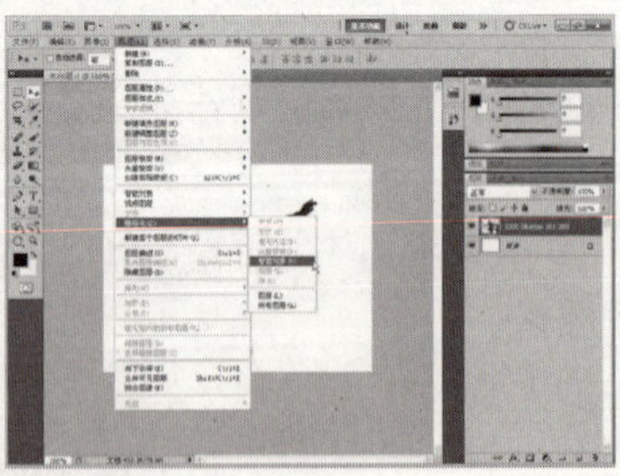

图2-9

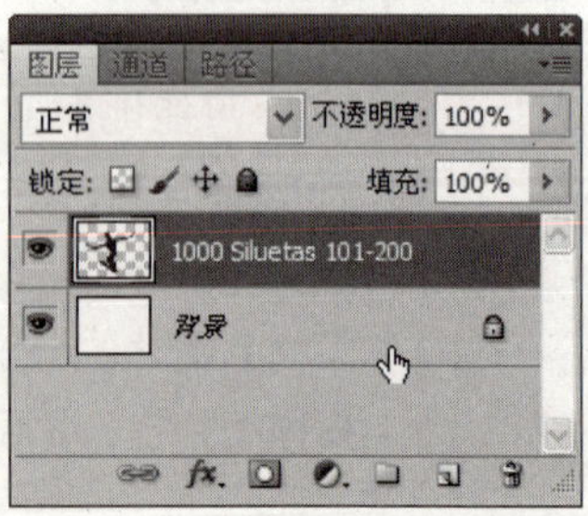

图2-10

2.3.2 来自Word的图像原稿

有时客户无法提供原图片，只能提供包含文字和图片的Word文档，如何处理Word文档中的图片以使图片达到最佳效果呢？在实际工作中经常会遇到这样的问题，接下来有不同的操作方法。

1. 复制粘贴法

通过剪贴板复制Word文档中的图片。使用这种方法得到的图片损失非常大，根本无法使用，操作步骤如下。

❶ 首先在Word中选择图片，按快捷键Ctrl+C复制图片，如图2-11所示。

图2-11

❷ 在Photoshop中按快捷键Ctrl+N新建文件。在【新建】对话框中，将预设设为“剪贴板”，然后单击【确定】按钮，如图2-12所示。

❸ 按快捷键Ctrl+V将剪贴板中的图像粘贴到当前文件中，可以看到图像很不清晰，如图2-13所示。

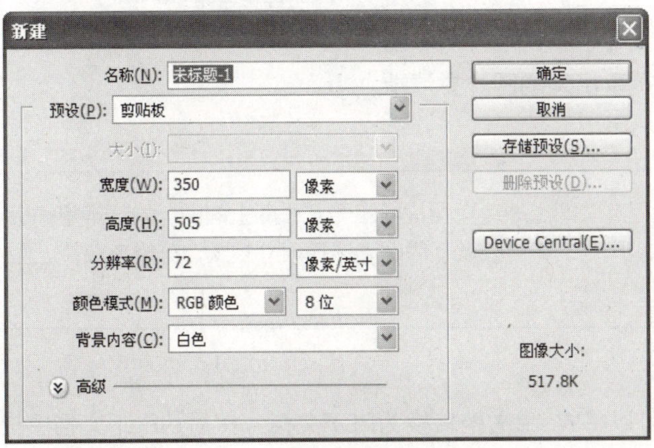

图2-12

图2-13

2. 另存为Web页法

通过另存为Web页的方法可以获得较清晰的图像，操作步骤如下。

❶ 在Word中打开所需文档，执行【文件】→【另存为】命令，如图2-14所示。

❷ 在【另存为】对话框中，将【保存类型】设置为“网页”，单击【保存】按钮，如图2-15所示。

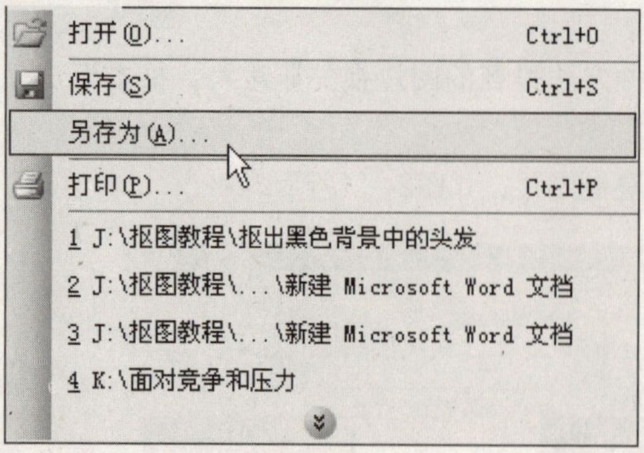

图2-14

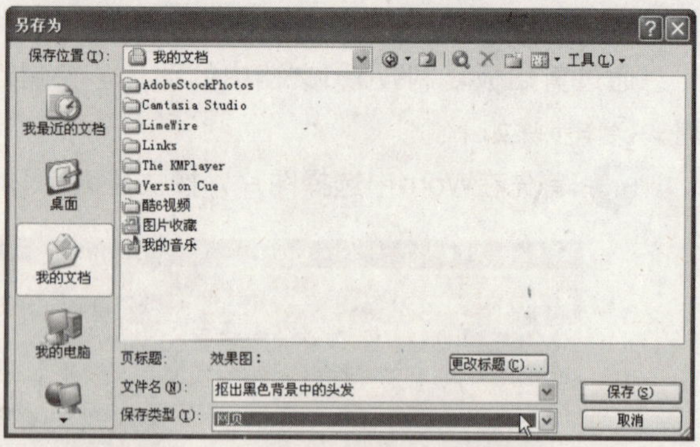

图2-15

3 存储后从存储路径的“抠出黑色背景中的头发.files”文件夹中找到图片，如图2-16所示。

4 在Photoshop中打开按前面两种方法导出的图片进行对比，如图2-17所示。

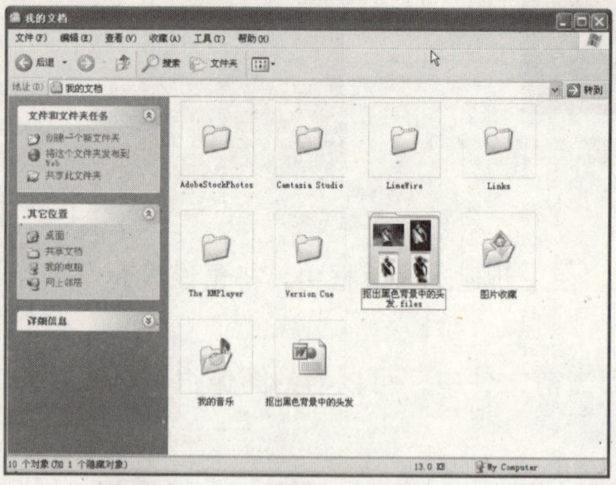

图2-16

图2-17

通过对比可以看出，第二种方法提取出来的图片更清晰。

提 示

在制作商业印刷品时，尽量不要使用互联网上的免费图片。因为互联网上的图片的分辨率一般达不到印刷品分辨率的要求。在没有更好的图片时，才可以从互联网上选择尺寸较大、分辨率较高、图像清晰的免费图片。

3. 通过PDF文件提取清晰图片

如果计算机中安装了Acrobat，可以将Word文档转换为PDF文档，然后从PDF文档中提取出所要的图片。这种方法同样可以得到较为清晰的图片，操作步骤如下。

1 安装Acrobat后，在Word程序中会加入一个菜单，通过它可以把Word文档转成PDF。打开一个带有图片的Word文档，执行【Adobe PDF】→【转换为PDF】命令，将Word文档转换为PDF文档，如图2-18所示。

2 在Acrobat中打开PDF文档，执行【高级】→【导出所有图像】命令，将PDF文档中所有的图片导出到指定文件夹，如图2-19所示。

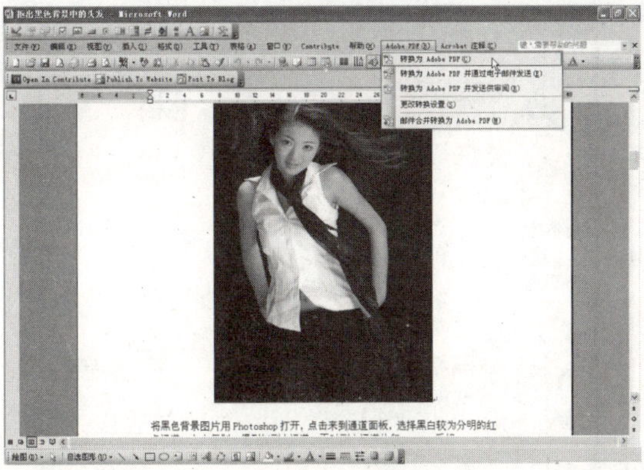

图2-18

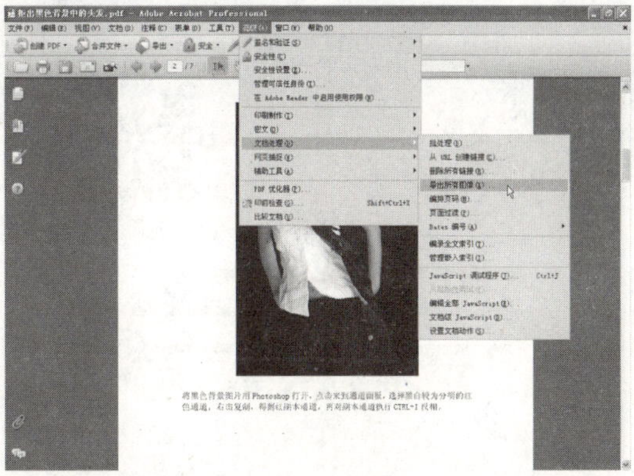

图2-19

2.4 EPS/PDF文件的处理方法

在商业设计中，经常要通过E-mail将设计作品发送给客户，以便让客户及时提出修改意见。这就要求将作品转成适合于网络传递的格式，比如PDF文件或JPG图片。但是一些老版本的PageMaker对PDF支持的不是很好，需要先将PageMaker文件转为EPS文件，然后再在Photoshop中对EPS文件进行栅格化存储为一个JPG文件，再发送给客户。不过，如果是长期合作的客户，建议设计师为客户的电脑上安装一个Adobe Reader软件，并制作PDF格式的文件，让客户查看。

在Photoshop中打开EPS或PDF文件时，Photoshop可以将它们进行栅格化处理，操作步骤如下。

1. 在Photoshop中执行【文件】→【打开】命令，选择任意一个EPS文件，如图2-20所示。
2. 单击【打开】按钮后，在弹出的【栅格化EPS格式】对话框中，可以设置分辨率和尺寸，如图2-21所示。

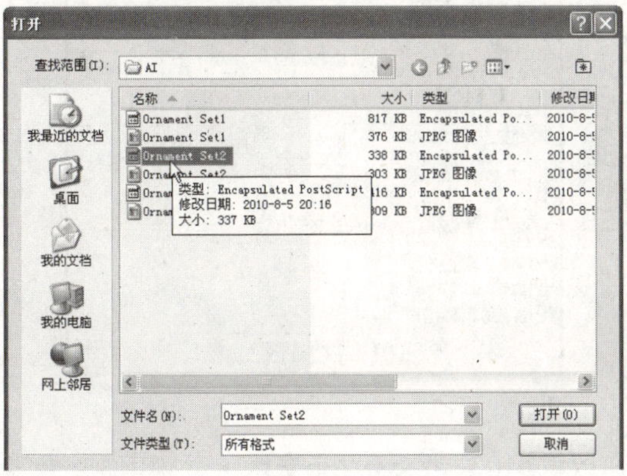

图2-20

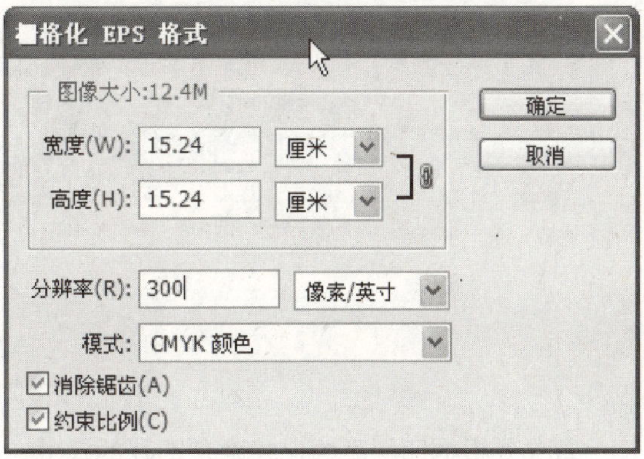

图2-21

3. 栅格化后的效果，如图2-22所示。
4. 执行【文件】→【存储为】命令，将文件存储为JPG格式，以便发送给客户查看，如图2-23所示。

图2-22

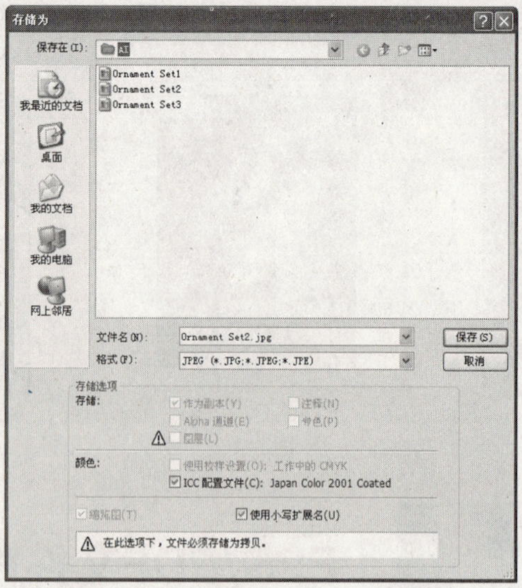

图2-23

2.5 原稿的初步筛选

本节主要讲解当收集到原稿后，对原稿进行筛选的工作，对于不符合印刷要求的图像原稿必须去掉或者更换。

2.5 1 原稿大小

原稿的大小取决于两个因素，原稿的尺寸和原稿的分辨率，如图2-24所示。

图2-24

首先要根据印刷品的尺寸确定图片的尺寸，现在以宽210毫米×高285毫米、分辨率300像素/英寸的画册用图为例进行讲解，操作步骤如下。

1. 对图片进行简单的规划，左右两边撑满到整个版面，因此要求图片的宽度至少要216毫米（成品尺寸宽度为210毫米+左右两边的出血6毫米）。
2. 打开光盘目录下的“素材\第2章\123.jpg”文件，如图2-25所示。

③ 执行【图像】→【图像大小】命令，在弹出的【图像大小】对话框中，不勾选“重定图像像素”，设置单位为“毫米”，宽度值为216，如图2-26所示。

图2-25

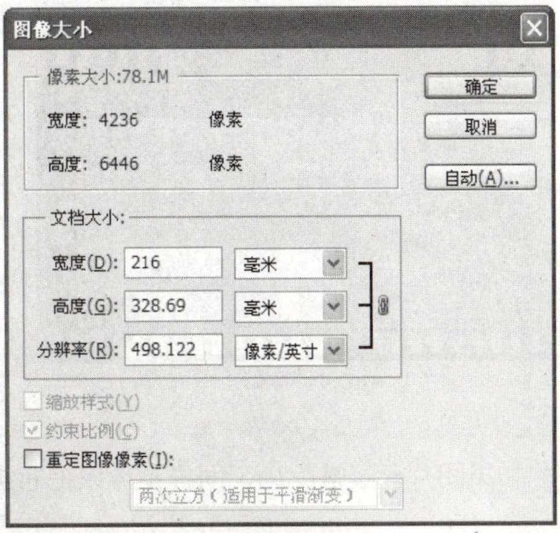

图2-26

问答3

为什么要设置单位为毫米?

因为设计师在沟通过程中讨论纸张、版面的大小时，经常不叙述单位，如“需要设计一个210×285”的宣传册。使用毫米为单位符合大多设计从业者的表述习惯。

问答4

成品尺寸的宽度为210毫米，为什么要设置图片的大小为216毫米?

因为如果图片靠近版面的边缘，就需要设置出血尺寸，用来防止在裁切时漏白。

问答5

修改图像分辨率的标准是什么?

更改尺寸后，如果分辨率数值大于要求的数值，可以更改为要求的数值。如果分辨率低于要求的数值的话，要么缩小图片使分辨率达到300像素/英寸，并重新考虑它在版面中的大小；要么更换图片。

问答6

分辨率设置得高些，印刷出来的效果会不会更好?

如果分辨率设置过低，图片缺乏层次感，甚至会出现马赛克。分辨率设置过高，不仅增加了文件大小，加重了计算机负担，并且印出后会模糊。所以通常分辨率都设置成标准数值，不宜差距太大。

另外，当设计师将多个图片同时放置在一个版面中时，要调整图片的大小也需要注意一些问题。下面以尺寸为宽285毫米×高140毫米的宣传册用图为例进行讲解，如图2-27所示。

现在要调整三张图片的位置和大小，操作步骤如下。

1 图片只可以缩小，不可以放大。用自由缩放工具对图片进行调整，如图2-28所示。

图2-27

图2-28

2 如果图片已经被缩小，同样不可以把它再次拉大，如图2-29所示。

图2-29

提 示

当图片已经缩小后，再次被拉大，会将图片的分辨率降低，这样的做法会降低图像质量，影响图片的印刷质量，不可取。

利用智能对象可以对图片进行缩放，将图层转换为智能对象后，设计师可以多次在图像原始大小和任意小的范围内随意缩放，而不破坏图像，但是绝对不能超过图像原始大小。

2.5.2 原稿的清晰度、平滑度

挑选出了适合于印刷的尺寸和分辨率的图片，接下来就需要筛选掉清晰度、平滑度较差的图片。

导致图片清晰度、平滑度较差的原因有以下情况。

（1）在拍摄时，发生抖动，导致图片模糊。

（2）客户用错误的方法更改了图片，如错误地使用了“重定图像像素”、“模糊”、“锐化”等命令。

问答 7

在Photoshop中可以将图片放大到1600倍观察，那么在什么样的视图比例下查看图片的效果可以作为标准呢？

在尺寸、分辨率都满足的前提下，双击工具箱中的放大镜，然后对图片进行检查即可。学会判断印刷用图的清晰度很重要。双击工具箱中的放大镜使图像100%显示，这样可以模拟图片的印刷效果。电脑显示器的分辨率通常为72Pixels/inch，百分之百的显示可以使显示器像素、图片像素一一对应，这样能最真实看到图像像素的样子，用于印刷的图片，图像的像素将对应转成网点，因此像素将决定网点的形成。

下面对一组图片进行分析，判断它们的清晰度、平滑度是否满足印刷要求。

1. 原稿1

打开光盘目录下的“素材\第2章\DSC00882.jpg”文件，如图2-30所示。双击【缩放工具】并对图像中的主体部分进行检查，如图2-31所示。由于原稿的主体部分很模糊，该原稿无法使用。原稿左边的家具比较清晰，如图2-32所示。分析原因，可能是拍摄时相机对焦没有对好。

图2-30

图2-31

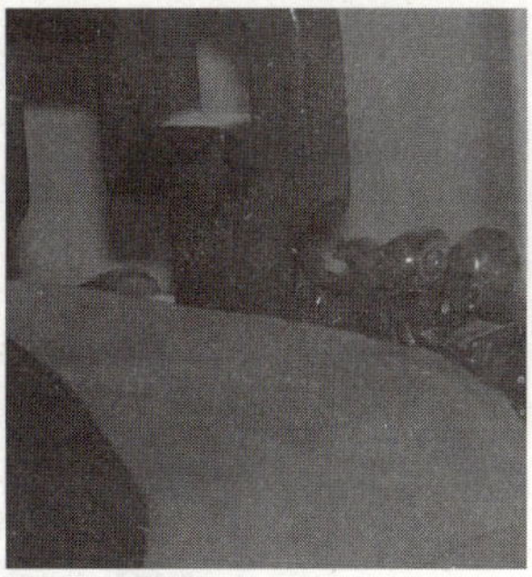
图2-32

2. 原稿2

打开光盘目录下的“素材\第2章\绿茵拼搏.jpg”文件，如图2-33所示。双击【缩放工具】并对图像中的主体部分进行检查，如图2-34所示。前面的人物清晰，后面的人物部分有些模糊，但是因为不属于主要表现的部分，该原稿可以考虑使用。必要的话，可以将不需要的部分裁切掉或者利用路径创建选区将前面的人物进行抠取。

图2-33

图2-34

3. 原稿3

打开光盘目录下的“素材\第2章\DSC00852.jpg”文件，如图2-35所示。双击【缩放工具】并对图像中的局部进行检查，如图2-36所示。该原稿清晰度虽然较高，但宠物鼠的毛发显得过于尖锐，看起来很不舒服，不能使用。分析原因可能是原稿在Photoshop中使用了过强的USM锐化。

图2-35

图2-36

4. 原稿 4

打开光盘目录下的“素材\第2章\风景.jpg”文件，如图2-37所示。

图2-37

双击【放大镜工具】并对图像中的局部进行检查，如图2-38所示。

图2-38

该原稿主体部分清晰，没有过于模糊或尖锐的部分，可以使用。

5. 原稿 5

打开光盘目录下的“素材\第2章\好.jpg、坏.jpg”文件，如图2-39所示。从以上两个原稿中直接观察，可能没有很大的差别，双击【缩放工具】后进行对比观察，如图2-40所示。

图2-39

图2-40

可以看到，左边的图片很清晰，但右边的图片很模糊，无法用于印刷。分析原因是右边的图像有可能被软件强行提高了分辨率。

2.6 图像的初步处理

现在开始讲解如何处理挑选出来的图片原稿，使其更加有表现力。本节主要讲解对图片的一些基本处理，包括转换色彩模式、裁切图像、修污点等。

2.6.1 色彩模式转换

用于印刷的图像模式是CMYK，在对图片进行色彩调整之前一定要将图片的色彩模式更改为CMYK。方法：打开一幅RGB图像，执行【图像】→【模式】→【CMYK颜色】命令，即可将一幅RGB图像转换为CMYK图像，如图2-41所示。

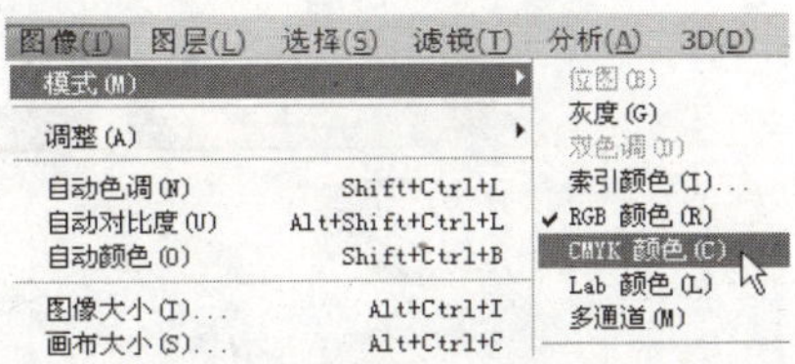

图2-41

问答 8

为什么要将图片更改为CMYK再进行修正？

由于RGB和CMYK的颜色空间是不相同的，在RGB的颜色模式下对图片的色彩进行调整，在转换为CMYK颜色模式后，还可能发生较大的颜色变化，所以，尽量在CMYK的颜色模式下进行调整，以尽可能地减少颜色的损失。

2.6.2 裁切图像

如果拍摄原稿的构图不是很理想，设计师可以在Photoshop中对图片进行裁切修正。设计师通常使用以下两种方法裁切图像。

1.【裁剪工具】

利用【裁剪工具】我们可以将图像的多余的部分去掉，只保留有用的部分，如图2-42所示。

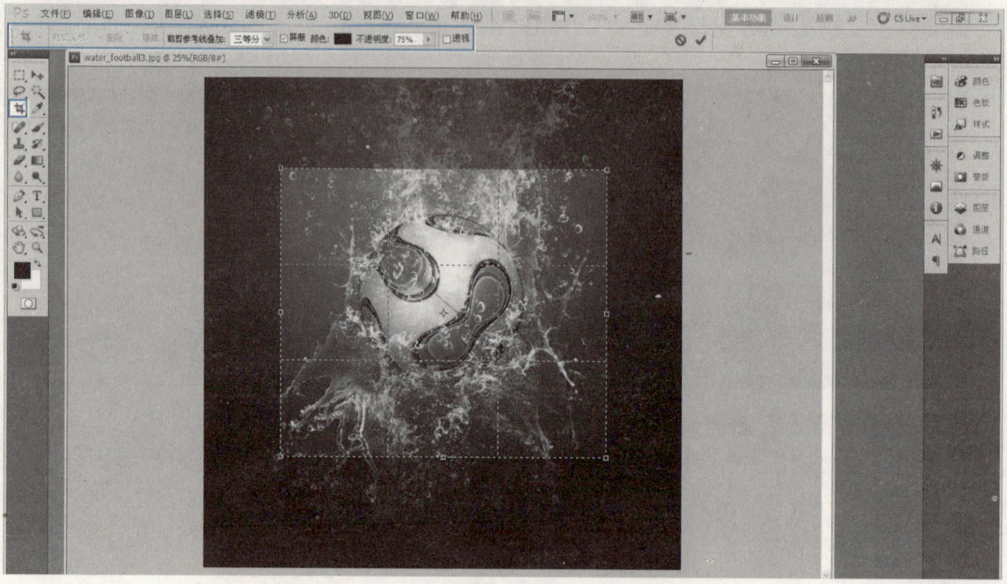

图2-42

单击【控制】调板中的✓按钮，提交更改，如图2-43所示。裁剪完成的效果如图2-44所示。

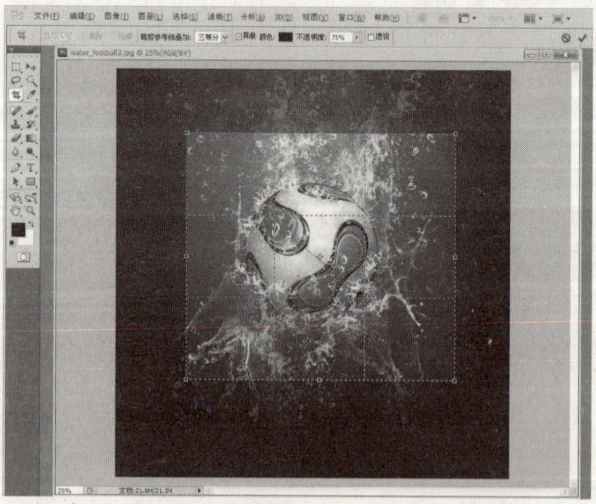

图2-43

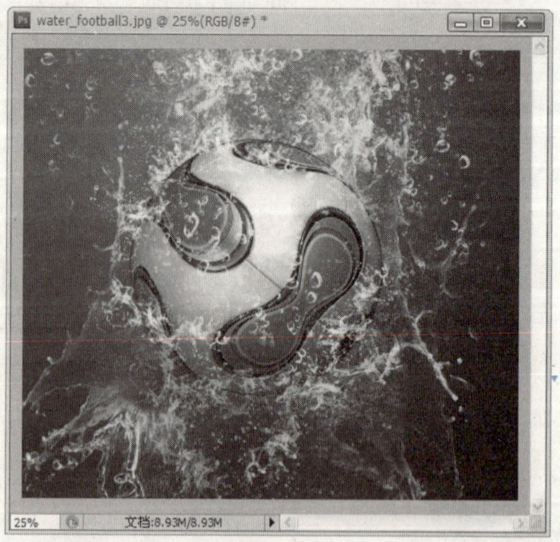

图2-44

2. 用选框工具进行裁切

在工具箱中选择【矩形选框工具】，在图像中框选需要的部分，如图2-45所示。

执行【图像】→【裁剪】命令，如图2-46所示。完成的效果如图2-47所示。

图2-45

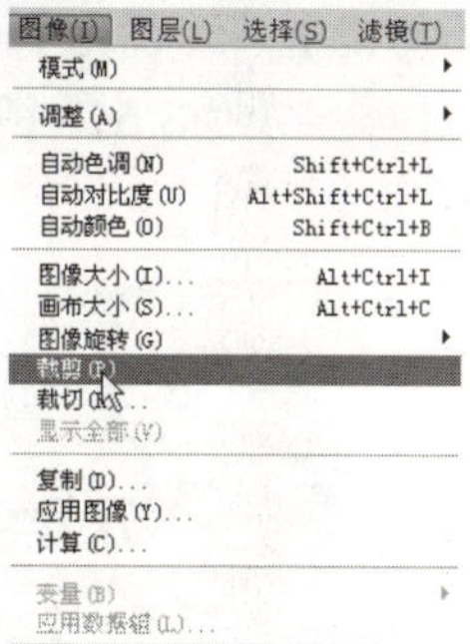

图2-46

图2-47

提 示

设计师可以根据自己的工作习惯选择一种裁切方式，笔者比较喜欢用选框工具，因为选框工具容易操作。

2.6.3 图片修复——去网点和加锐化

扫描印刷品得到的原稿，需要经过去网点和加锐化的处理。

打开练习文件，如图2-48所示。选择工具箱中的【缩放工具】，将图片放大，可以看到画面上有很明显的网点，如图2-49所示。

图2-48

图2-49

执行【滤镜】→【杂色】→【中间值】命令，在弹出的【中间值】对话框中设置“半径”为1像素，如图2-50所示。单击【确定】按钮后可以看到网点没有了，但是由于用了【中间值】命令，整个画面变得比较模糊，如图2-51所示。

图2-50

图2-51

为了使图片清晰一些，执行【滤镜】→【锐化】→【USM锐化】命令，在弹出的【USM锐化】对话框中设置【数量】为79，【半径】为3.5，【阈值】为6，如图2-52所示。处理完成的效果，如图2-53所示。

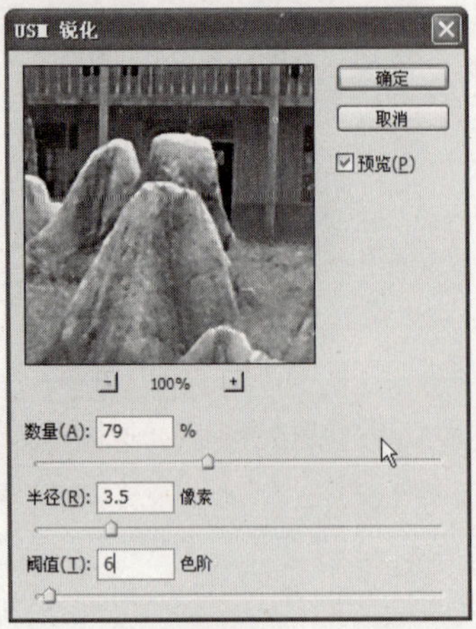

图2-52

图2-53

提 示

设计一个好的印刷品，做好原稿的检查很重要，原稿质量控制不好，设计得再出色，也很难达到理想的表现效果。

2.6.4 图片修复——修污点

擦除画面中不需要的部分。

打开练习文件。应用【消失点】命令将图2-54中的羽毛隐入书页之中，并且不留任何痕迹。操作步骤如下。

执行【滤镜】→【消失点】命令，如图2-55所示。

图2-54

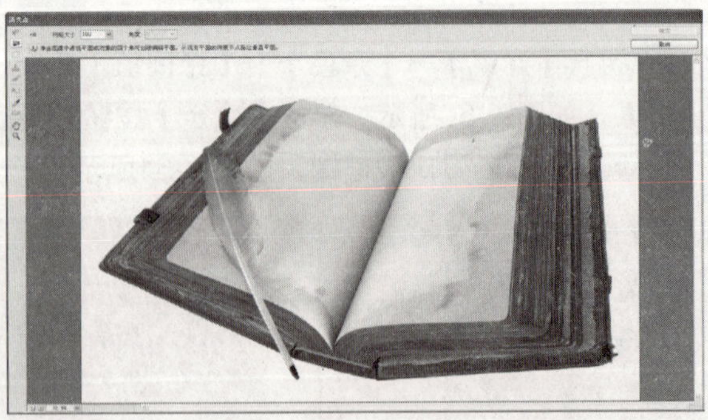
图2-55

选择【创建平面工具】，在图像中创建一个透视平面，用于修复页面中的羽毛，如图2-56所示。单击工具栏中的【图章工具】，将指针移动到画面内，按下Alt键，在如图2-57所示的位置单击。

图2-56

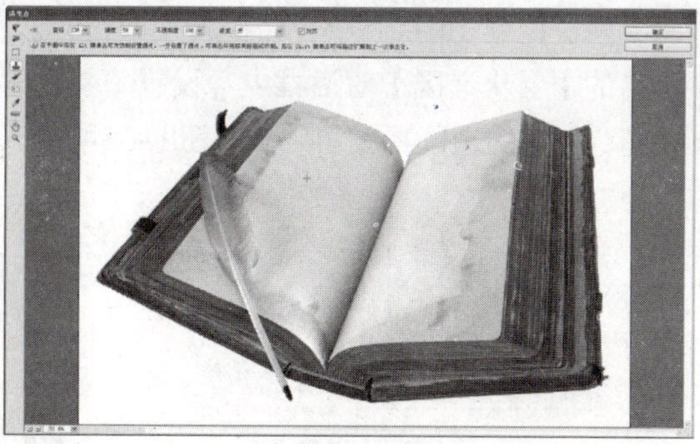

图2-57

按下鼠标拖曳，可以看到有一小块页面被复制了，如图2-58所示。在羽毛尾部附近用鼠标涂抹，结果如图2-59所示。涂抹时注意，要让刚才复制的一小块页面和羽毛附近类似的区域重叠。

图2-58

图2-59

利用同样方法，可以将羽毛剩余的部分去除。

2.6.5 模糊背景与突出主体

打开图片文件，如图2-60所示。在工具箱中选择【钢笔工具】，沿着女孩的轮廓单击鼠标即可，无需创建精确地路径，如图2-61所示。

图2-60

图2-61

按快捷键Ctrl+Enter将路径转换成选区，然后执行【选则】→【修改】→【羽化】命令，在弹出的【羽化选区】对话框中，设置【羽化半径】值为10，如图2-62所示，然后单击【确定】按钮，创建的选区将被羽化，如图2-63所示。

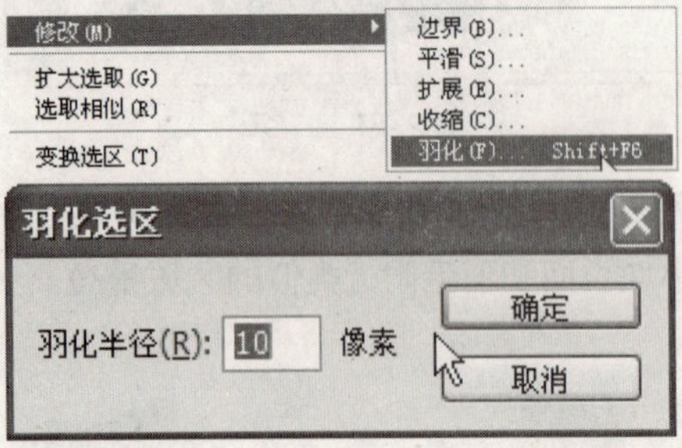

图2-62

图2-63

执行【滤镜】→【模糊】→【镜头模糊】命令，在弹出的【镜头模糊】对话框中设置参数如图2-64所示。单击【确定】按钮，完成效果。

图2-64

我们现在从画面中可以看出，画面中的女孩现在已经成为“视觉中心”，如图所示2-65所示。

图2-65

2.7 小结

本章主要讲解了在平面设计中不同的原稿类型以及设计师如何筛选原稿。把握好原稿质量是提高印刷品质量的第一步，因此原稿的筛选和处理工作要认真完成。

2.8 习题

1. 填空题

（1）图像原稿的来源主要有（　　）（　　）（　　）。

（2）图库主要分为（　　）（　　）两大类。

2. 问答题

正片和负片有什么区别?

读书笔记

- 选区的基本知识
- 使用选择类工具创建选区
- 使用路径创建选区
- 使用色彩范围创建选区

3 第3章 创建选区

编者心得

选区是指定图像编辑的有效区域，通过创建选区，对指定区域内的图像进行编辑，这样能保护整张图片不会被破坏，同时还可以利用选区对图像进行选取和拼合，组合成新的图像。

3.1 选区的基本知识

在用Photoshop处理图像的过程中，需要选择有效的编辑区域，创建一个范围，这就是创建选区。选区可以将编辑限定在一定范围内，有效地保护图像剩余部分不受操作的影响。

3.1.1 什么是选区

选区就是选择要处理的部分，是PS一个很重要的概念。在Photoshop中处理图像时，首先要选择有效的图像处理区域。

例如，如图3-1所示的一张图片，要想更改紫色圆环的颜色而保持其他颜色不变，可以通过选区将中间的圆环选中，如图3-2所示，然后修改圆环内的颜色，结果如图3-3所示。

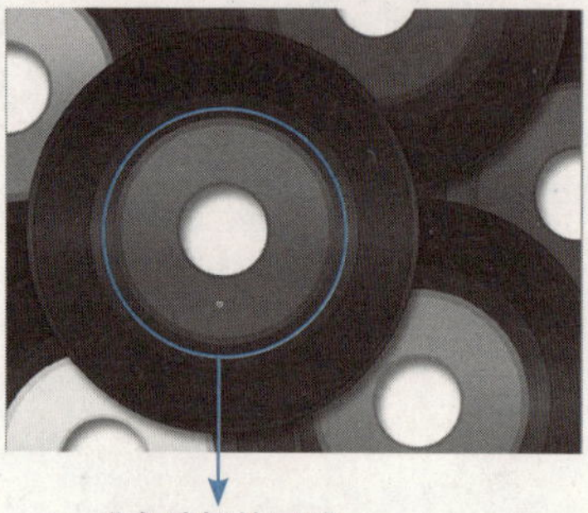

图3-1

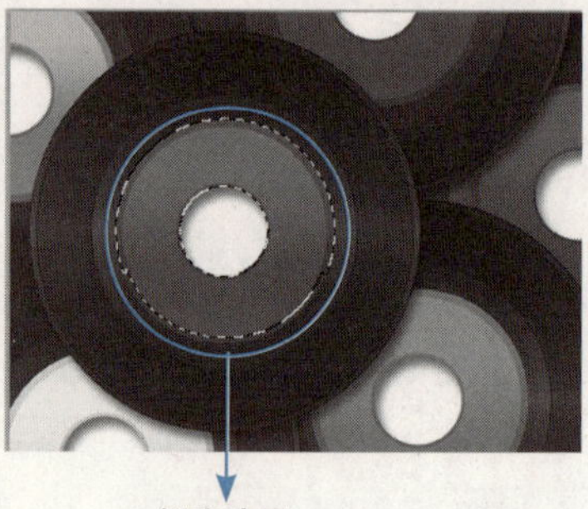

图3-2

图3-3

用Photoshop处理图像时，在创建选区后，操作只能在选区中进行，其他区域则不能被编辑；如果不创建选区则会将工作区作为默认的选区进行图像处理，如图3-4所示。

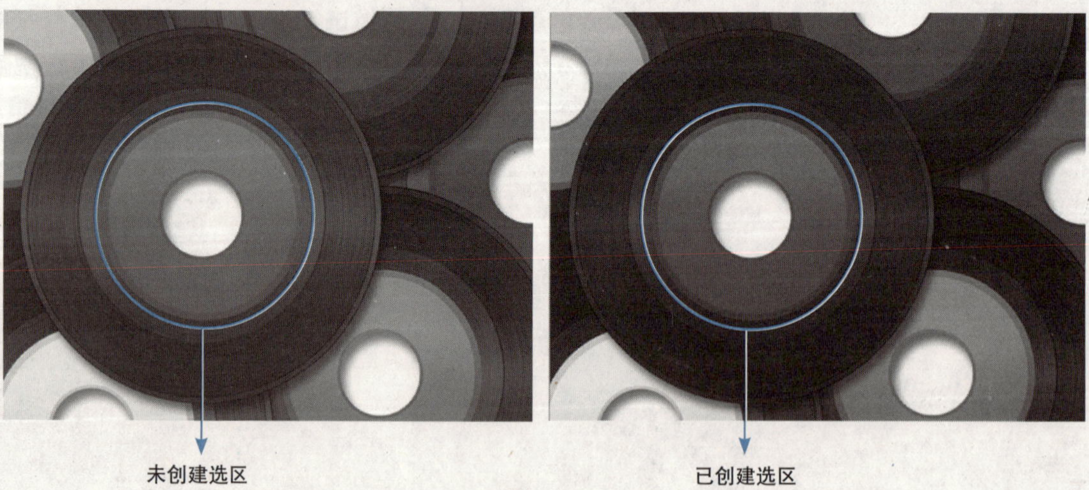

图3-4

利用Photoshop的选区功能还可以将图像进行分离，为某些人物图像或者其他图像更换背景或者是颜色，甚至可以做更复杂的图像处理。如图3-5所示，是为人物更换背景图片。

图3-5

3 1 2 选区的类型

在Photoshop中，可以创建两类选区，一种是普通选区，另外一种是羽化选区。普通选区具有明确的边界，使用它抠选出来的图像具有明确的边缘，边界清晰、准确， 如图3-6所示。羽化选区抠选出来的图像边界是透明渐变的效果，如图3-7所示。我们在做图像合成时，可以适当的运用羽化选区功能，使图像的合成效果更加自然。

图3-6

图3-7

问答 1

为什么执行【羽化】命令时会弹出一个提示?

如果选区较小而羽化半径较大，就会弹出一个警告。单击【确定】按钮，表示确认当前设置的羽化半径，这时的选区会变得相当的模糊，以至于在画面中看不到，但是选区仍然存在。

3.2 使用选择类工具创建选区

Photoshop中集合了大量的选择工具和选择命令，其中的每个命令都有各自的特点适用于选择不同类型的对象，当需要快速创建精度不高的的选区时，可以利用【套索工具】来绘制选区，或利用【魔棒工具】、【快速选择工具】来快速创建选区，以此达到快速创建选区的目的。

3 2 1 选择类工具的基本知识

下面我们对创建选区的工具进行简单的汇总。

1. 基本形状选择法

当图形的边缘为圆形、矩形或者是椭圆形对象时，可以利用选框工具进行选择，如图3-8所示。如果边缘为直线的多边形时，可以利用多边形套索工具选择，如图3-9所示。

图3-8

图3-9

2. 钢笔工具

在Photoshop中，钢笔工具作为矢量工具，它可以绘制光滑的曲线路径。当我们所面对的图形边缘光滑而又不规则时，可以利用【钢笔工具】来绘制图形的轮廓，然后将轮廓转换成选区，建立选区选中对象，如图3-10所示。

图3-10

3.2.2 其他创建选区的方法

在Photoshop中，除了用基本的选择工具创建选区之外，还可以利用色调差异、抽出等一些特殊的方法来创建选区。

1. 色调差异选择法

模板工具、磁性套索工具、【色彩范围】命令都是在利用不同色调之间的差异来建立选区。如果要选取的对象与周围环境有明显的色调差异，就可以用以上这种原理来进行选择。例如我们使用【色彩范围】命令抠出的图像，如图3-11所示。

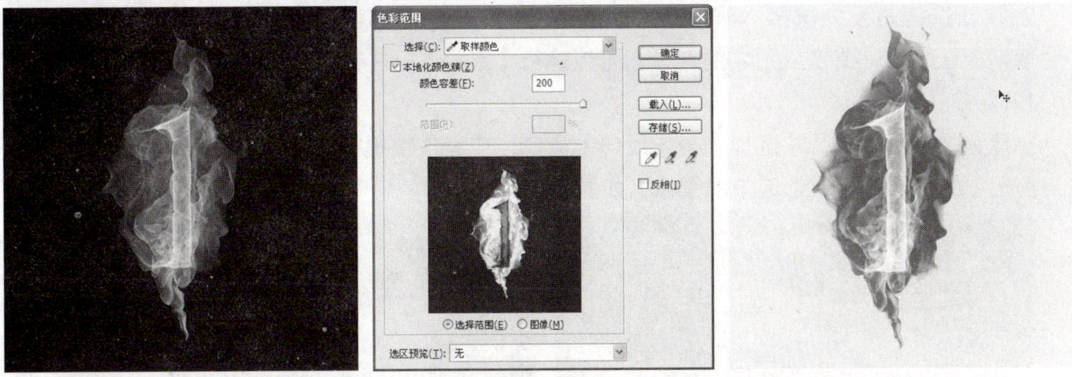

图3-11

2. 抽出滤镜选择法

【抽出】滤镜是Photoshop中的一个图像插件，它通常用来抠选人物图像和建筑图像等一些复杂的对象，如果3-12所示为使用【抽出】滤镜抠出的人物图像的效果。

图3-12

3. 通道、蒙版选择法

在Photoshop中，还可以利用通道和蒙版来创建选区，对图像进行选择，具体操作方法会在后面的章节中详细讲述。

3.2.3 选区的编辑与修改

1. 全部选择与取消选择

执行【选择】→【全选】命令或按快捷键Ctrl+A，可以将图像全部选择。【全部】命令将选择当前图层上文档边界框中的全部图像文件，如图3-13所示。创建选区之后，执行【选择】→【取消选择】命令，或者按快捷键Ctrl+D可以将当前创建的选区取消。

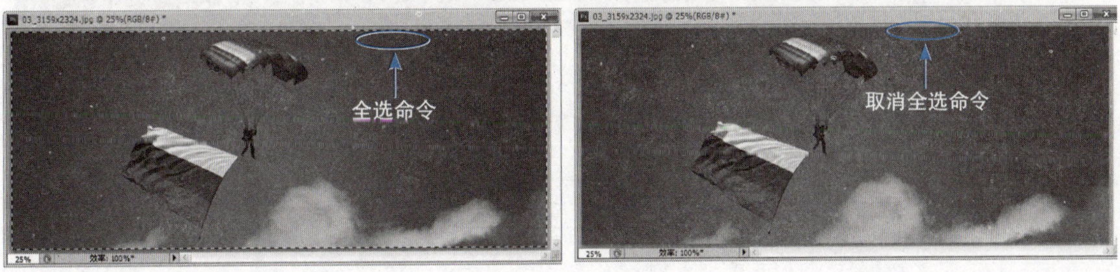

图3-13

2. 重新选择与反向选择

取消选区之后，要恢复刚才的选择，可以执行【选择】→【重新选择】命令，或者按快捷键Ctrl+Shift+D。

创建选区之后，执行【选择】→【反向】命令，或者按快捷键Ctrl+Shift+I，可以反转选区，将当前选中的图像转换成未选中的图像，如图3-14所示。

图3-14

3. 选区的移动

创建选区后，在【新选区】按钮为按下状态时，使用选框、套索和魔棒工具，只要将光标放在选区内，单击鼠标左键可以拖曳选区移动，同时可以利用键盘上的方向键来移动选区，如图3-15、图3-16所示。

图3-15

图3-16

4. 显示和隐藏选区

在创建选区后，执行【视图】→【显示】→【选区边缘】命令可以隐藏选区，如图3-17所示。快捷键为Ctrl+H。隐藏选区之后，虽然选区不显示了，但它仍然存在，并且仍然限制我们的操作区域。如果想显示选区可以再次执行该命令，如图3-18所示。

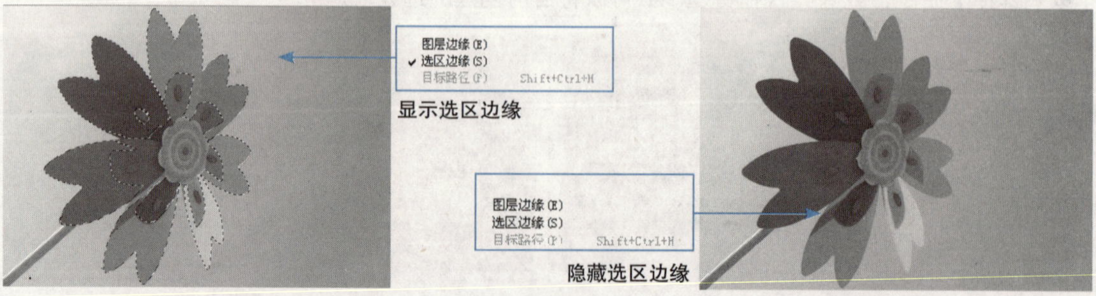

图3-17

图3-18

5. 选区的运算

在使用选框工具、魔棒工具、套索工具创建选区时，需要在工具栏选择一个命令，如图3-19所示。来产生选区的运算，创建我们所需要的选区，如图3-20所示。

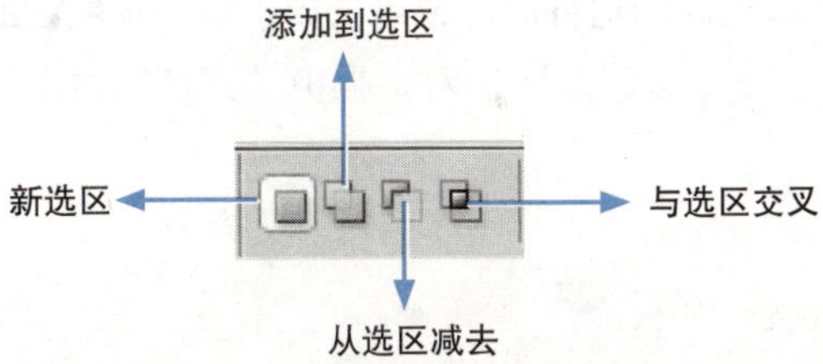

图3-19

图3-20

（1）添加到选区。该命令会在原有的基础上添加到新选区，如图3-21所示。

图3-21

（2）从选区减去。执行该命令可以在原有的选区中减去新创建的选区如图3-22所示。

（3）与选区交叉。执行该命令可以在新建选区时只保留原有的选区与新创建选区的交叉部分，如图3-23所示。

图3-22

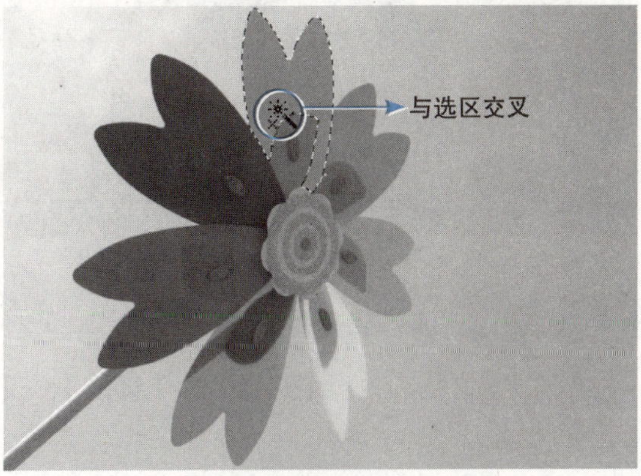

图3-23

提 示

使用选区工具创建选区时，按住Shift键可以在当前的选区上添加选区，按住Alt键可以在当前选区中减去绘制的选区，按住Shift+Alt键可以在当前选区中绘制交叉选区。使用快捷键能够调高工作效率。

6. 创建边界选区

执行【选择】→【修改】→【边界】命令，可以将选区的边界向外或者向内扩展，扩展后的边界将于原来的边界形成新的选区，如图3-24所示。在【边界选区】对话框中“宽度”用来设置扩展边界的像素值。

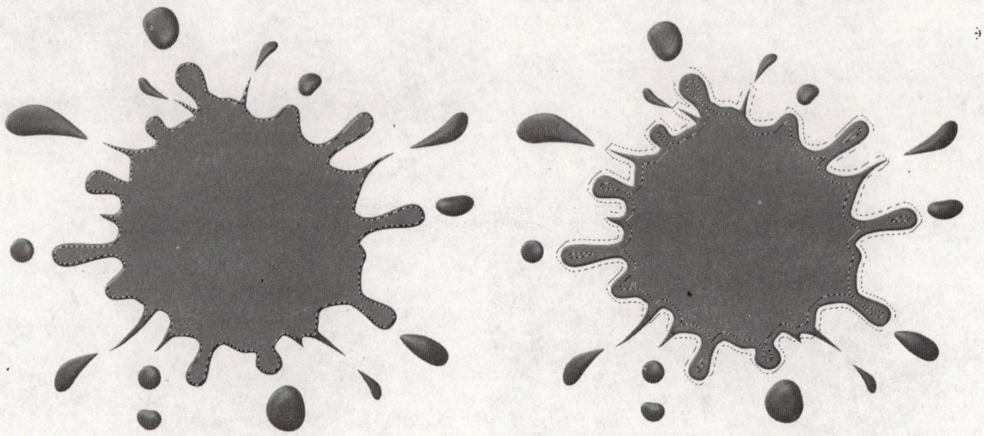

图3-24

7. 平滑选区

使用选区工具创建选区的时候，得到的选区边缘有些会比较生硬，使用【平滑】命令可以对选区的边缘进行处理，使选区的边缘变得更加的平滑。执行【选择】→【修改】→【平滑】命令，弹出【平滑选区】对话框，调整【取样半径】用来设置选区的平滑范围，如图3-25、图3-26所示。

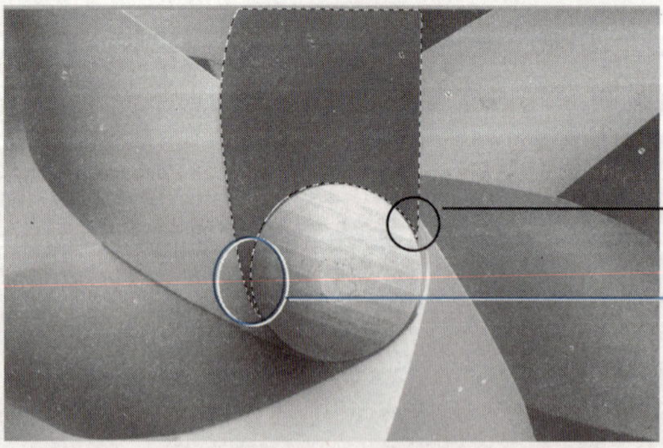

图3-25

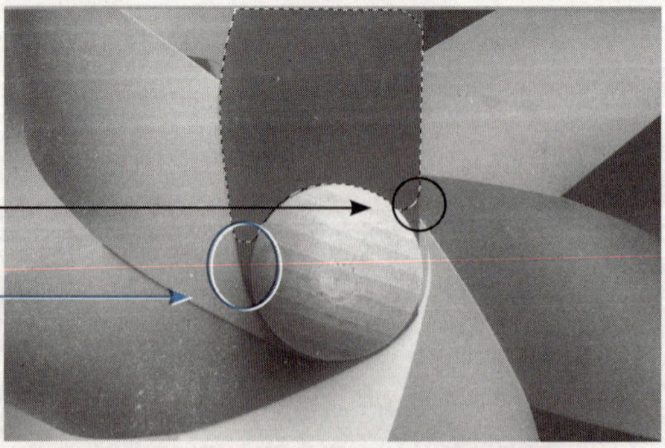

图3-26

8. 扩展、收缩选区

创建选区后，执行【选择】→【修改】→【扩展】命令,可以扩展选区范围,如图3-27、图3-28所示。

执行【选择】→【修改】→【收缩】命令，可以收缩选区的范围，如图3-29、图3-30所示。

图3-27

图3-28

图3-29

图3-30

9. 选区羽化

【羽化】命令用于对选区边缘的模糊，它是通过不同选区周边像素之间的转换来完成边缘的模糊，这种模糊方式会丢失掉一些图像的内容。

执行【选择】→【修改】→【羽化】命令，在弹出【羽化选区】对话框中，设置【羽化半径】数值为20，如图3-31所示。

图3-31

10. 选区的变换

执行【选择】→【变化选区】命令，在创建的选区上显示定界框，通过拖曳控制点，实现对选区的旋转、缩放等变换操作，选区内的图像不会受到什么影响，如图3-32所示。

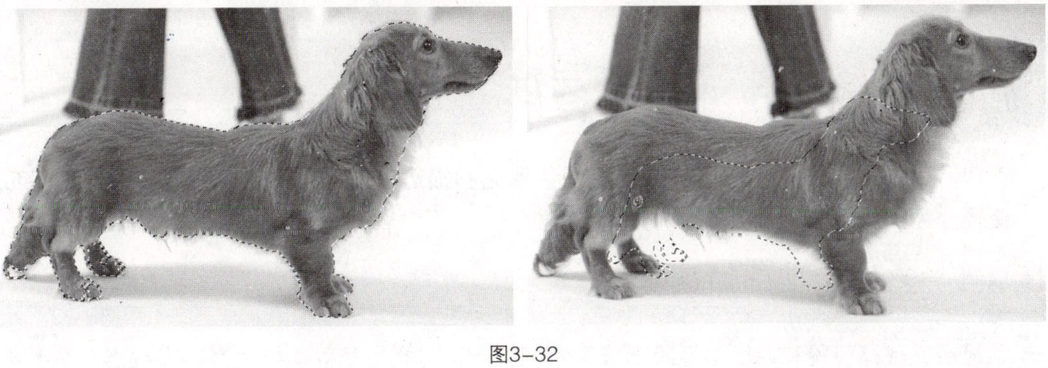
图3-32

11. 扩大选取与选取相似

【扩大选取】与【选取相似】命令都是用来扩展现有选区的命令。在执行这两个命令时，Photoshop会根据【魔棒工具】选项中【容差】数值的大小来确定选区的扩展范围，数值越大，扩展范围就越大。

执行【选择】→【扩大选取】命令，Photoshop会选择与当前所建立的选区相近颜色的像素来扩大选区，如图3-33、图3-34所示。

图3-33

图3-34

执行【选择】→【选取相似】命令，Photoshop一样会查找选区当中的相近色调的像素，从而扩大选区。与【扩大选取】命令不同的是，改命令可以查找整个文档，其中包括与原来的选区没有任何相邻的像素，都能一一选中，如图3-35所示。

图3-35

12. 载入与存储选区

载入与存储选区用来加载和保存选区信息，具体的操作会在本章后面的章节中详细讲述。

3.3 使用路径创建选区

在Photoshop中，路径就是可以使用颜色填充和描边的轮廓，同时路径可以用来转换成选区。路径分为开放路径和闭合路径两类。

3.3.1 路径的基础知识

路径由直线路径段和曲线路径段组成，它们之间通过锚点建立连接关系。而锚点又分为平滑点和角点两种，如图3-36所示.路径段上的锚点有方向线，方向线的端点为方向点，用来调节路径曲线的方向。

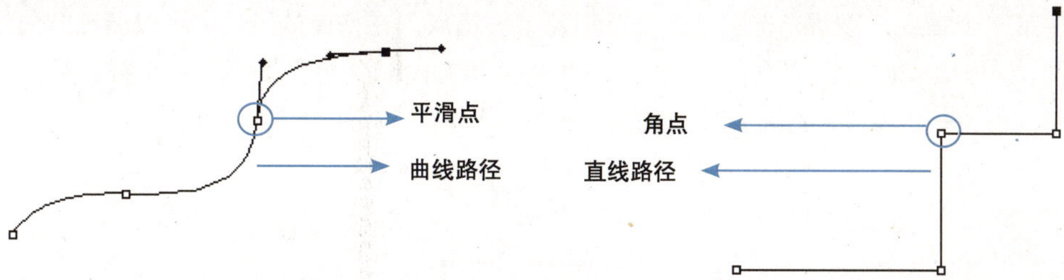

图3-36

锚点：路径上有一些矩形的小点，这些点称之为锚点。锚点标记路径上线段的端点，通过调整锚点的位置和形态可以对路径进行各种变形调整。

平滑点和角点：路径上的锚点有两种，一种是平滑点，一种是角点， 如图3-36所示。平滑点两侧的曲线是平滑过渡的，而角点两侧的曲线或者直线使交点处产生一个相对于平滑曲线来说比较尖锐的角。

方向线和方向点：当平滑点被选择时，它的两侧各有条方向线，方向线顶端为方向点，移动方向的位置可以调整平滑点两侧的曲线形态。

提 示

路径上矢量对象不包含像素，所以没有描边或者是填充的路径，在打印文档时，是不能被打印出来的。

3.3.2 路径的应用技巧

前面介绍了关于路径的基础知识，以及基本形状的绘制，在本小节里，将系统的归纳路径抠图过程中的经验技巧，以及常见的问题，并针对每一个知识点准备了大量的案例供设计师练习。

1. 路径绘制工具

钢笔工具是Photoshop中默认的绘制路径工具，钢笔工具描绘的轮廓清晰、准确，只要将路径转换成选区，就可以准确的选择对象。

（1）绘制直线路径

选择【钢笔工具】，单击工具选项栏中的【路径】按钮，将光标移动到工作区中，单击鼠标左键，创建第一个锚点，移动光标到下个位置创建下一锚点，两个锚点间会连成一条直线，这样就创建了一条开放的路径，如图3-37所示。

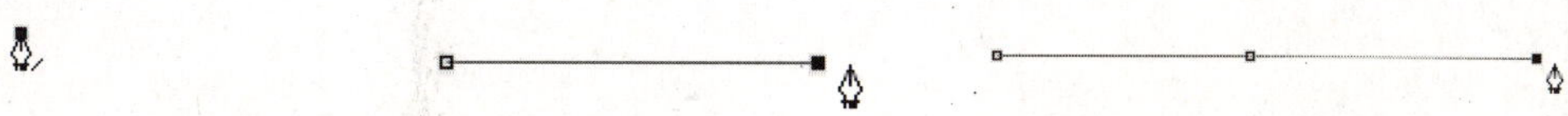

图3-37

第1章 第2章 第3章 第4章 第5章

（2）绘制曲线路径

选择【钢笔工具】，单击工具选项栏中的【路径】按钮，将光标移动到工作区中，单击鼠标左键，创建第一个锚点，移动光标到下个位置创建下一锚点，在拖曳的过程中可以调节方向线的长度和方向，如图3-38所示。调整锚点的方向线长度和方向时，会影响到下一个锚点的所产生的路径方向，因此一定要控制好锚点的方向线。

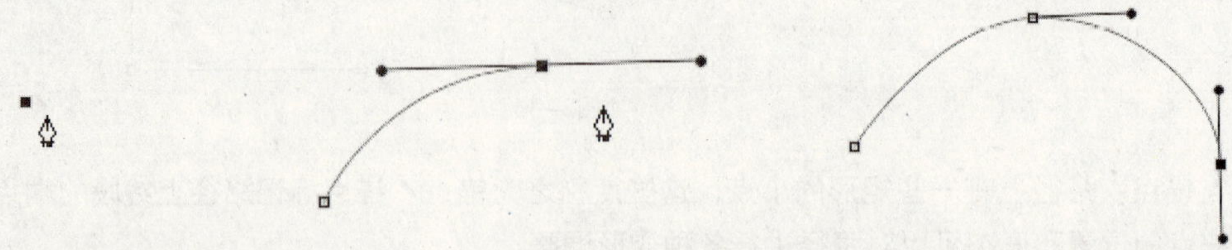

图3-38

2. 找到合适的点

在用路径创建选区时，通常需要放大视图，这样可以使抠图更贴近目标的边缘，提供抠图的质量。在选取第一个点时，为了建立高质量的路径，通常将第一个点选在图像的拐角处，而不是直线处或者平滑的曲线处，如图3-39所示。第二个点，我们应该选在图像边缘的平滑处，如图3-40所示。

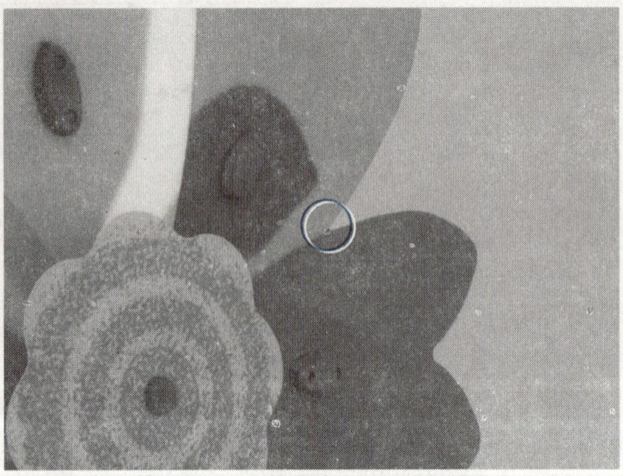

图3-39

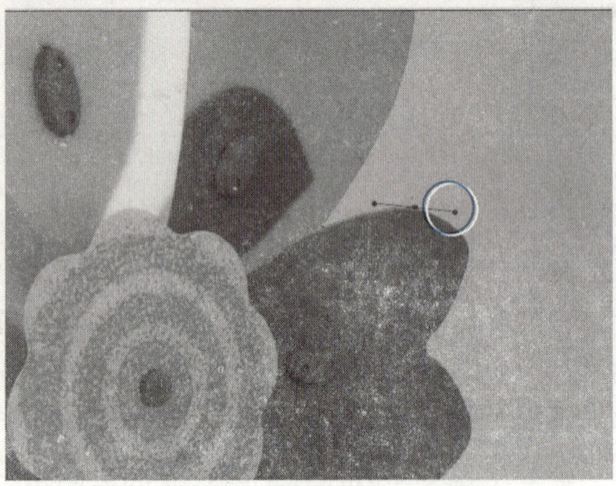

图3-40

3.合理的拖曳方向

每个曲线段都由两个方向线控制其形状，所以，在创建第一个锚点时，要将方向线拖曳出来，方便对曲线的形状进行调整，如图3-41所示。

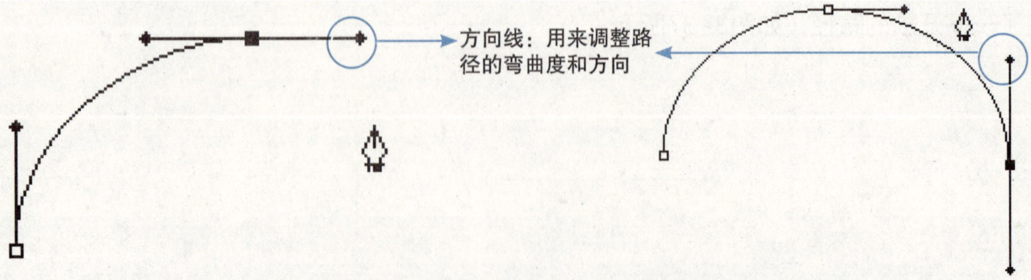

图3-41

在选择了钢笔工具的状态下，按下Alt键，拖曳一个控制点，可以单独调整相应的方向线长度和方向，锚点另一侧的方向线不发生任何改变，如图3-42所示。

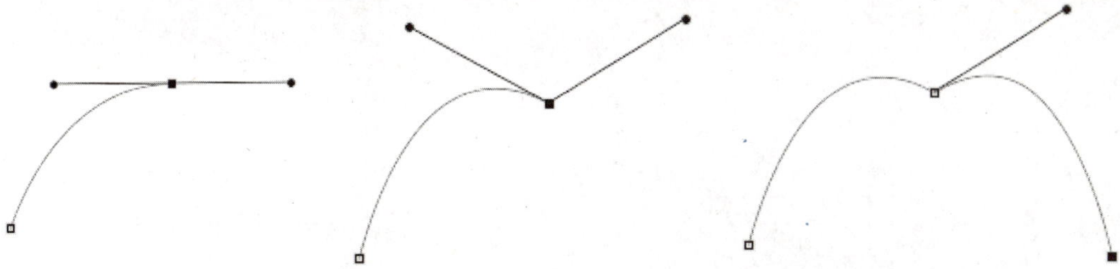

图3-42

4. 靠近边缘的选取方法

在实际工作中可以先用钢笔工具绘制路径，再转换为选区，具体做法是：创建一个路径，按快捷键Ctrl+Enter路径会自动转换成闭合的选区。例如，当一段路径已经勾选到了画布的边缘时，不用直接闭合路径，而是勾选到画布外的区域，按快捷键Ctrl+Enter 后，生成的选区会自动收缩到画布边缘。当靠近画布边缘的路径包含曲线段时，此方法可以提高工作效率。

提 示

在画册的制作文件中，最占用空间的，应该就是图片。一个100多页的画册，图片通常有几百张，特别是现在的排版软件功能日渐强大，InDesign甚至直接支持PSD格式图片的置入，这样容易产生较大的制作文件，影响修改文件的速度，所以尽可能保证文件的合适大小对于设计师来说是很重要的。在处理图片时，可以将不需要的部分删除。

3.3.3 路径的输出

用路径抠取的图像通常用于制作剪贴路径后置入到排版软件中。剪贴路径可以让对象从背景中分离出来，置入到排版软件中以后，剪贴路径外的对象均不显示，如图3-43所示。

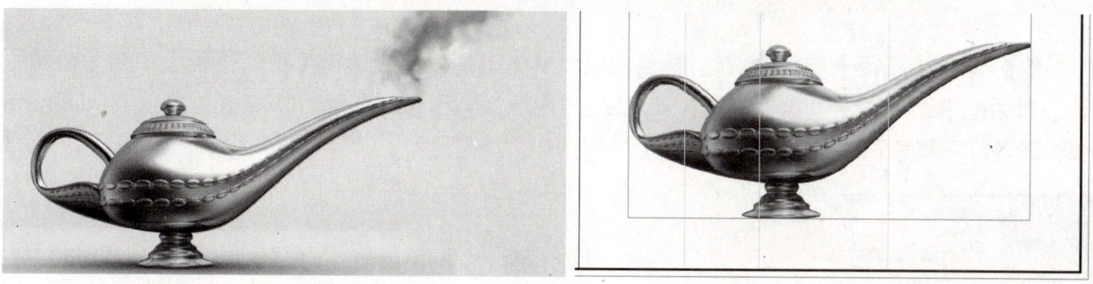

图3-43

提 示

将带有路径或通道的PSD文件置入Illustrator或InDesign中可以实现同样的效果。
另外，位图模式的图像无须做剪贴路径，置入InDesign中会自动去除白底。

① 用钢笔工具创建路径，路径调板中自动生成了一个“工作路径”，如图3-44所示。

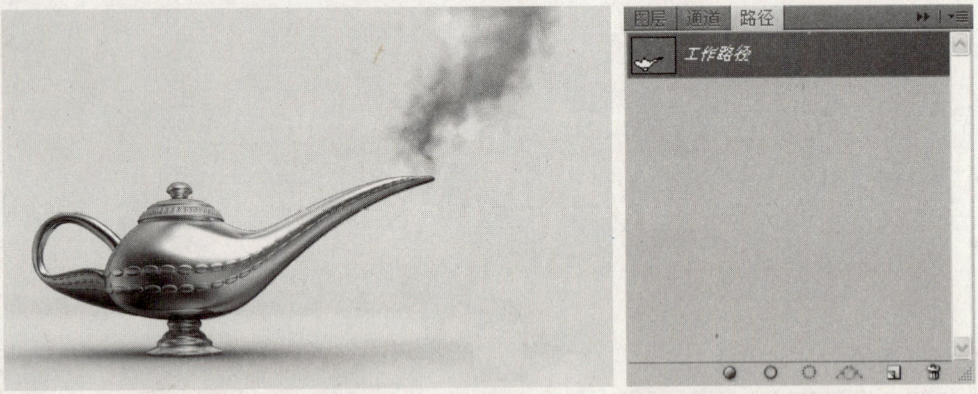

图3-44

② 单击【路径】调板的右边的按钮，从弹出的菜单中选择【存储路径】，在【存储路径】对话框中，单击【确定】按钮，如图3-45所示。

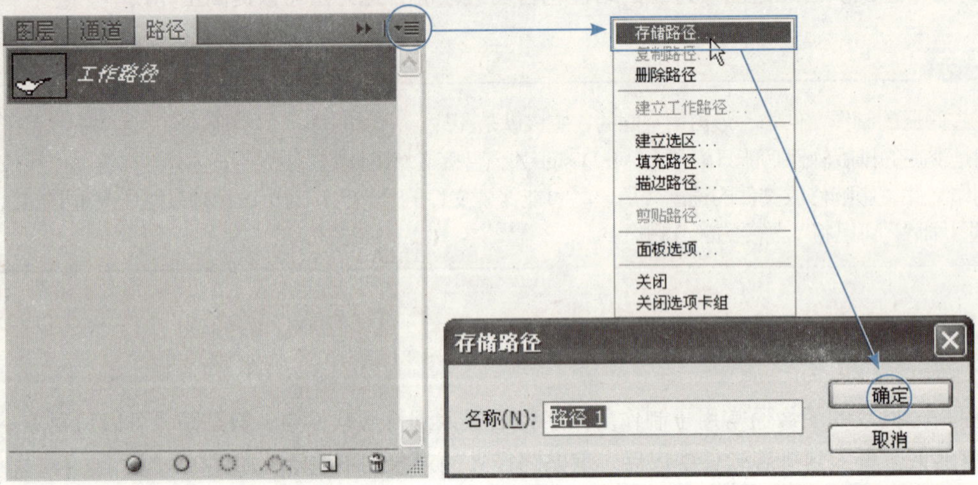

图3-45

③ 单击【路径】调板的右边的按钮，从弹出的菜单中选择【剪切路径】，在【剪切路径】对话框中，单击【确定】按钮，如图3-46所示。将图像存储为TIFF格式，置入到InDesign中，背景将不再显示，如图3-47所示。

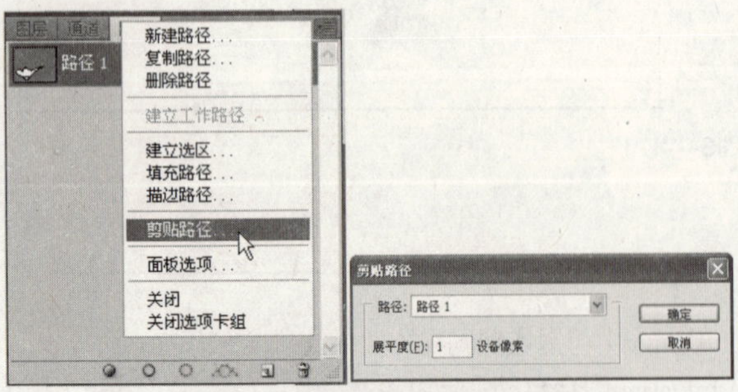

图3-46

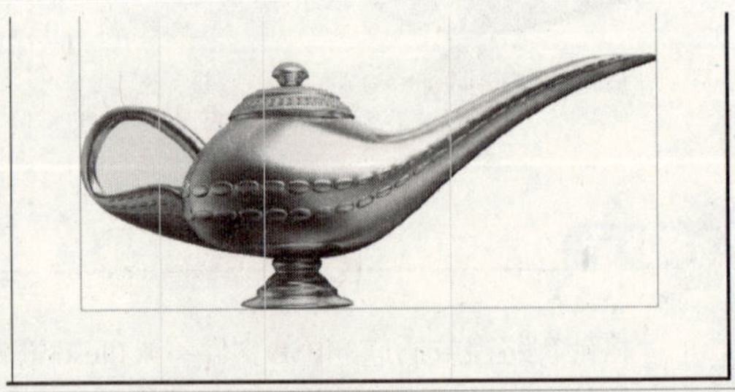

图3-47

334 路径抠图实战案例

本例是应用路径抠图的实际案例。制作剪切路径，并导入到InDesign中，具体操作步骤如下。

1. 打开光盘目录下的“素材\第3章\七彩花”，如图3-39所示。在工具箱中选择【钢笔工具】，沿着花的边缘绘制路径。
2. 放大视图，在图3-48所示的位置创建锚点并拖曳方向线。

原图　　局部放大

图3-48

3. 在如图3-49所示的位置，创建第二个锚点，并拖曳。
4. 由路径形状可以判断出，第二个锚点为平滑点，平滑点两边的曲线段非平滑过渡。锚点要尽量紧贴对象边缘，方向线要沿着对象边缘的切线方拖曳。继续创建第三个锚点沿切线方向拖曳，如图3-50所示。

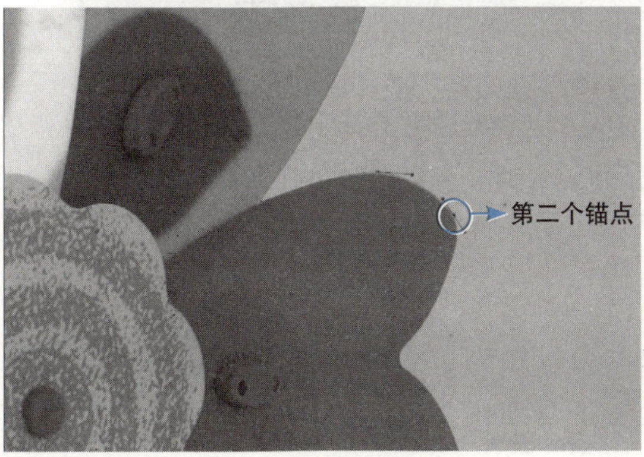

图3-49

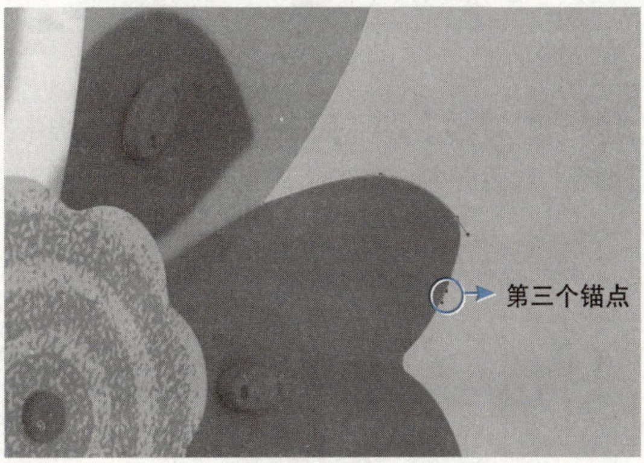

图3-50

提 示

如果曲线内有漏白，会影响美观性，可以用图章工具选取附近的颜色进行修补。在用【图章工具】进行修补的过程中，涂到了路径外的区域，也不会有任何问题，在做了剪切路径并将图片置入到排版软件中以后，路径外的图像不会显示也不会被打印出来。

5 创建下一个锚点，如果形状不是令人满意，可以用曲线两端的方向线进行调整。按下Alt键，分别拖曳两个方向线，拖曳时要注意，保持方向线和曲线表面相切，如图3-51所示。

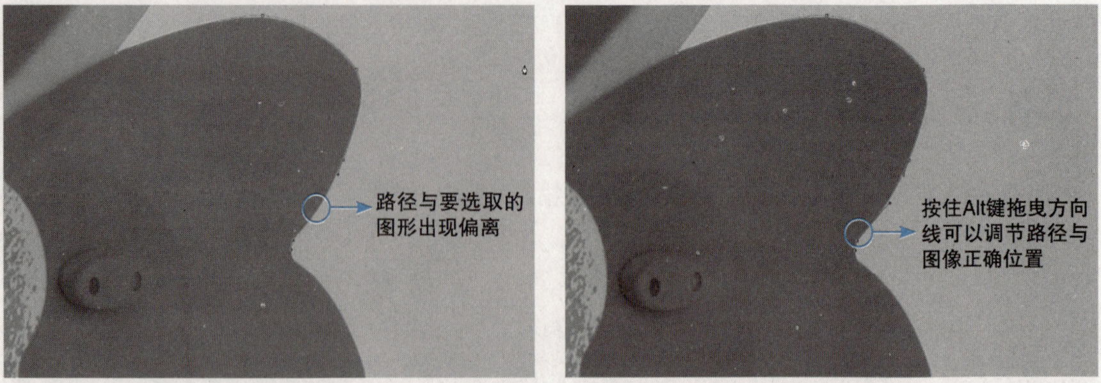

图3-51

6 按照上述方法依次创建锚点，在“七彩花”图案边缘创建闭合路径，如图3-52所示。

7 打开【路径】调板，双击【工作路径】，弹出【存储路径】对话框，单击【确定】按钮，如图3-53所示。

图3-52

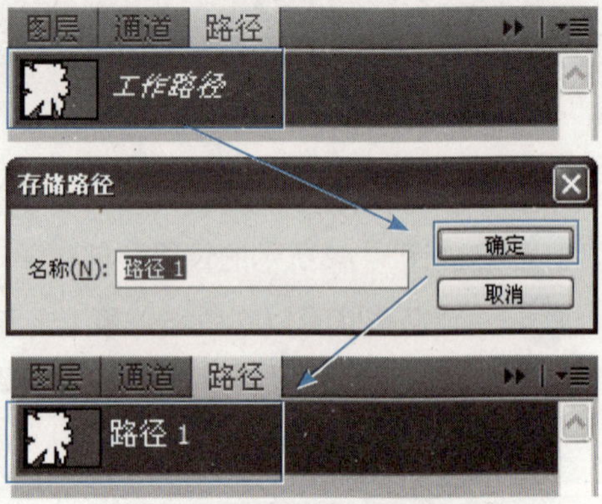

图3-53

8 单击【路径】调板右上角的三角形按钮，从弹出的菜单中选择【剪贴路径】，在【剪贴路径】对话框中，单击【确定】按钮，如图3-54所示。至此，剪贴路径制作完毕。

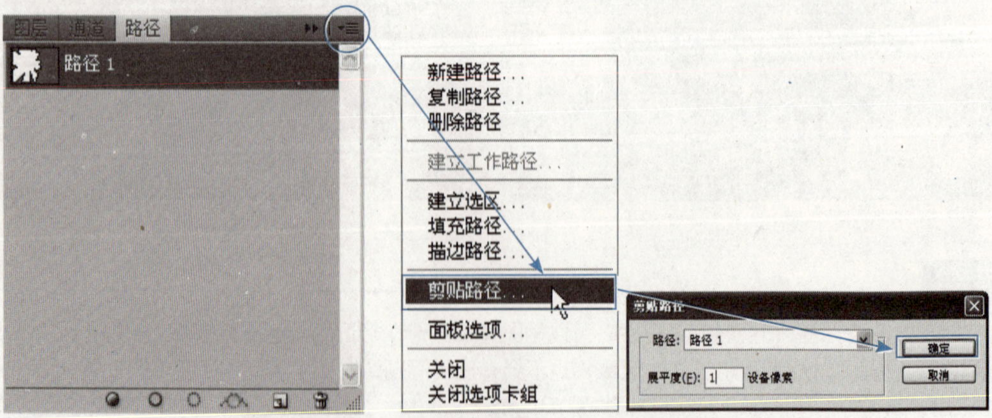

图3-54

9 存储文件。剪贴路径制作完毕后，执行【文件】→【存储为】命令，将文件存储为TIFF格式，如图3-55所示。

10 置入文件到InDesign中。打开InDesign ，执行【文件】→【置入】命令，置入七彩花.tiff文件，图像出现在页面中，如图3-56所示。

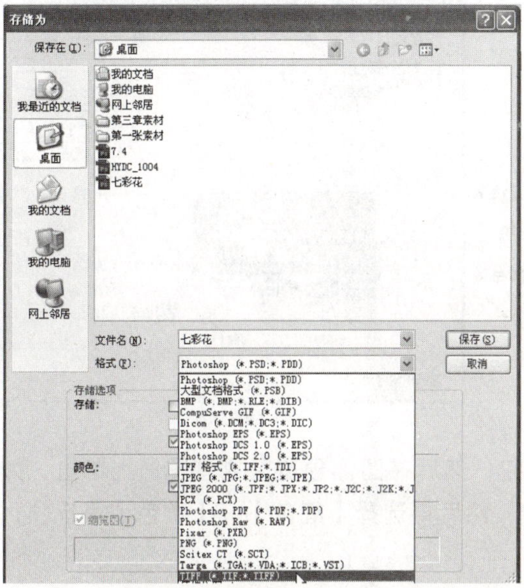

图3-55

图3-56

3.4 使用色彩范围创建选区

使用【色彩范围】命令可以根据图像的色彩范围创建选区，该命令提供了很多的控制选项，因此具有更高的精确度。打开一个文件，如图3-57所示，执行→【选择】→【色彩范围】命令，打开【色彩范围】对话框，如图3-58所示。

图3-57

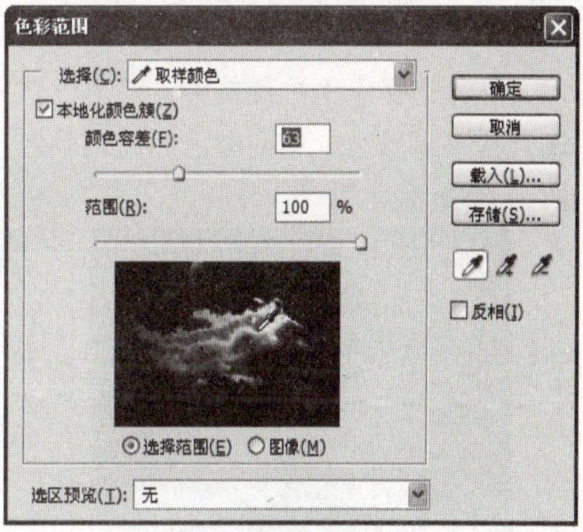

图3-58

1. 选择

用来设置选区的方式。选择“取样颜色”后，将光标放在文档的图像上或者在【色彩范围】对话框中的预览图像上单击，可以对颜色进行取样如图3-59所示。如果要添加颜色，单击【添加到取样】按钮，然后在预览图像上单击即可，如图3-60所示。

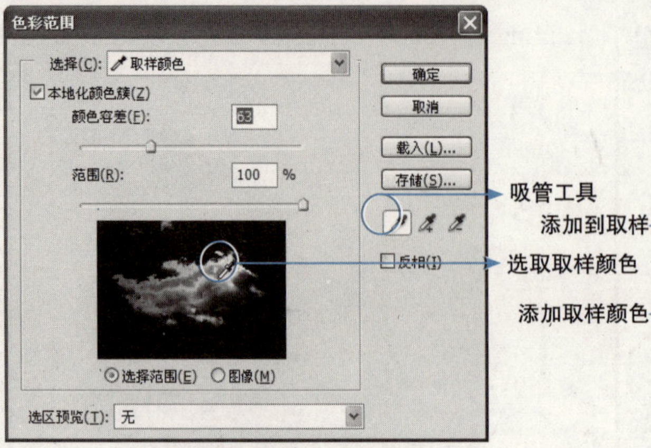

图3-59

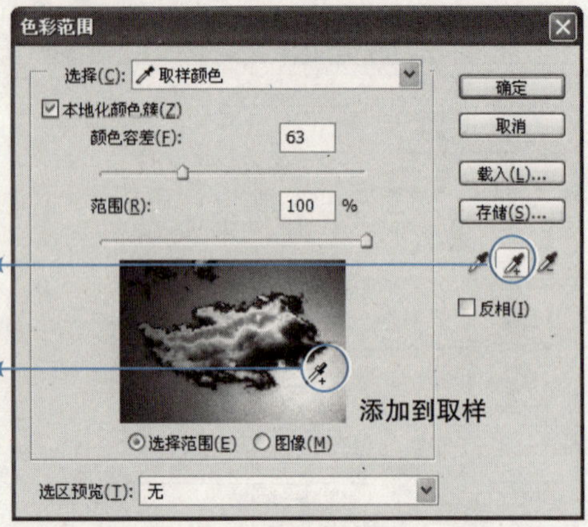

图3-60

如果要减去颜色，单击【从取样中减去】按钮，然后在图像预览区或者图像上单击，如图3-61所示。另外通过【选择】下拉式菜单命令，然后再选择【红色】、【黄色】等选项，如图3-62所示。

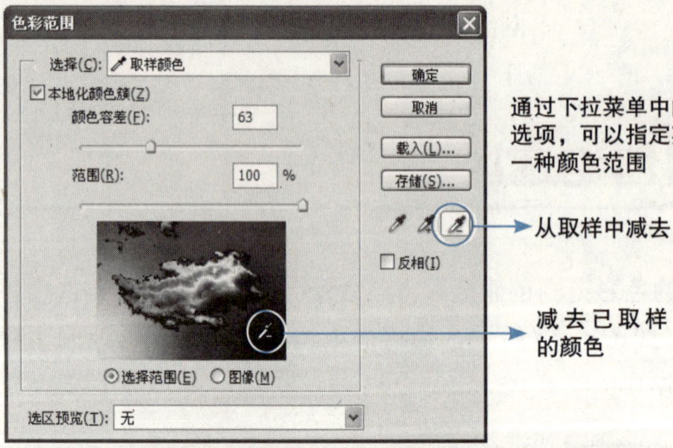

图3-61

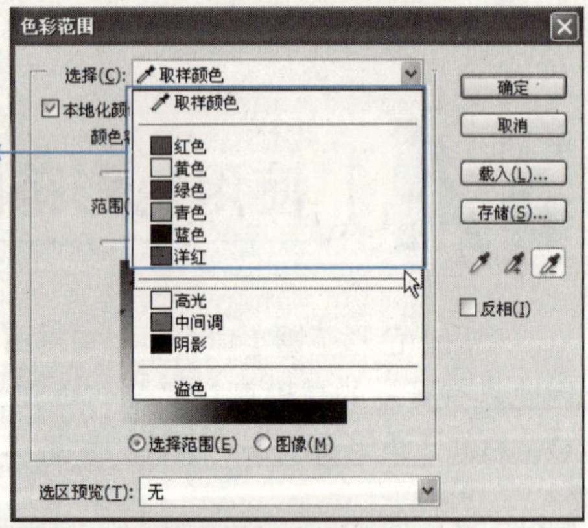

图3-62

在【选择】下拉菜单中，还可以选择【高光】、【中间光】和【阴影】三个选项，分别用来选择亮调颜色、中间颜色和暗调颜色，选择【中间光】时，选择的图像中可能出现溢色，如图3-63所示。

图3-63

2. 选择预览图

它包含【选择范围】和【图像】两个选项。当选中【选择范围】时，区域黑色带便为选择的区域；灰色区域代表被部分选的部分，或者是带有羽化的区域；白色区域则代表完全被选择的区域。如果选中【图像】查看方式，则预览区中会显示彩色图像。

3. 本地化颜色簇/范围

在勾选了【本地化颜色簇】复选框后，可以拖曳【范围】滑块来控制蒙版中的颜色与取样的最大距离与最小距离。

4. 颜色容差

该选项用来控制颜色的选择范围，数值越高，包含的颜色也越广，不同的数值有不同的选择范围，如图3-64、图3-65所示。

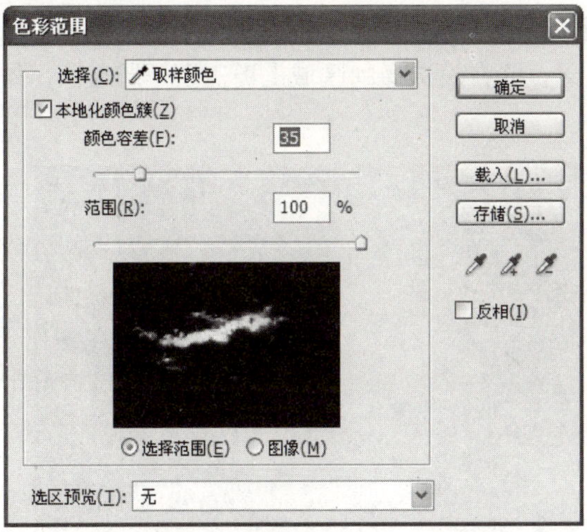

图3-64

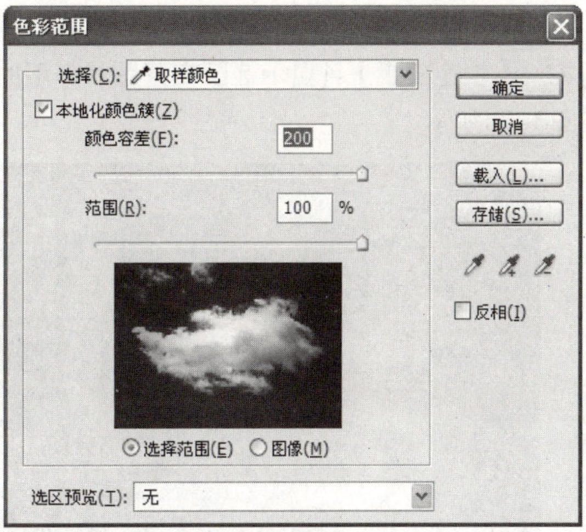

图3-65

5. 选区预览

用来设置选区在窗口中的预览方式，如图3-66所示。

【无】：不在再窗口显示选区，如图3-67所示。

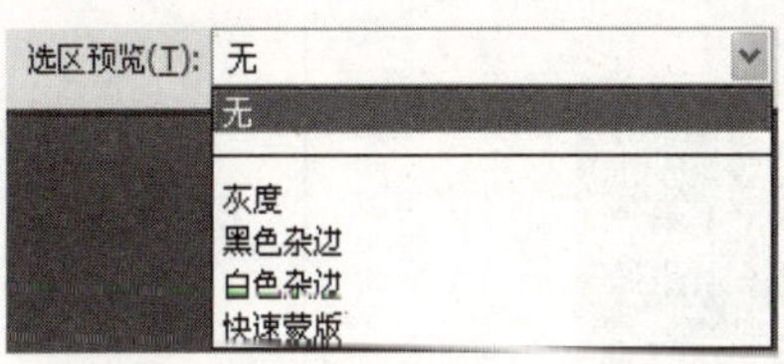

图3-66

图3-67

【灰度】：按照选区在灰度通道中的外观来显示，如图3-68所示。

【白色杂边】：在未选择的区域覆盖一层白色，如图3-69所示。

图3-68

图3-69

【黑色杂边】：在未选择的区域上覆盖一层黑色，如图3-70所示。

【快速蒙版】：显示选区在蒙版状态下的效果，并在没选择的区域上覆盖上一层红色，如图3-71所示。

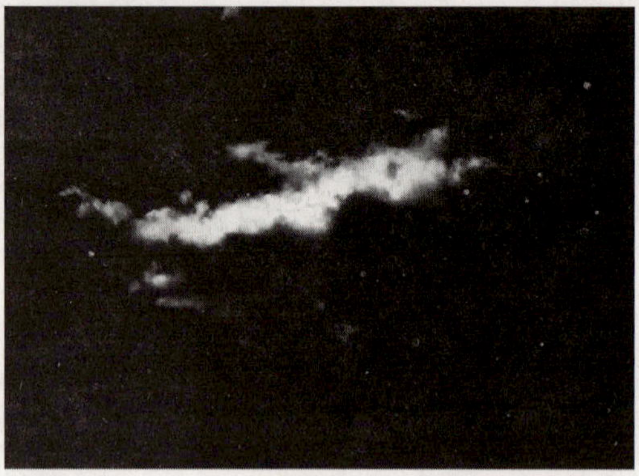

图3-70

图3-71

7. 应用【色彩范围】命令抠图

（1） 打开光盘目录下的“素材\第3章\hair”，执行【选择】→【色彩范围】命令，在弹出的【色彩范围】对话框中，勾选【本地颜色化簇】复选框，在窗口的人物背景上单击，进行颜色取样，如图3-72所示。

图3-72

（2）单击“添加到取样”按钮，在背景的其他地方单击鼠标取样，将背景的颜色全部添加到选区，如图3-73所示。

图3-73

（3）仔细观察如图3-74所示的图像，在人物的脸部还有一些白色，说明已经选择到了该区域，那么还需要将该区域排除选择。单击“从选区中减去”按钮，将脸部的白色排除，如图3-75、图3-76所示。

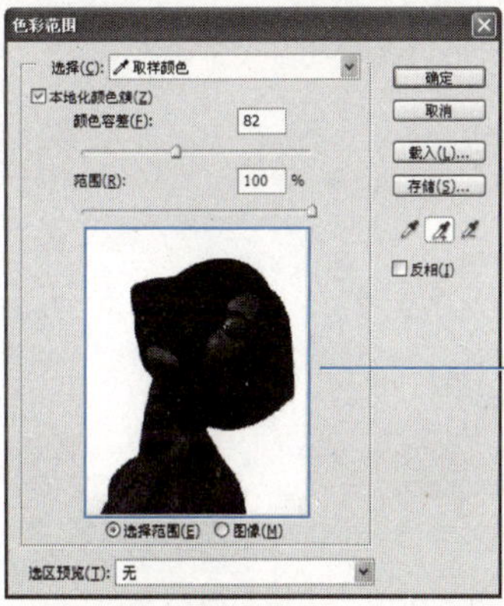

图3-74

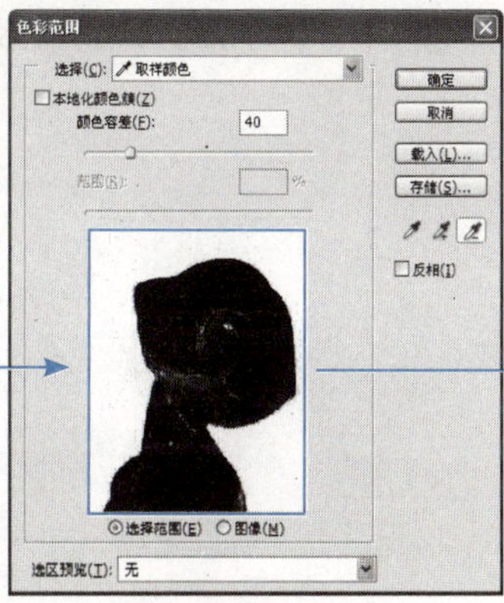

图3-75

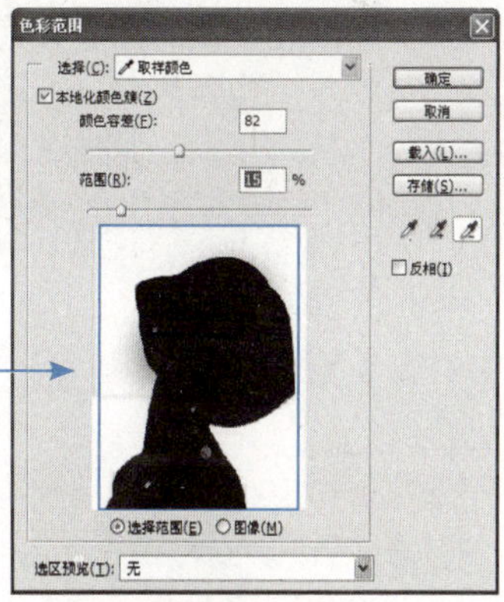

图3-76

（4）单击【确定】按钮关闭对话框。选中背景，如图3-77所示。执行【选择】→【反向】命令即可选中人物，如图3-78所示。

图3-77

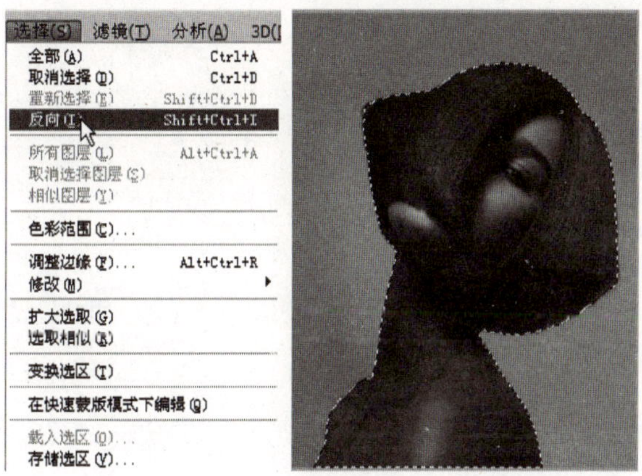

图3-78

3.5 小结

抠图在平面设计中经常要用到，抠图的好坏，直接影响印品的质量，怎样又快又好地完成抠图工作是设计师必须熟练掌握的技能。本章主要介绍的就是路径抠图，希望设计师在学习之后能够勤加练习，熟练掌握这项技能。

3.6 习题

1. 填空题

（1）路径的组成包括（　　）和（　　）部分。

（2）根据路径的锚点种类，可以将路径分为两类，一类是（　　）路径，另一类是（　　）路径。

（3）用路径抠取的图像，通常在制作（　　）后置入到排版软件中。

4

第4章

图层应用知识

编者心得

图层、蒙版、通道是学习Photoshop的必经之路。学习图层知识应该先掌握最简单的图层基本操作，然后学习图层样式，最后再去学习图层混合模式。

4.1 图层的基础知识

通常在【图层】菜单栏和【图层】调板中对图层进行操作，如新建图层、删除图层、选择图层、合并图层等操作。读者需要认识各种图层的称谓和基本的操作命令。

4.1.1 认识图层

【图层】调板是用来储存图层的，所有图层都按顺序一栏栏的堆砌在该调板中。【图层】调板中还分布着针对图层进行操作的命令，使用这些命令可以对图层进行一系列动作。

未经编辑的图像文档在【图层】调板中都会有一个默认的【背景】图层，随着设计师对图像进行了复杂的操作，图层调板中也许会出现各种不同类型的图层，如背景层、普通层、文字图层、智能对象图层、图层组、调整图层等，如图4-1所示。

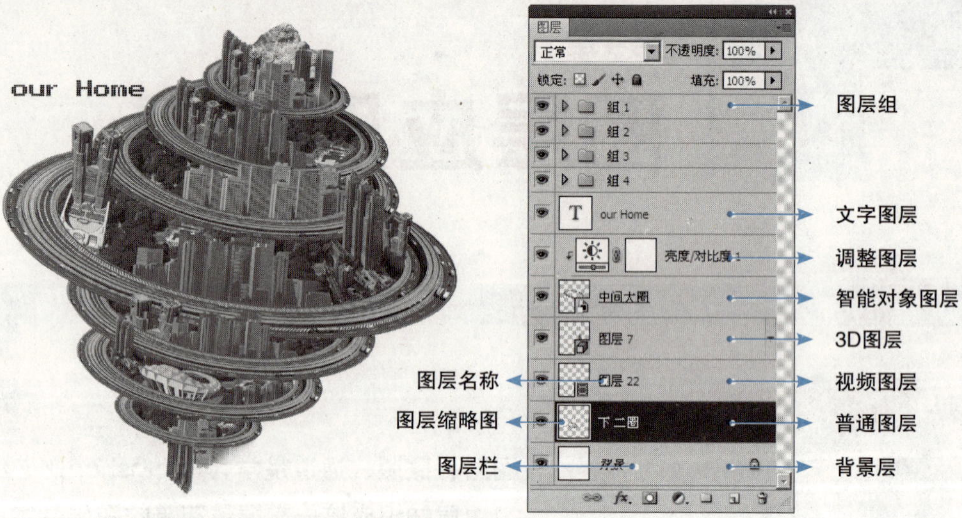

图4-1

问答 1

为什么在【图层】调板中要分出如此多类型的图层，只有一种普通图层不可以吗?

【图层】调板中的每个类型的图层作用和适用范围不一样。如背景层是最基本的图层类型，背景层的很多操作被限制（如不能建立图层蒙版），一个图像文档最多只能有一个背景层，背景层永远被放置在调板中的最下栏；普通层是最常用的图层类型，普通层上没有图案的地方将显示为透明，绝大多数的工具和命令都能作用在普通层上（如画笔工具、滤镜命令等）；文字图层只用来放置文字的，使用【文字工具】在文档中输入文字将自动建立文字图层，文字图层的文字具有矢量性，即可以任意缩放图层中的文字不会出现虚化现象，也正是由于其具有矢量性，很多工具和命令不能作用在该图层上；智能对象图层中的图案不会因为反复缩放产生虚化现象；3D图层用来创建3D效果的图层；视频图层用来创建视频的图层。

4.1.2 操作图层

使用【图层】菜单和【图层】调板中的命令可以对图层进行操作，如新建图层、复制图层、删除图层、合并图层、链接图层、显示/隐藏图层、调整图层栏位置、锁定图层、调整图层不透明度、建立图层组等，如图4-2所示。

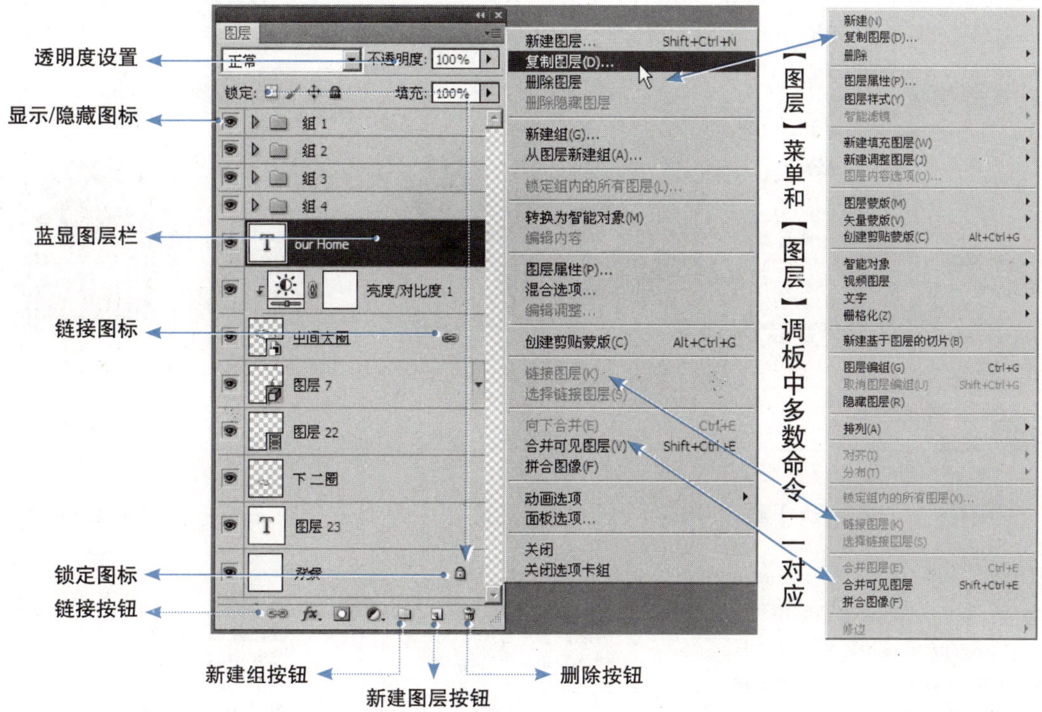

图4-2

单击【图层】调板中某个图层栏，图层栏蓝色显示表示选中该图层；按住Shift键再单击其他图层栏，这两个之间的图层都为蓝显，表示选中多个图层；按住Ctrl键单击其他图层栏可以逐一选中多个不连续的图层，如图4-3所示。

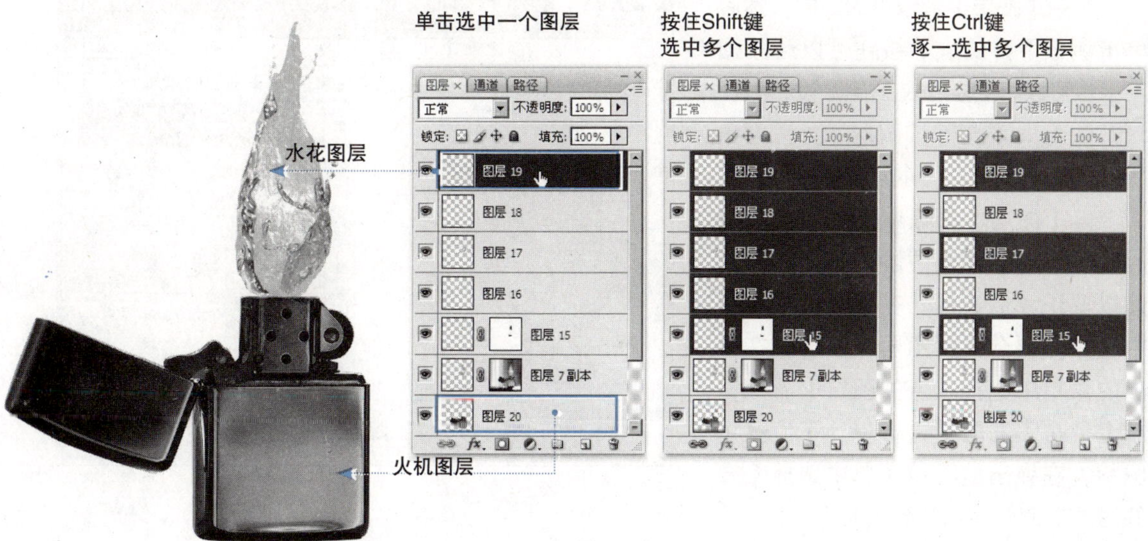

图4-3

在实际工作中通常是单击【图层】调板中的新建图层按钮来创建新图层；将选中的图层拖曳到新建图层按钮上，松开鼠标后可以复制该图层。新建或者复制的图层都居于之前选中图层的上方，如图4-4所示。

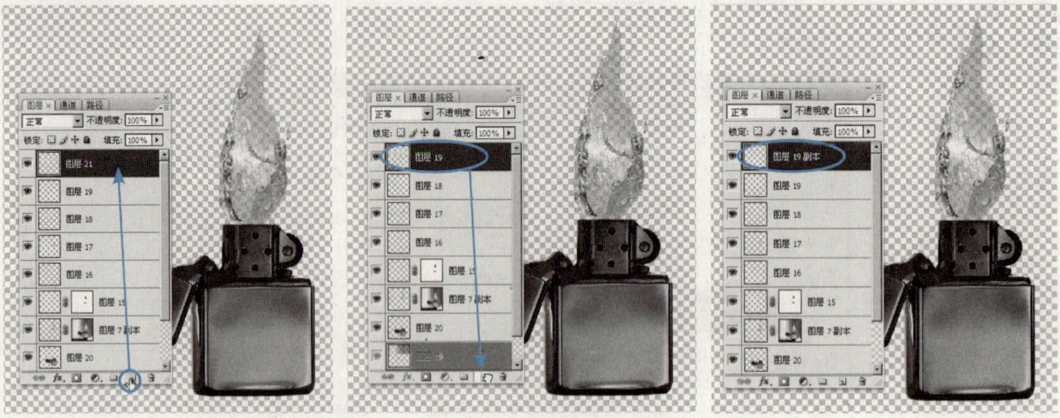

图4-4

问答 2

【图层】→【新建】菜单中的【通过复制的图层】与通过新建图层按钮来复制图层有什么区别。

这两个功能都能复制图层，它们之间的区别是：如果文档中没有建立选区，【通过复制的图层】命令将复制选中图层得到新图层；如果文档中有选区，该命令将复制选区中的图像到新图层，如图4-5所示。

没有建立选区的复制选中的图层。

建立了选区，复制选区中的图像到新图层。

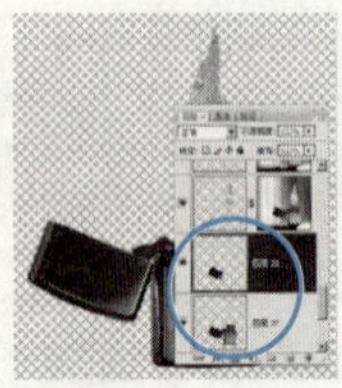

图4-5

选中【图层】调板中的图层，然后单击调板下方的删除按钮可以删除图层；也可以将图层拖曳到删除按钮上，松开鼠标即可删除该图层，如图4-6所示。

当【图层】调板中的图层比较多时，可以合并某些图层来减少图层数量以便于我们选择。在【图层】调板中选中需要合并的图层，右击，在弹出的菜单中选择【合并图层】命令；或者单击【图层】调板中的下拉菜单图标，在弹出的下拉菜单中选择【合并图层】命令，如图4-7所示。

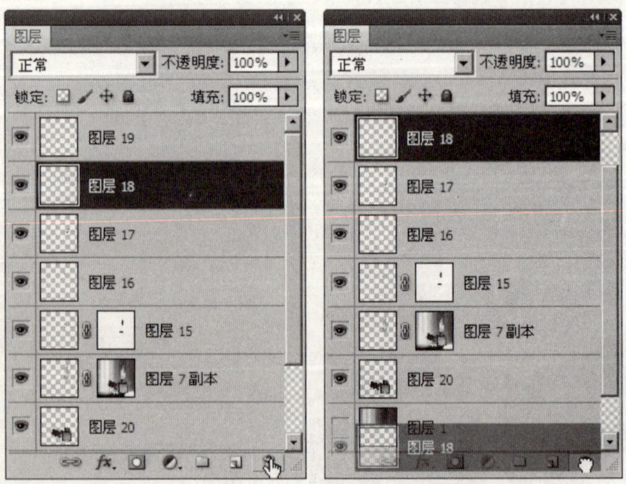

图4-6

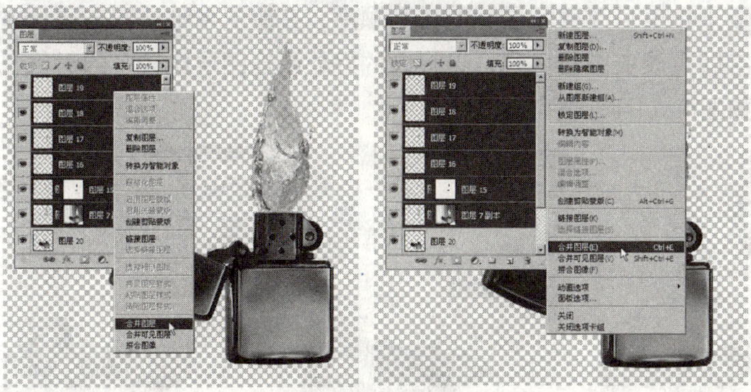

图4-7

提　示

合并图层的时候是将选中图层被合并到一个图层，因此不能再单独操作（如移动、缩放等）某个图像。

对某些图层如果需要进行同样的操作（如缩放），可以将这些图层设置为链接图层，这样在操作一个图层的时候，其他被链接的图层也产生同样的变化。在右键下拉菜单和调板下拉菜单中都能找到【链接图层】命令，选中多个图层之后选择该命令即可。被链接的图层在图层栏右侧会出现链接图标 ，如图4-8所示。

图4-8

有时候为了观察效果或者操作方便，需要显示（隐藏）某些图层，图层栏左侧的眼睛图标是用来显示（隐藏）图层的。单击眼睛图标，该图标消失图层被隐藏；再次单击图标的位置图层被显示，如图4-9所示。

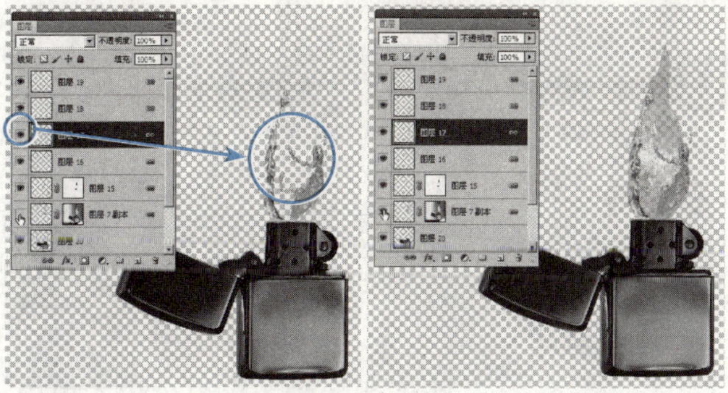

图4-9

提　示

图层数量比较多的时候，如果需要快速隐藏相邻的图层，可在某个图层的眼睛图标处按住鼠标左键向上（下）拖曳，松开鼠标即可批量隐藏图层，如图4-10所示。

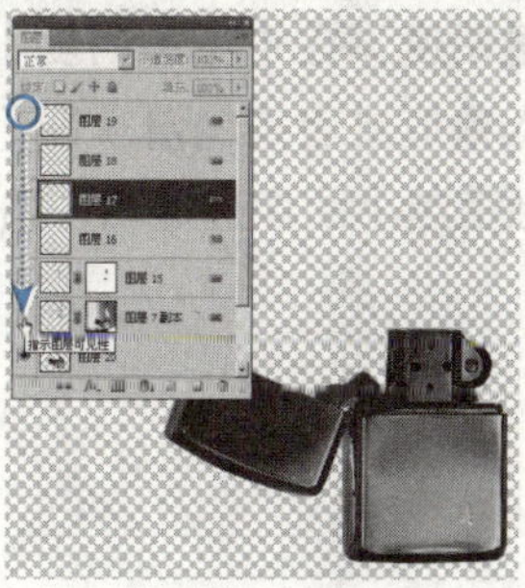

图4-10

在图层上按住鼠标左键向上（下）拖曳可改变图层间的排列顺序；在图层名称处双击鼠标左键，名称变成可编辑状态，输入文字即可改变图层名称，这样做的好处是当图层比较多的时候，可以方便的知道图层的图像内容，如图4-11所示。

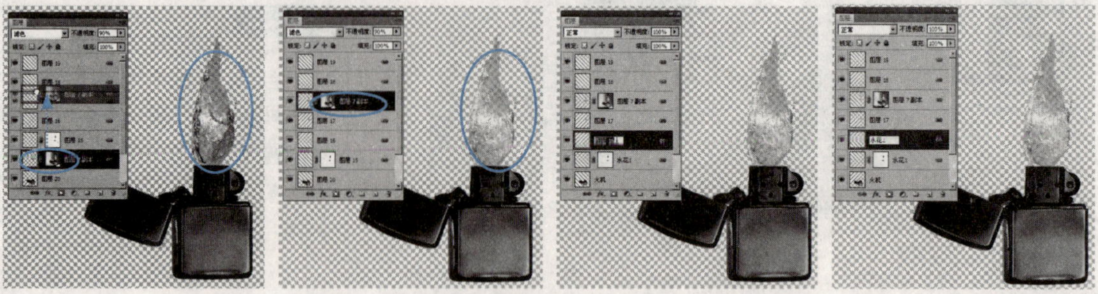

图4-11

在【图层】调板中有一排锁定按钮，单击它们可以分别锁定图层的某个属性，再次单击可以解锁。它们分别是：

锁定透明像素：单击该按钮后，对图层进行颜色填充时，透明区域将不被填充；

锁定图像像素：单击该按钮后，不能使用绘图工具和命令来编辑图像颜色，但是可以进行移动和旋转等不涉及颜色的操作；

锁定位置：单击该按钮后，不能移动和使用【变换】命令操作该图层的图像；

锁定全部：单击该按钮后，针对图层图像变化的操作被禁止，如图4-12所示。

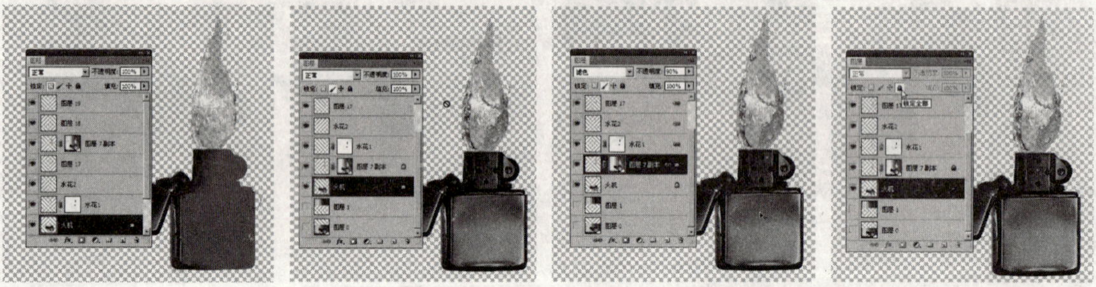

图4-12

提 示

在锁定图层后，图层栏右侧会出现一个锁头图标，空心锁图标表示部分锁定图层；实心锁表示锁定全部。

在【图层】调板中可以设置图层的透明度，在【不透明度】选项栏中输入数值或者拖曳滑块即可进行设置，数值越小图像越透明，如图4-13所示。

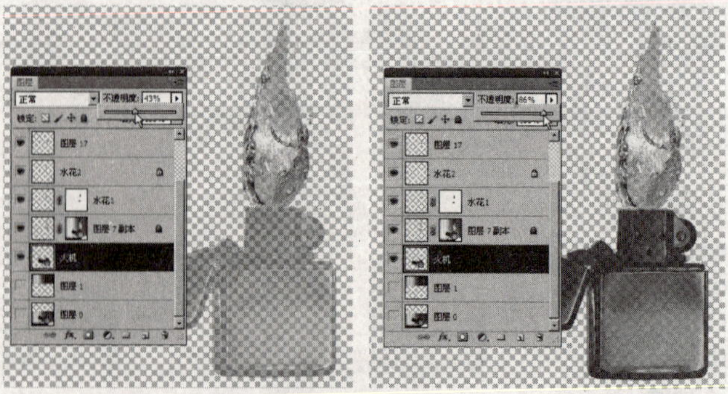

图4-13

当【图层】调板中图层很多时，可以为相似的图层建立“组”。将一些相似图层放置到组里，便于设计师观察和操作。在调板下拉菜单中选择【新建组】命令，从弹出的对话框中输入名称，然后单击【确定】按钮，最后将相似图层拖曳到组中，如图4-14所示。

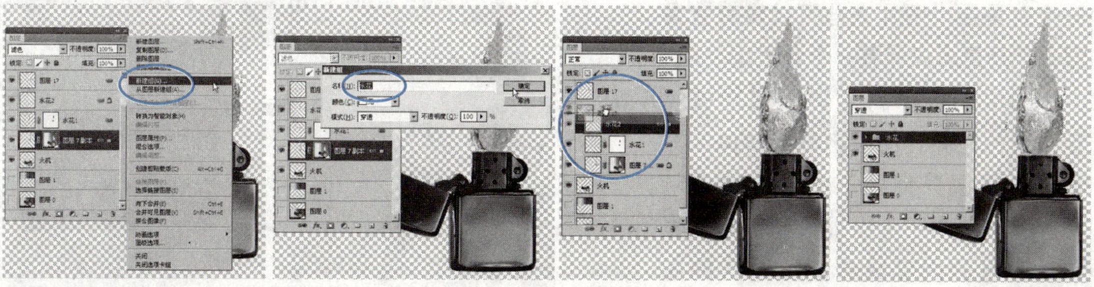

图4-14

提 示

使用从图层新建组也可以建立一个图层组，选中多个图层之后，选择该命令，这些图层将直接被放置到组里。选中图层组之后对组进行操作（如改变透明度、旋转），同一个组里的所有图层都同步发生变化。

问 答 3

调板中建立了很多的图层，对于图层的选择有没有更方便的方法。

在右键下拉菜单中可以使用【选择链接图层】命令来选择链接的图层，使用【选择相似图层】命令来选择同类型的图层（如文字图层、普通层），如图4-15所示。还有两个方便的方法：选择【移动工具】，然后勾选选项栏中的【自动选择】，根据需要选择“组”或者“图层”，将光标移动到图像上并单击鼠标左键，图层将自动跳转到该图像所处的图层上；不勾选【自动选择】，按住Ctrl然后单击图像，图层也会自动发生跳转，如图4-16所示。

图4-15

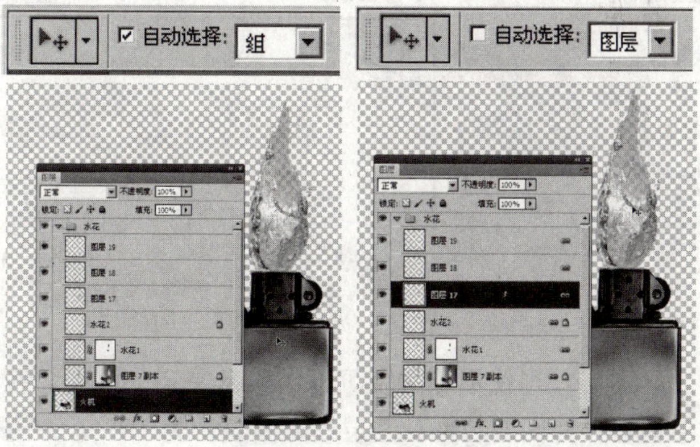

图4-16

4.1.3 图层类型与类型转换

不同类型的图层拥有不同的特性，可以根据需要转换成需要的图层类型，如文字图层可以转换成普通图层，普通图层可以转换成智能对象图层。

背景层：未经编辑的原始图像（如数码相机拍摄、扫描仪扫描的图片），用Photoshop打开都能看到一个背景层，图片文档可以没有背景层，但是最多只能有一个背景层。

图层调板中的背景层都是被锁定位置的，并且图层名称以斜体字显示，背景层只能处于图层栏的最下方。背景层中不会出现透明像素，当移动选区的内容或者删除选区的图像，选区处的像素被背景色或者其他颜色填充，如图4-17所示。

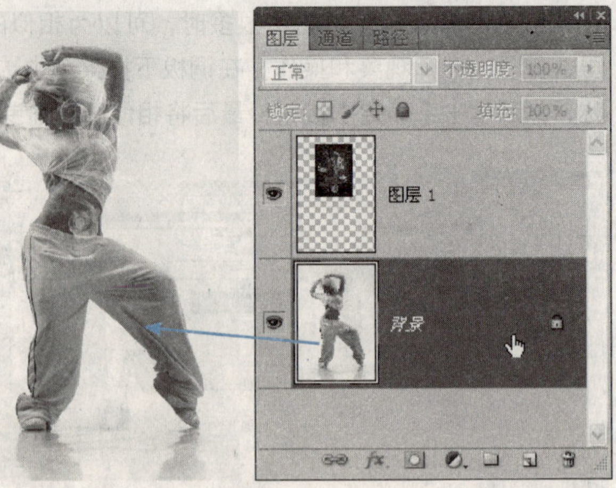

图4-17

提 示

由于背景层是完全锁定的，其上无法添加图层蒙版，无法添加图层样式，无法设置图层混合模式。

如果需要对背景图层进行更多的操作，如添加图层样式等，可以将背景层先转换成普通层。双击图层栏中背景图层栏，在弹出的对话框中单击【确定】按钮，背景层被转换成普通图层，如图4-18所示。

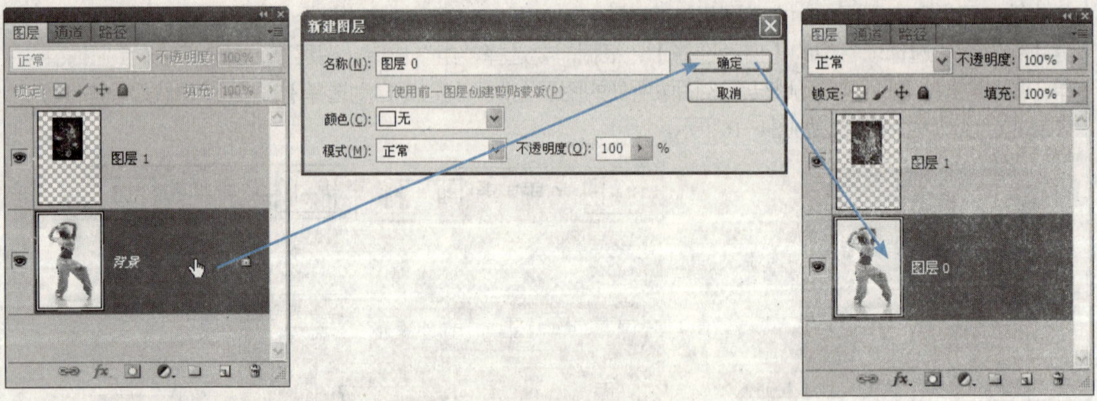

图4-18

文字图层：当使用【文字工具】输入文字的时候，在图层栏中自动建立一个文字图层，并以文字内容作为图层名称，图层缩略图显示为“T”。由于文字图层的轮廓是矢量的，因此某些命令和工具不能操作该图层，如果需要使用这些命令和工具，可以将文字图层转换成普通层，在文字图层栏上单击右键，从弹出的菜单中选择【栅格化图层】命令，转换后的图层缩略图发生变化，如图4-19所示。

智能对象图层：嵌入到文档中的图片称为智能对象，并在图层调板中建立一个智能对象图层，此类图层的缩略图右下角出现图标。对智能对象的编辑（如缩放或者添加滤镜特效等）是非破坏编辑，即原稿的像素不会因为编辑而被破坏，如图4-20所示。

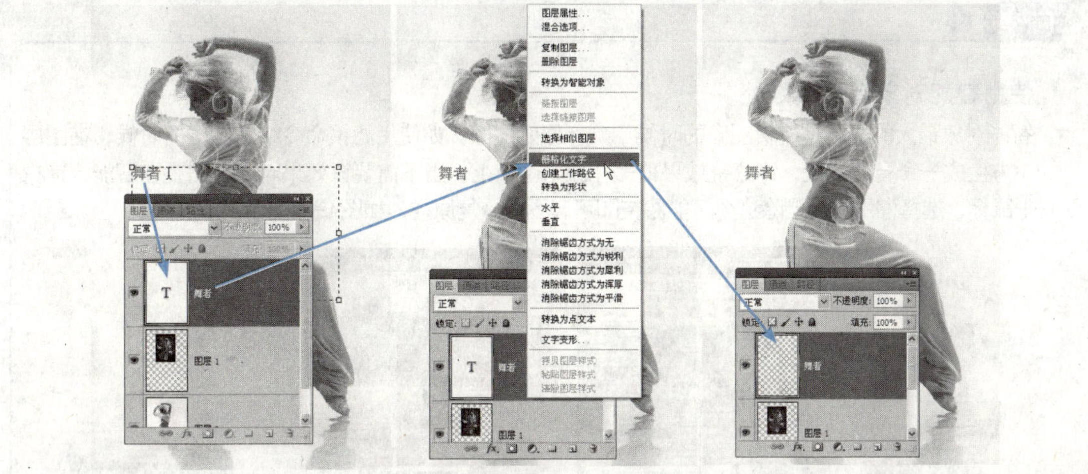

图4-19

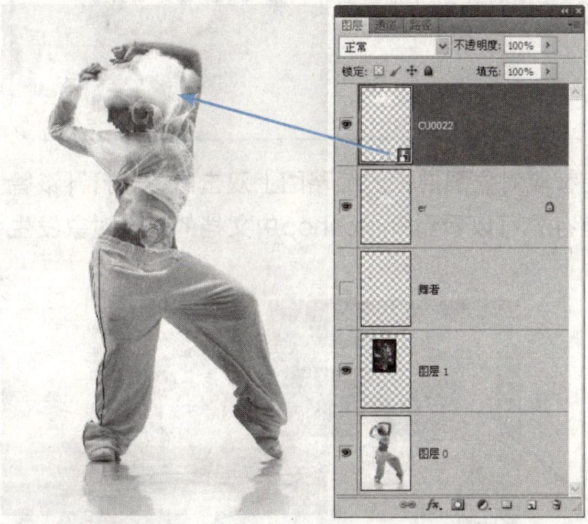

图4-20

提 示

部分工具和命令不能对智能对象进行编辑（如橡皮擦工具、仿制图章工具等），要使用这些工具和命令必须将图层栅格化,如图4-21所示。

图4-21

将Illustrator生成的文件置入到Photoshop中，并打开的文档，被置入的图片将自动建立一个智能对象图层，如图4-22所示。在图层调板中的某个图层栏上单击右键，从弹出的菜单中选择【转换成智能对象】命令，即可得到一个智能对象图层，如图4-23所示。

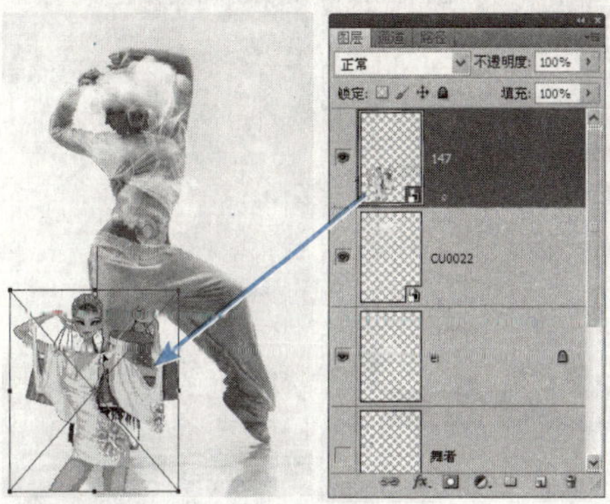

图4-22

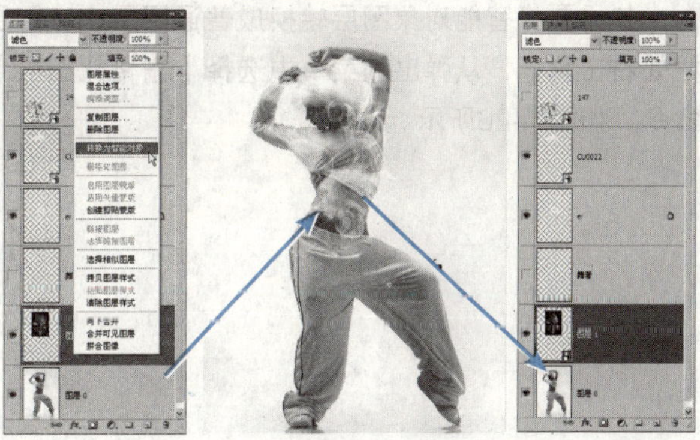

图4-23

问答 4

使用智能对象有什么好处。

智能对象最大的好处是编辑图像的时候不破坏原始图像。如使用滤镜命令编辑图像的时候，在图层栏的下方生成一个智能滤镜，该滤镜效果覆盖在原始图像上，当不需要该效果时，只需要在智能滤镜栏处右击鼠标，选择停用或者删除这个智能滤镜即可，图像恢复原样，如图4-24所示。

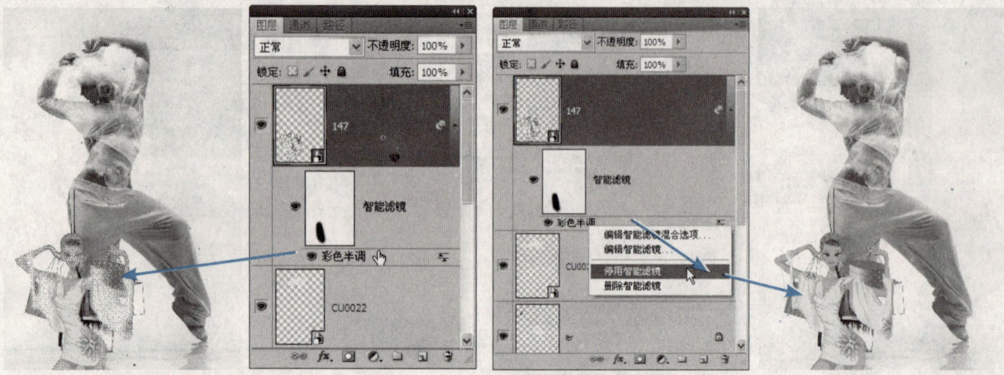

图4-24

智能对象支持编辑其链接图来修改图片。在智能对象图层栏的缩略图上双击鼠标，打开该智能对象的链接图，对链接图片进行编辑，然后储存，可以看到Photoshop中文档的智能对象发生相应的改变，如图4-25所示。

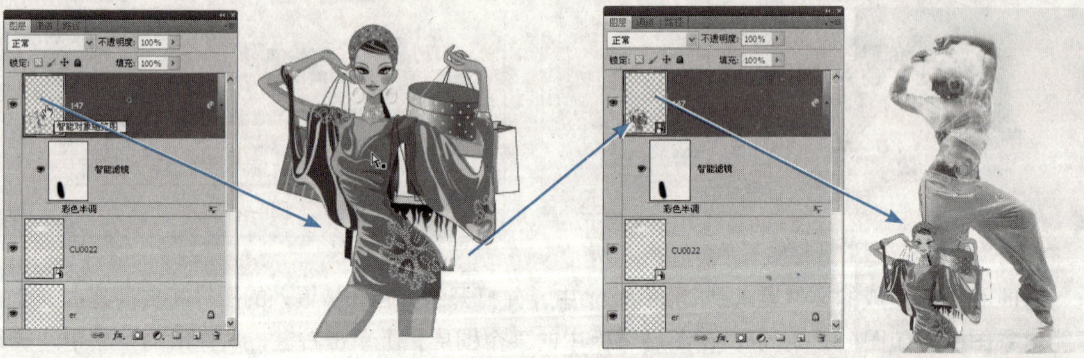

图4-25

如果要将智能对象图层转换成普通图层，在图层栏处右击鼠标，从弹出的菜单中选择【栅格化图层】命令，如图4-26所示。

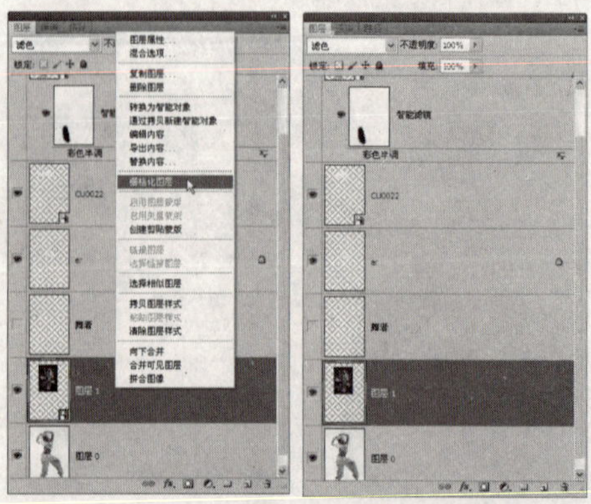

图4-26

4.1.4 应用图层样式

Photoshop的图层样式功能可以创建多种图像效果，如创建阴影、发光、浮雕等。图层样式也属于非破坏编辑方式，图层样式的效果不直接修改原始图像，因此可以进行灵活的编辑修改。

在【图层】调板中选中需要设置效果的图层，然后执行【图层】→【图层样式】命令，在菜单中选择某个样式之后，弹出【图层样式】对话框，在对话框中可以对样式进行设置，如图4-27所示。

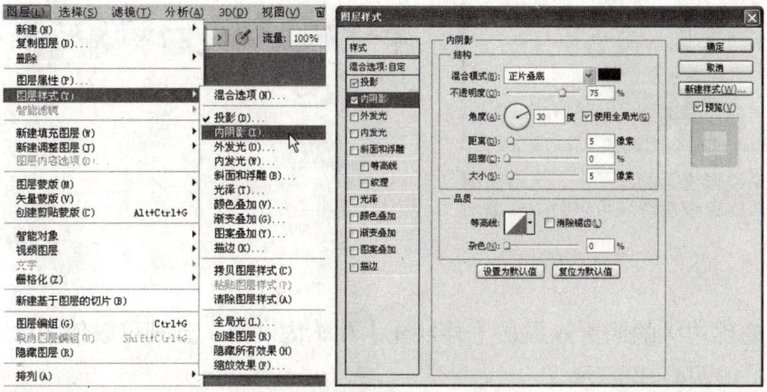

图4-27

提 示

在图层调板的图层栏上双击鼠标也可以调用图层样式功能，如图4-28所示。

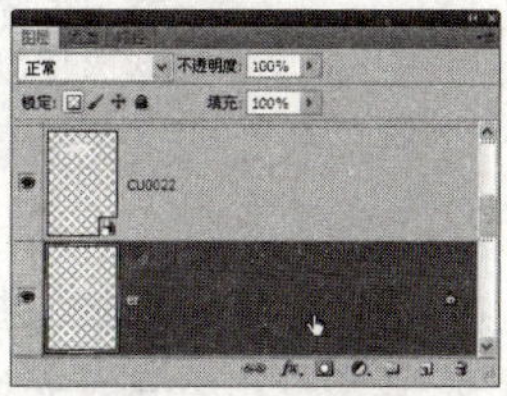

图4-28

单击【图层样式】对话框左侧的"样式"选项栏，可以在右侧样式库中选择Photoshop的预设样式，选中样式之后图像发生改变，如图4-29所示。

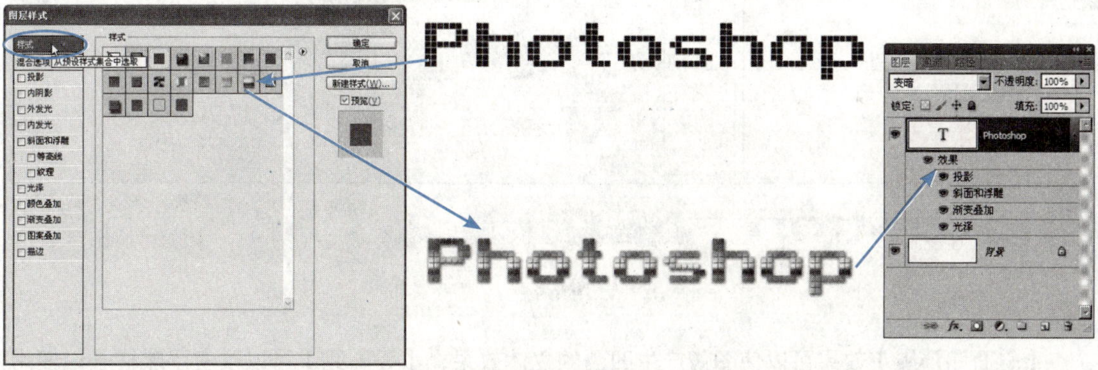

图4-29

单击右侧样式库中的图标在下拉菜单中可以选择更多的样式，如图4-30所示。

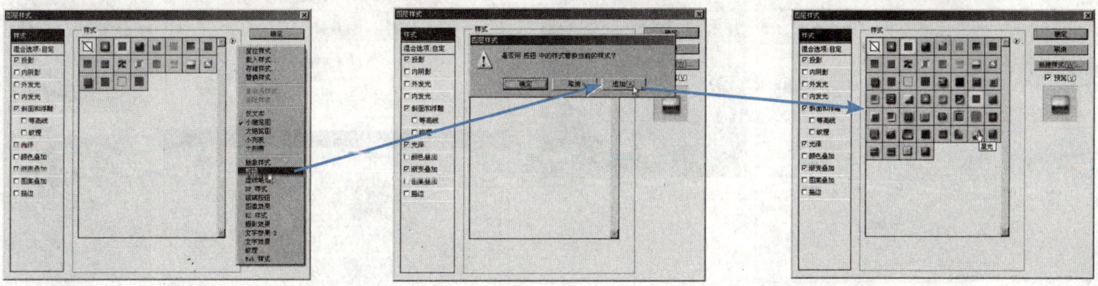

图4-30

单击【投影】选项，在投影设置框中可以设置阴影的属性，如图4-31所示。

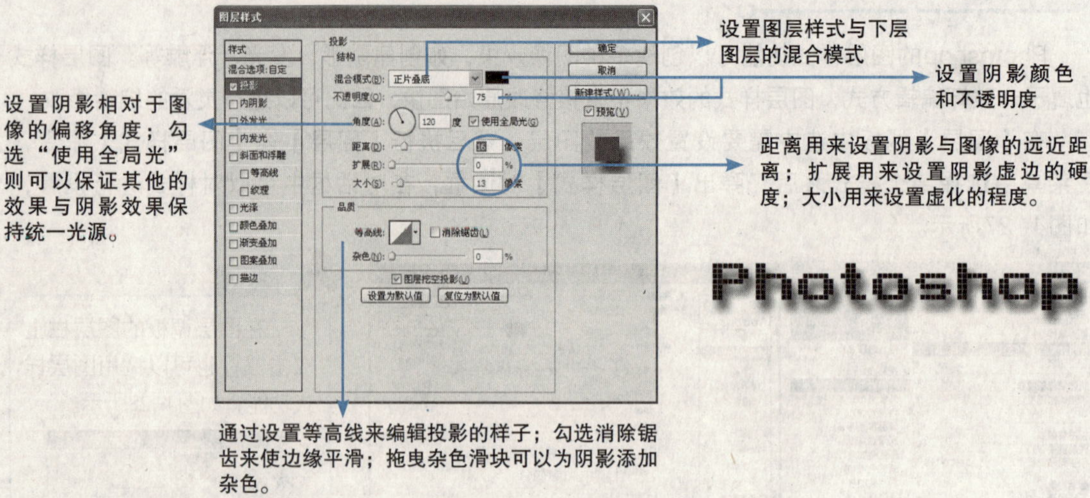

图4-31

【内阴影】可以使图像产生内部边缘的阴影效果；【外发光】和【内发光】分别可以使图像产生外部发光和内部发光的效果，如图4-32所示。

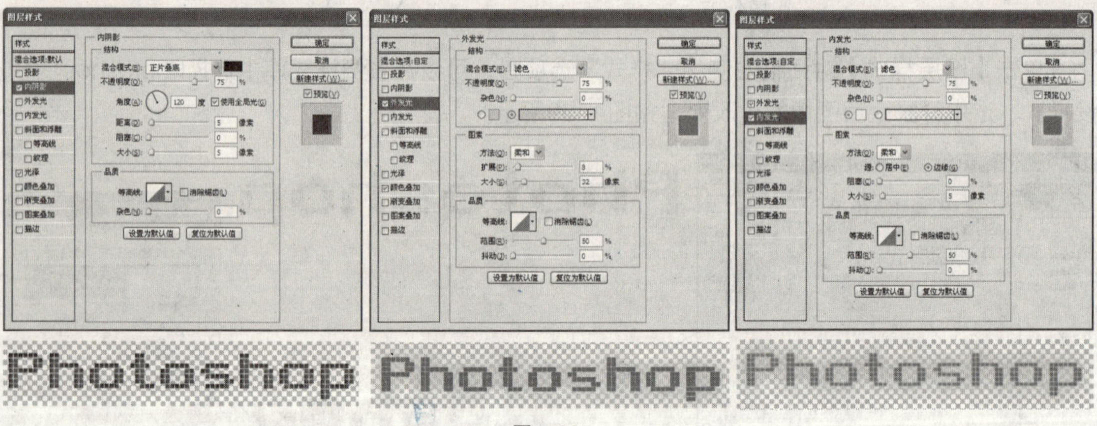

图4-32

【斜面和浮雕】效果可以使图像产生凹凸的立体效果；【等高线】可以改变浮雕样子；使用【纹理】可以对浮雕效果的图像贴入纹理，如图4-33所示。

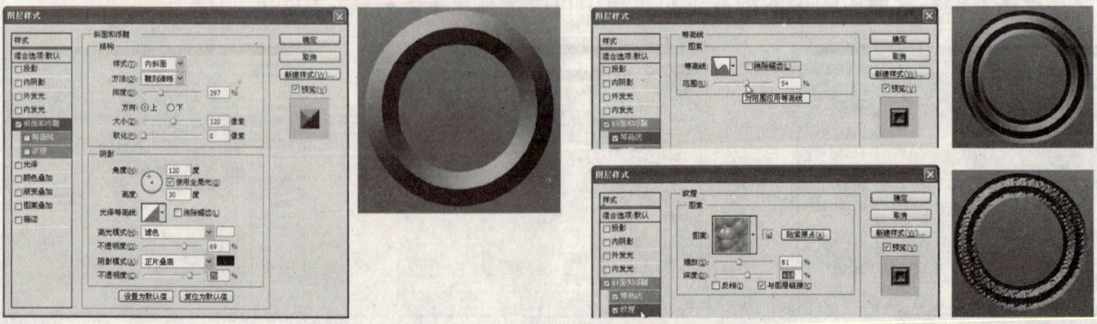

图4-33

【光泽】效果可以为图像添加高光和阴影；【颜色叠加】、【渐变叠加】、【图案叠加】可以为图像添加颜色、渐变、图案等效果，如图4-34所示。

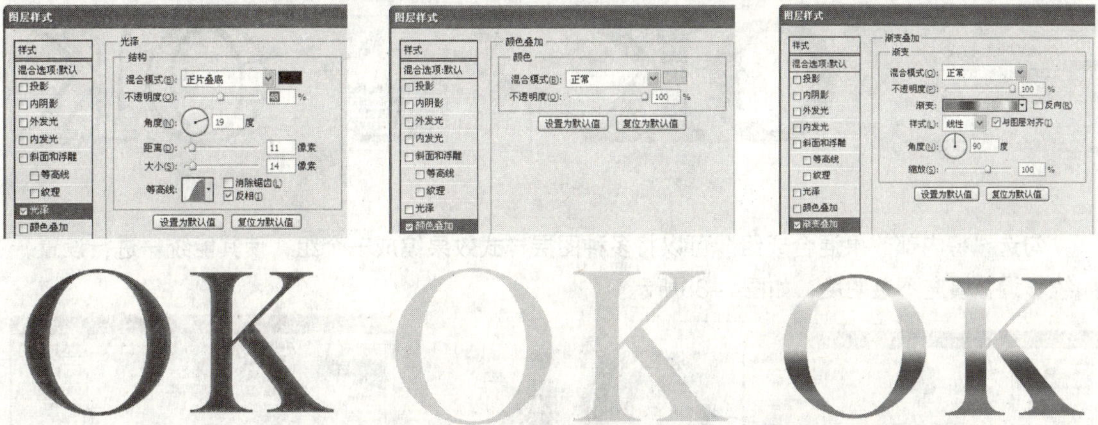

图4-34

【描边】可以为图像边缘添加效果，结合【斜面和浮雕】的“描边浮雕”可以创造出绚丽的效果，如图4-35所示。

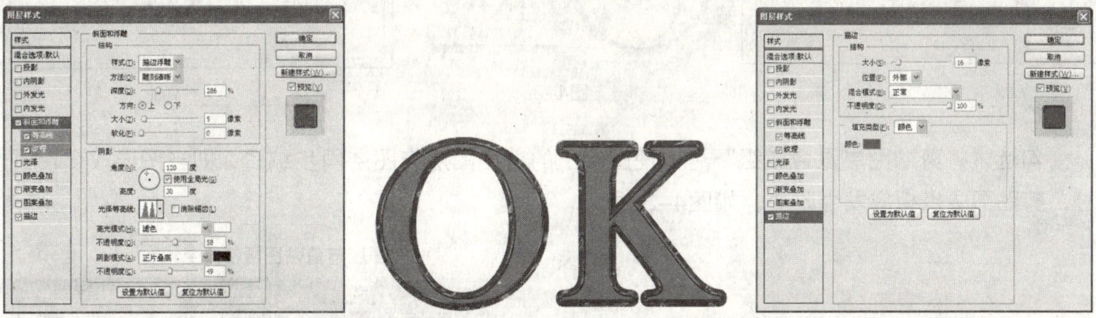

图4-35

【混合选项】包括3个设置项目：【常规混合】、【高级混合】、【混合颜色带】，常规混合中的设置内容与图层调板中的设置内容是一样的，如图4-36所示。

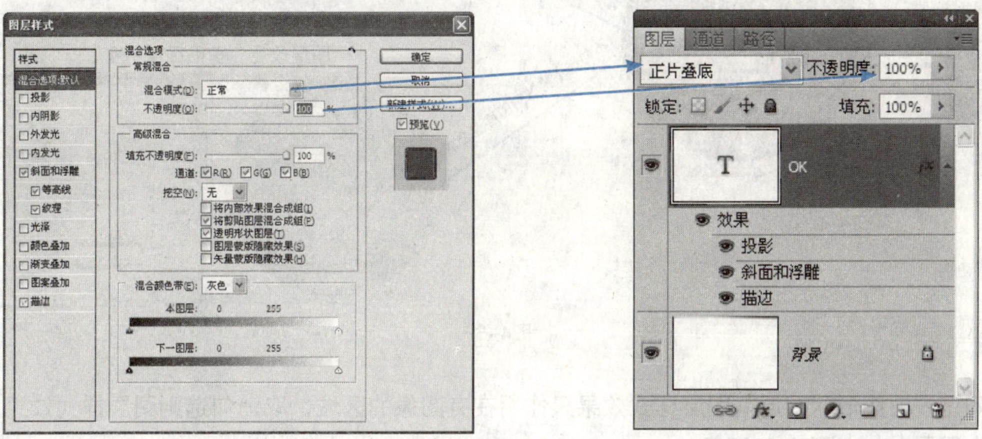

图4-36

【高级混合】中的填充不透明度与图层调板中的“填充”一样，可以调整图层的不透明度，与“不透明度”不同的是，调整该选项样式的不透明度不会被改变，如图4-37所示。

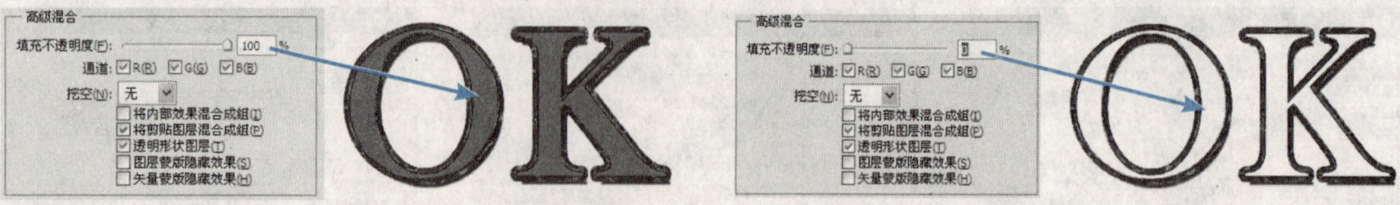

图4-37

勾选“将内部效果混合成组”可以将多种图层样式效果编成一个组，使其能统一进行设置，如统一调整填充不透明度，如图4-38所示。

图4-38

勾选“将剪贴图层混合成组”可以使图层上的剪贴图层与图层同步编辑，即当图层改变设置时，剪贴图层也相应发生改变，如图4-39所示。

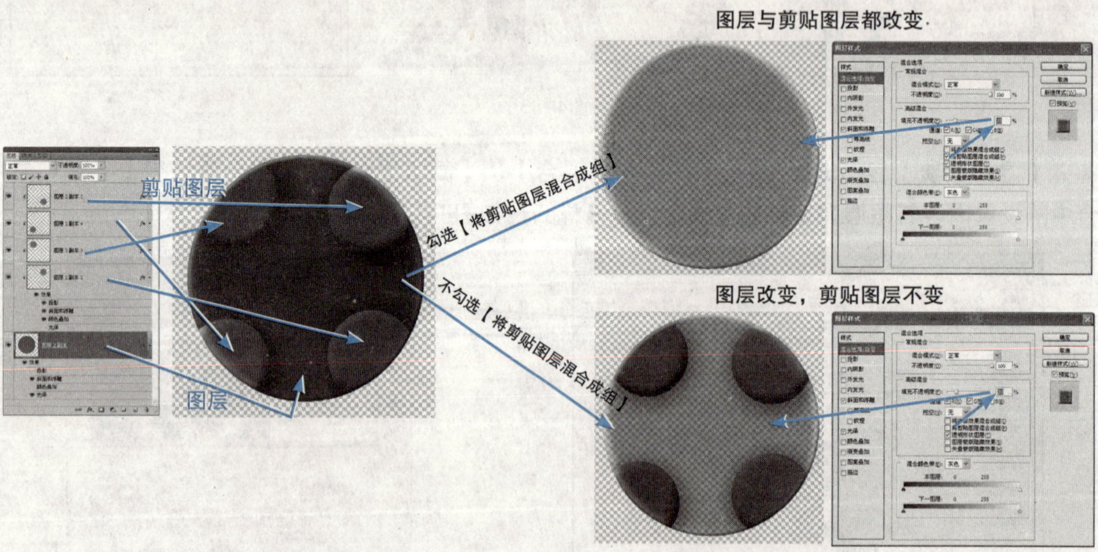

图4-39

勾选“透明形状图层”图层样式效果只作用在有图像的区域，取消勾选则图层样式效果应用到整个图层上，如图4-40所示。

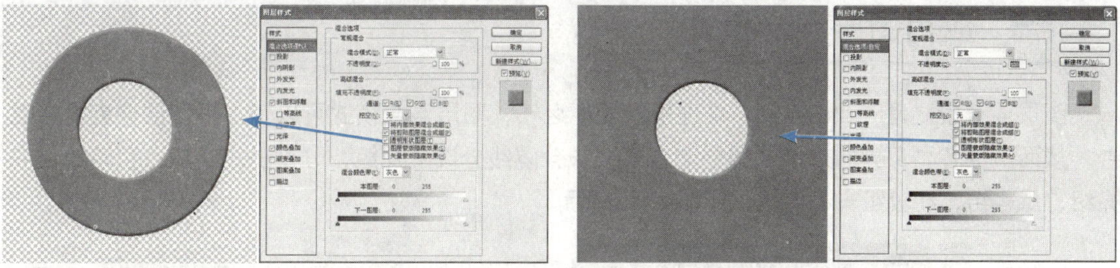

图4-40

“图层蒙版隐藏效果”与“矢量蒙版隐藏效果”作用相似，当勾选该选项之后蒙版会将图层样式效果隐藏，取消勾选则显示该效果，如图4-41所示。

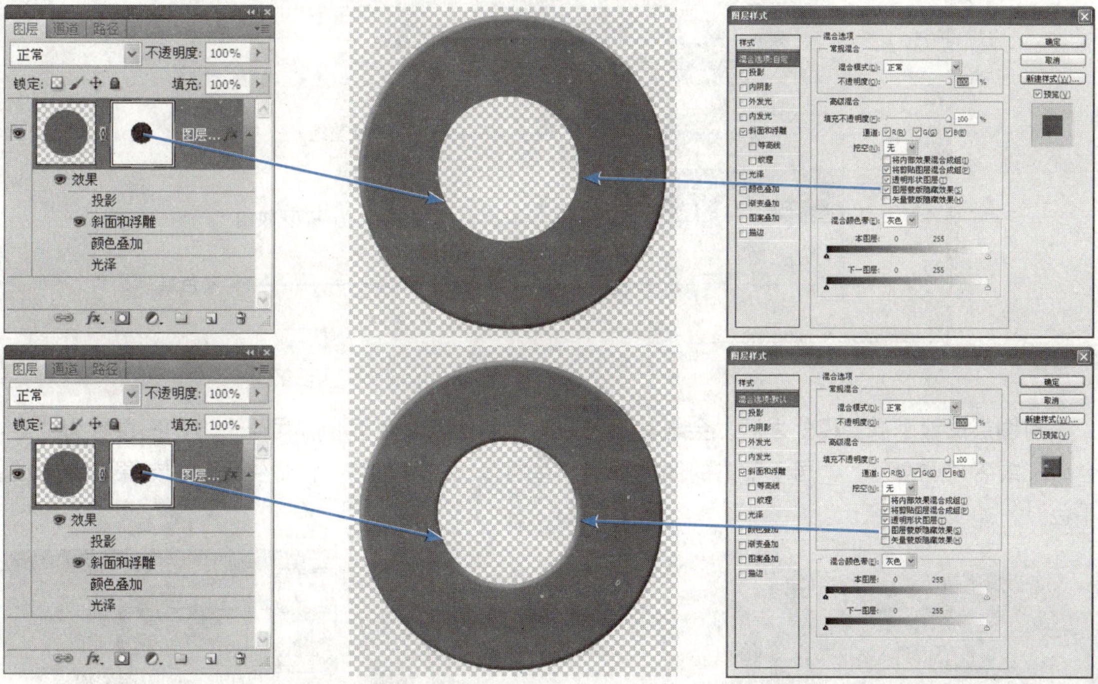

图4-41

【混合颜色带】可以用来隐藏某些像素，通过调整渐变条上的滑块来隐藏相应的像素，黑色表示图像暗调的像素，白色则相反。拖曳“本图层”渐变条的黑白滑块将分别隐藏图层的黑白像素，拖曳程度越大隐藏越多。拖曳“下一图层”渐变条的黑白滑块表示根据下层图像像素的明暗来隐藏本图层像素，如图4-42所示。

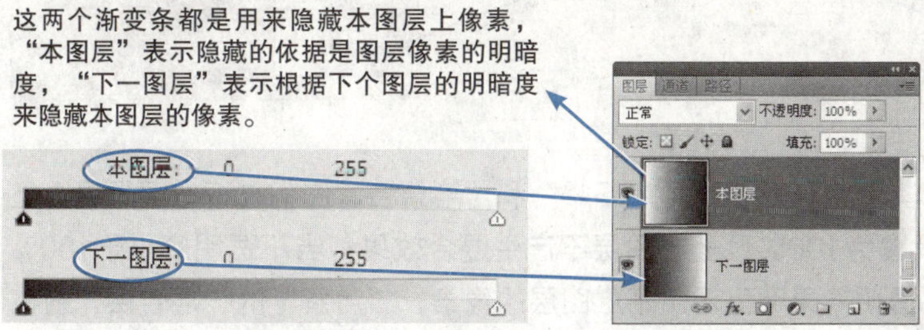

图4-42

提 示

按下Alt键可以分开滑块，使像素产生平滑过渡的隐藏效果。

4.1.5 应用图层混合模式

图层混合模式是Photoshop最难理解的功能之一，图层混合模式可以使上下图层像素发生混合，从而产生各种奇异的效果。图层混合模式被分隔线分成了几组，分别是正常组、变暗组、变亮组、反差组、比较组、着色组，如图4-43所示。

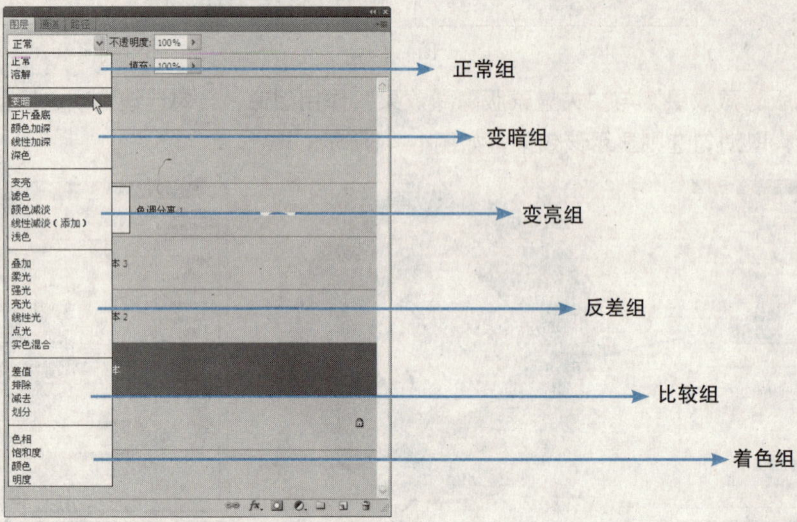

图4-43

对图层设置了混合模式之后，会与其下图层对应的像素发生混合，居于上方的图层称为“混合层”或者“混合色”，居于下方的图层称为“基层”或者“基色”，最终呈现的效果称为“结果色”，如图4-44所示。

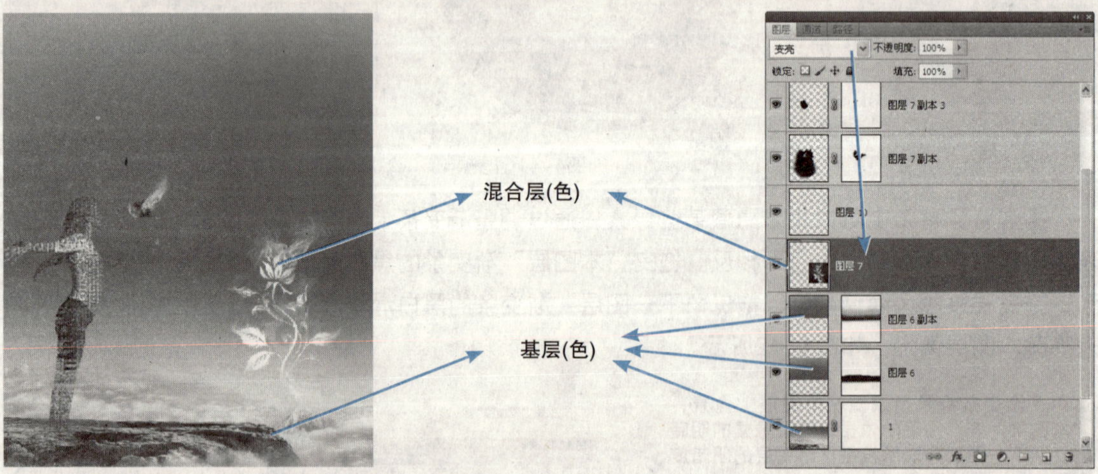

图4-44

正常组：该组是默认设置，其中包含两个选项“正常”和“溶解”，它们与下方图层混合是受透明度的控制，当不透明度设置为100%，上下图层不产生混合效果；当不透明度小于100%时，“正常”的“混合层”呈现透明效果而显示出下层图层的像素，“溶解”的“混合层”随机添加杂点，如图4-45所示。

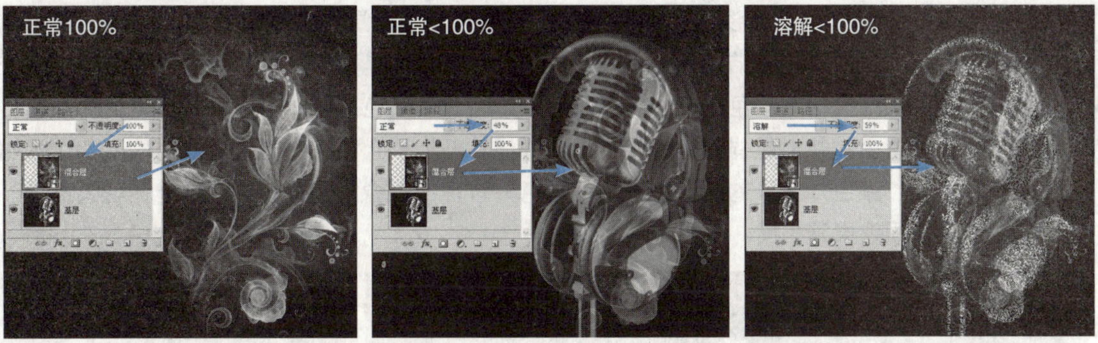

图4-45

变暗组与变亮组：这两组的作用是相反的，如“变暗”与“变亮”相对，“正片叠底”与“滤色”相对。使用变暗组混合模式可以使图像变暗，使用变亮组混合模式可以使图像变亮。变暗组模式的混合层像素与黑色混合为黑色，与白色混合为本身色，变亮模式则相反。

“变暗”和“变亮”：“变暗”是指两个图层对应像素进行比较，取较暗像素作为结果色；“变亮”则是取较亮像素作为结果色，如图4-46所示。

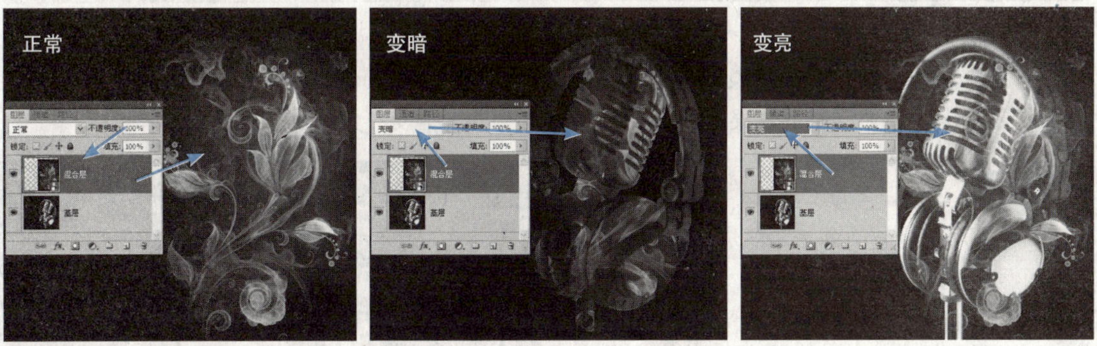

图4-46

“正片叠底”和“滤色”：这两个选项是最重要的混合模式，“正片叠底”是模拟印刷油墨叠加混合的效果（也可以看做是模拟阴影投影的效果），可以想象当油墨一层层叠加上去，看到的颜色会越变越暗，直至变成黑色，因此该模式混合的结果色比“变暗”模式更暗；“滤色”是模拟光叠加混合的效果，可以想象在一个黑色的空间打上一束光映在墙上，另一束光打在同一位置，随着一束束光叠加，这面墙将越来越亮直至白色，因此该模式比“变亮”更亮，如图4-47所示。

提 示

正是因为这两个模式的这种特点，因此在图层样式中可以看到阴影效果默认的模式为“正片叠底”，发光效果默认模式为“滤色”。

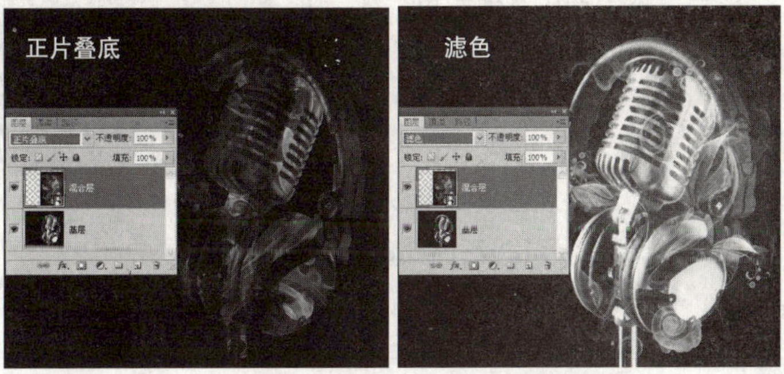

图4-47

“颜色加深”和“颜色减淡”：这两个模式的结果色与图层的顺序有关系，即“混合色”与“基色”的上下位置颠倒，结果色会不一样。“颜色加深”是基色根据混合色的明暗程度来变化（即混合色的明暗度控制基色的变化），混合色越暗改变基色的能力越强，即基色变得越暗；混合色越亮改变基色的能力越弱，基色变黑越不明显；任何混合色都不能改变白色的基色。根据上述得出结论，“颜色加深”的结果色显示“基色”较多的图像细节，结果色变暗并增大反差。“颜色减淡”作用效果则相反，如图4-48所示。

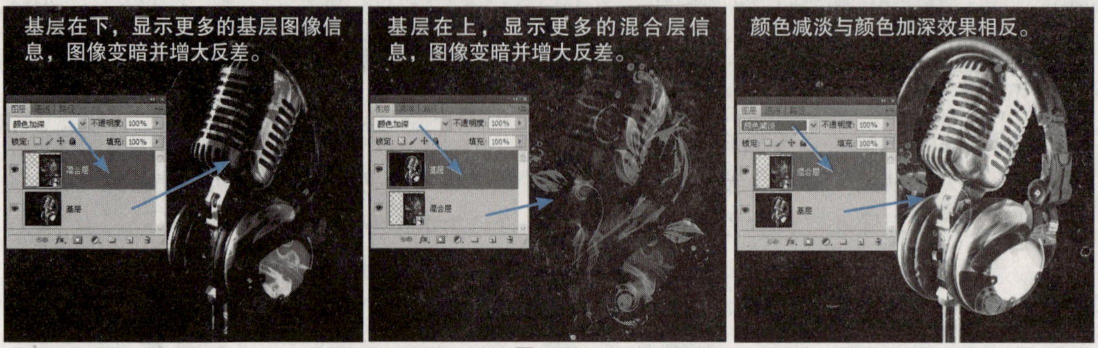

图4-48

“线性加深”和“线性减淡”：“线性加深”可以得到较暗的结果色，并且结果色明暗过渡平滑，不会出现增大反差的效果；“线性减淡”效果与之相反，如图4-49所示。

提 示

变暗组按在图层调板中的排列顺序，结果色也变得越来越暗；变亮组按排列顺序则越来越亮。

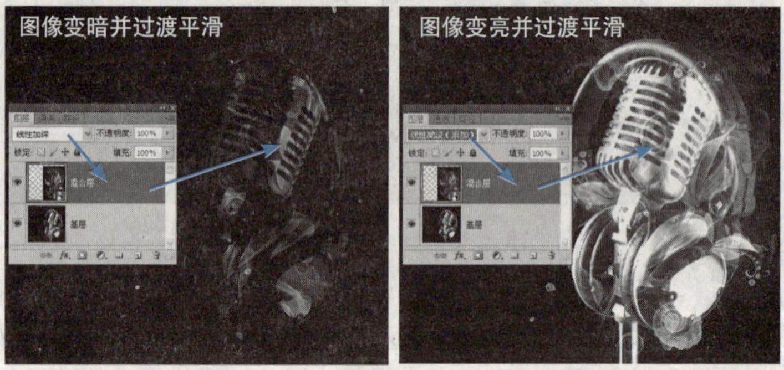

图4-49

“深色”和“浅色”：这两个选项与“变暗”和“变亮”效果相似，不同的是“深色”和“浅色”不会产生其他颜色，结果色都取自混合的两个图层，如图4-50所示。

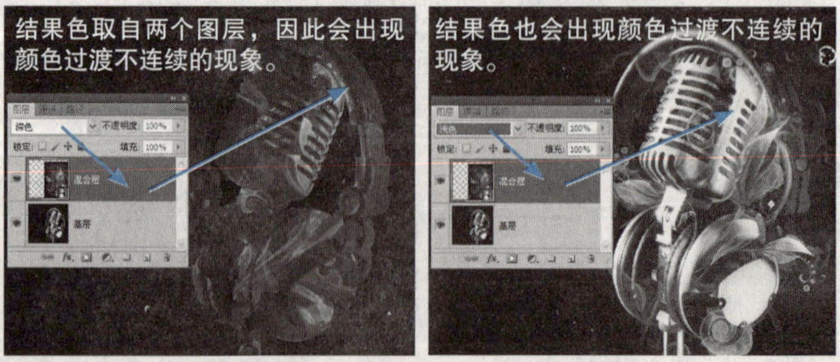

图4-50

反差组：该组包含7个选项，应用了该组混合模式可以提高图像的反差，与128灰色混合不产生效果。

“叠加”、“柔光”和“强光”：“叠加”模式的结果色与图层顺序有关，如果基色比128灰色暗，基色与混合色以“正片叠底”模式混合，如果比128灰色亮则以“滤色”模式混合，因此结果色更多显示基层的图像细节并增加反差；“柔光”与“叠加”相似，但是结果色反差相对较小；“强光”与“叠加”唯一不同的是，以“滤色”或者“正片叠底”与基色进行混合，由混合色的明暗度来决定，因此混合效果更多显示混合层并增加反差，如图4-51所示。

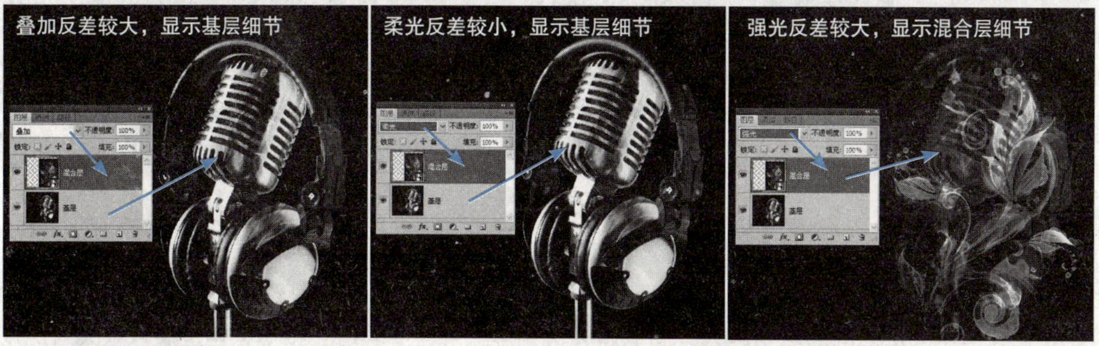

图4-51

问答 5

在图像合成时如何判断该使用何种混合模式？

进行图像合成时，根据混合模式的特性和需求的效果来设置混合模式，合成的时候如果需要保留图像较亮的像素而屏蔽较暗的像素，可以选择变亮组，如合成水花、白色婚纱、发光的物体等；需要保留较暗像素的时候可以选择变暗组，如合成头发等；反差组常用来使图像清晰，如图4-52所示。

图4-52

“亮光”、“线性光”、“点光”和“实色混合”：这4个模式的结果色与图层的顺序有关系，即“混合层”与“基层”的上下位置颠倒，结果色会不一样，它们都是由混合色控制的模式。“亮光”的混合色比128灰暗，与基色以“颜色加深”模式混合，与128灰亮以“颜色减淡”模式混合；“线性光”暗调部分以“线性加深”模式与基色混合，亮调部分以“线性减淡”模式混合；“点光”暗调部分以“变暗”模式与基色混合，亮调部分以“变亮”模式混合；“实色混合”混合效果最硬，中间没有过渡色，只能得到R、G、B、C、M、Y、黑、白8种纯色，如图4-53所示。

图4-53

比较模式组：其中共有4个选项，“差值”和“排除”的结果色与图层顺序无关，“减去”和“划分”则与图层顺序有关。“差值”是两个参与混合的图层中用较亮的颜色减去较暗的颜色，因此两个图层之间的差别越大，图像越亮；“排除”与“差值”相似，但是混合效果对比度较低；“减去”结果色显示更多的基色细节，是用基色减去混合色，因此在基色暗调处颜色变化较小，在亮调处会出现混合色反相的效果；“划分”结果色呈现高反差并显示更多的基色细节，混合色越暗改变基色变亮的能力越强，反差越大，如图4-54所示。

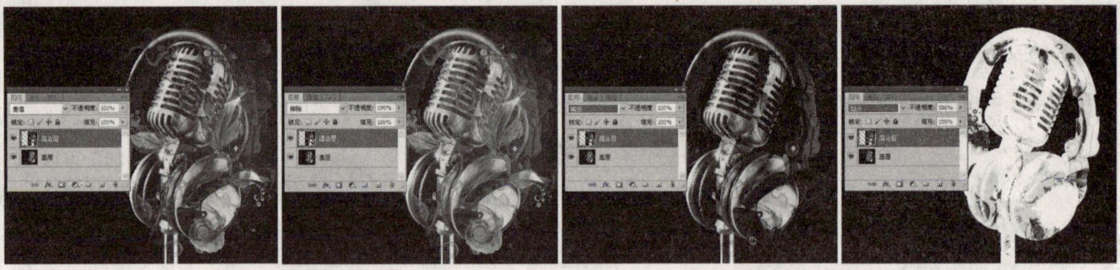

图4-54

着色组：该组模式相对比较简单。“色相”用基色的明亮度、饱和度与混合色的色相创建结果色；“饱和度”用基色的明亮度、色相与混合色的饱和度创建结果色；“颜色”用基色的明亮度与混合色的色相、饱和度创建结果色；“明度”用基色的色相和饱和度以及混合色的明亮度创建结果色，此模式效果与“颜色”模式相反，如图4-55所示。

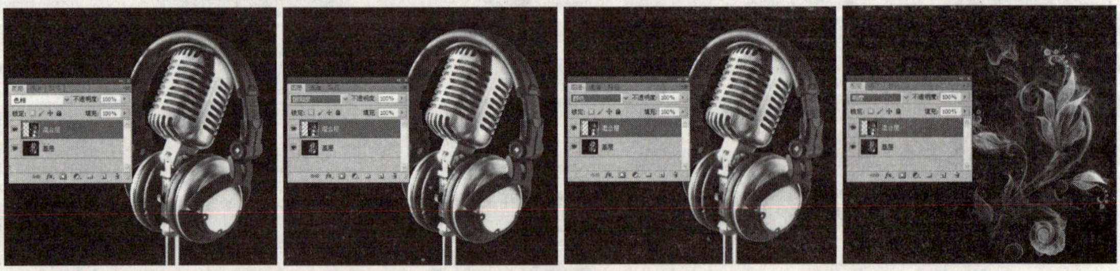

图4-55

4.2 小结

图层是Photoshop的核心功能，它承载了图像的所有的编辑操作。其中图层的样式和图层的混合模式又是图层中最重要的功能，在平面设计中应用广泛，要出好的作品就要掌握这些知识。

- 应用蒙版
- 通道的基础知识
- 通道的进阶知识
- 蒙版通道综合案例

第5章 蒙版通道应用知识

编者心得

踏入蒙版和通道，就像进入一个黑白世界，这里没有色彩，只有黑白灰三种颜色，掌握这三种颜色所表示的含义，才能真正理解蒙版和通道。

5.1 应用蒙版

蒙版是Photoshop中重要的功能之一，建立在图层上的蒙版控制着图层图像像素的显示和隐藏，实现图像的合成。合理的应用蒙版能够合成出漂亮的效果。学习蒙版、理解其行为方式，其关键是理解蒙版的黑白灰色与显示、隐藏的关系，黑白灰色与选区的关系。

5.1.1 蒙版的类型之快速蒙版

蒙版大概可以分成4种类型，快速蒙版、剪贴蒙版、图层蒙版、矢量蒙版，其中，最重要的是图层蒙版，因此本书重点对图层蒙版进行讲解。

快速蒙版：该蒙版用于快速地修改选区。Photoshop提供直接编辑和修改选区的方式并不多，并且在编辑的时候常常由于误操作将辛苦建立的选区丢失，因此将选区转化为快速蒙版，然后放心大胆地使用多种工具或者命令来编辑这个蒙版，最后再转化成选区即可，如图5-1所示。

可用于直接编辑选区的功能不多，如可以使用选项栏中的羽化等功能。

应用了快速蒙版可以调用多种工具来编辑蒙版，也可以使用更加高级的命令来编辑快速蒙版，如使用滤镜和调整命令等，这样转换后得到的选区将更加符合需要。

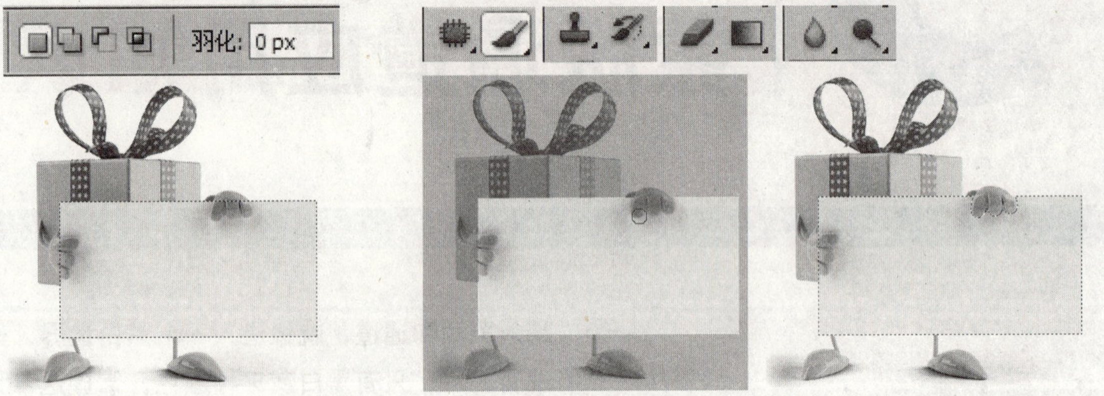

图5-1

单击工具箱中的按钮可以建立快速蒙版。如果当前的文档中有选区，那么选区内即选中的区域显示为图像本色，选区外即不选中的区域显示为红色。建立快速蒙版之后，就可以选择工具或命令对蒙版进行改造了。编辑完成之后再次单击按钮可以将蒙版转化成选区，如图5-2所示。

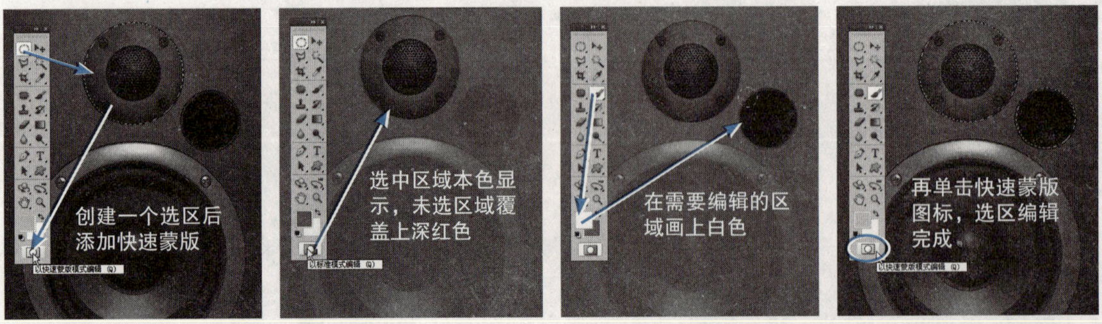

图5-2

问答 1

如何理解快速蒙版的行为方式，应该掌握哪些技术要点？

快速蒙版是覆盖在图层上的一块遮片，其上只能添加黑、白、灰3种颜色，一定要理解这3种颜色与选区之间的关系。在文档的某区域添加黑色，显示为该区域被覆盖上一层深红色；当添加灰色，显示为覆盖一层浅红色；白色则为本色显示。深红色（即黑色）表示不选择，浅红色（即灰色）表示部分选择，本色（即白色）表示全选，如图5-3所示。单击按钮 可以在快速蒙版和选区之间切换，此时应该注意当前编辑的是图层还是快速蒙版，可以通过标题栏来判断编辑的对象是图层还是快速蒙版，如图图5-4所示。

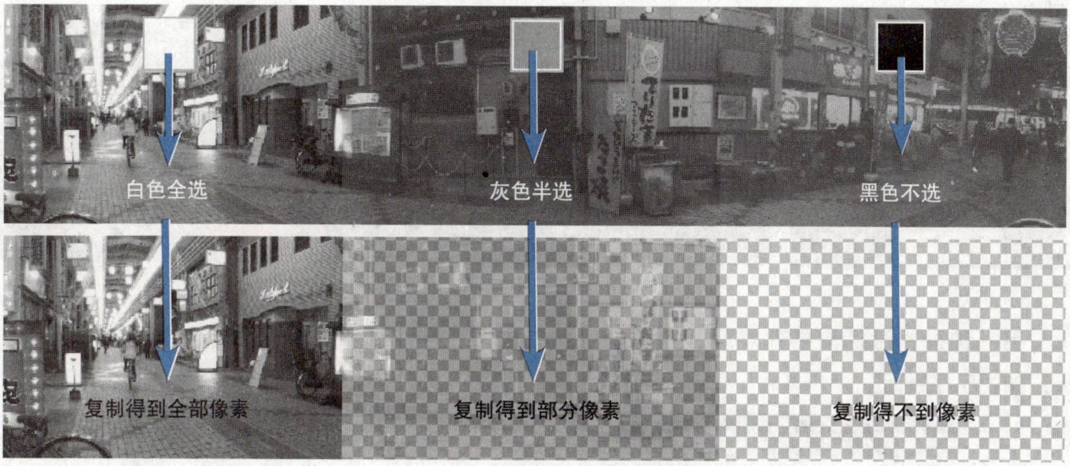

图5-3

图5-4

5.1.2 蒙版的类型之图层蒙版

图层蒙版是最常用到的蒙版，蒙版通过有选择、有程度地显示和隐藏图层的像素，以实现图层之间图像的合成。图层蒙版必须是依附在图层上的，除了背景层外其他所有类型的图层都能建立蒙版，如图5-5所示。

图5-5

建立图层蒙版有两种方法。一种是，激活需要建立蒙版的图层，在【图层】→【图层蒙版】菜单中选择其中一项，选中的项目不一样，得到的蒙版也不一样，如图5-6所示。

图5-6

另一种是，激活需要建立蒙版的图层后，单击【图层】调板中的◘按钮，即可得到图层蒙版，如图5-7所示。

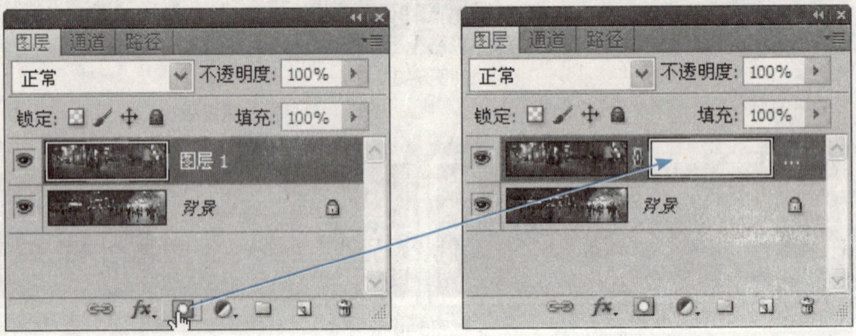

图5-7

提 示

建立图层蒙版之后可以应用多种工具和命令对其进行编辑，在编辑之前要确定此时操作的是图层还是蒙版，如图5-8所示。

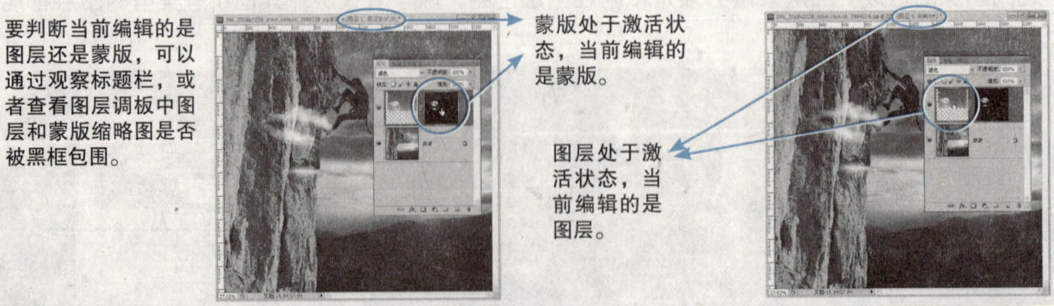

图5-8

编辑蒙版的工具和命令很多，如使用【画笔工具】、【渐变工具】和【色阶命令】等，蒙版上的颜色只能出现黑、白、灰3种颜色，因此在蒙版上所有的操作就相当于编辑一张灰度图，如图5-9所示。

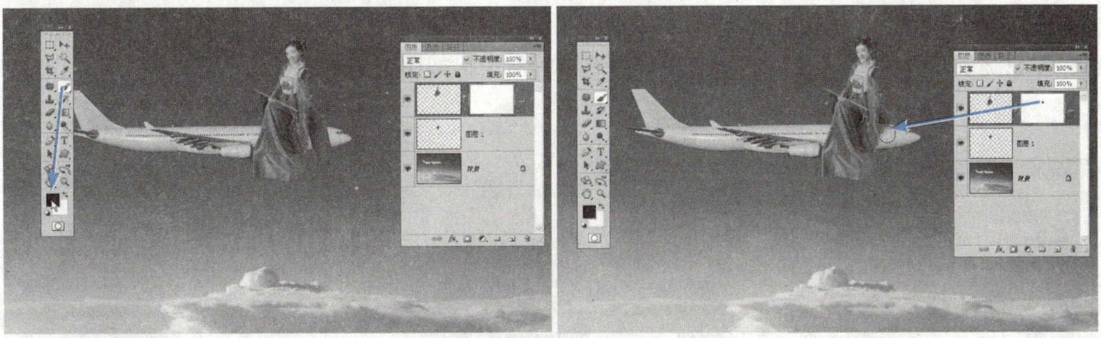

图5-9

提示

如果想要直接观察蒙版，可按住Alt键并单击蒙版缩略图，当前文档的图像内容切换为蒙版显示。如要切换回图层显示只需单击图层缩略图即可，如图5-10所示。

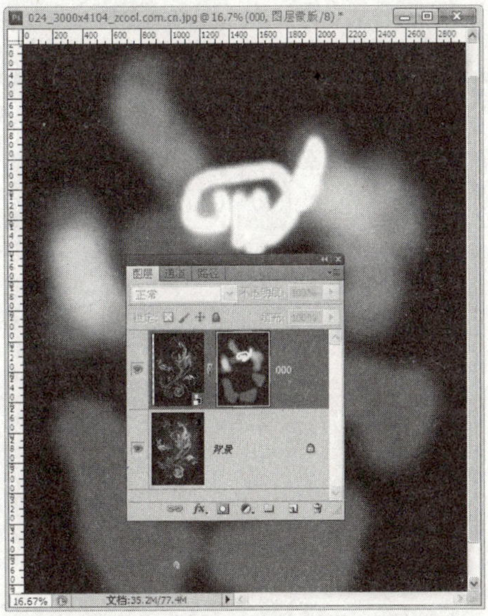

图5-10

提示

用蒙版使两个图层间自然融合，与使用【橡皮擦工具】产生的效果一致。但使用【橡皮擦工具】是直接在图像上进行操作，如果对融合的效果不满意，很难恢复图像原貌，而蒙版不是直接作用在图像上，对不满意的效果可以继续编辑蒙版或者将蒙版删除，原图并没有被破坏，如图5-11所示。

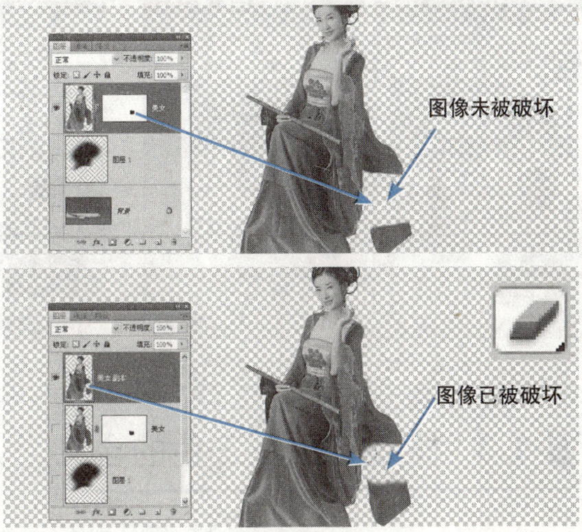

图5-11

问答 2

蒙版如此难以理解，要学好蒙版有什么捷径吗？

蒙版之所以让人难以理解，是因为蒙版相当于一个幕后之手，它在悄悄地控制着图像的变化，使用工具或者命令对蒙版所做的操作，不像直接对图层图像进行操作那样直观，要想学好蒙版，关键是理解黑、白、灰色是如何控制图像变化的。

在图层蒙版上单击右键，从弹出的菜单中选择其中的命令来操控蒙版。选择【停用图层蒙版】可以暂时关闭蒙版，以完整显示图层内容，此时蒙版出现一个红叉表示蒙版被关闭，如要恢复启用蒙版，单击图层蒙版缩略图即可，如图5-12所示；【删除图层蒙版】可以将蒙版删除，并且蒙版的作用也随之消失，【应用图层蒙版】是将蒙版删除的同时，将蒙版作用应用到图层图像上；【添加蒙版到选区】是将蒙版转换为选区的命令，如图5-13所示。

图5-12

图5-13

在某个图层上建立的蒙版可以移动到其他图层上。在【图层】调板的蒙版缩略图上按住鼠标左键拖曳，拖到其他图层上时松开鼠标即可，如图5-14所示。按住Alt键并拖曳图层蒙版，可以复制该蒙版到其他图层上；按住Alt+Shift键并拖曳图层蒙版，可以复制一个反向的蒙版到其他图层上，如图5-15所示。

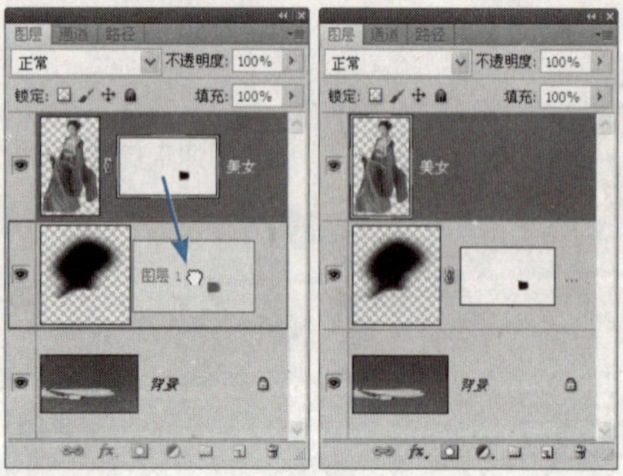

图5-14

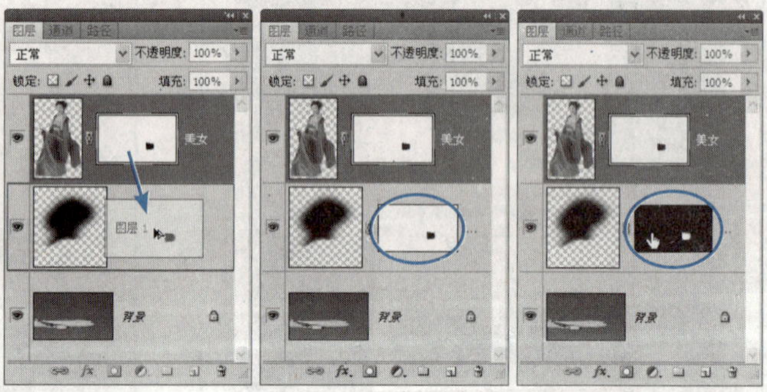

图5-15

5.1.3 蒙版黑白灰三色的含义

蒙版通过其上的黑白灰三色来表示选区的选择状态，并能控制图像的显示和隐藏，只有了解黑白灰色的具体含义，才能随心所欲的运用蒙版，并合成出高质量的图像。在此重点讲解图层蒙版的黑白灰的含义，对其他类型的蒙版也适用。

对于选择，初学者往往只停留在范围选择，也就是只能根据蚂蚁线的范围来判断选择是否存在，选择的范围有多大，而进入到蒙版的学习，我们需要明白选择不光有范围，还应该有程度，即选择的多少。通过蒙版的学习，也应该能摆脱蚂蚁线的束缚进入到黑白灰的世界，通过黑白灰的显示来判断选区的范围和选区的选择程度。蒙版上的黑白灰三色就是判断选择程度的依据，蒙版中包含了选区信息，蒙版和选区可以互相转换。

图层蒙版的黑白灰三色分别表示不选择、全部选择、部分选择；对屏蔽的作用分别是完全屏蔽、全部显示、部分屏蔽，如图5-16所示。

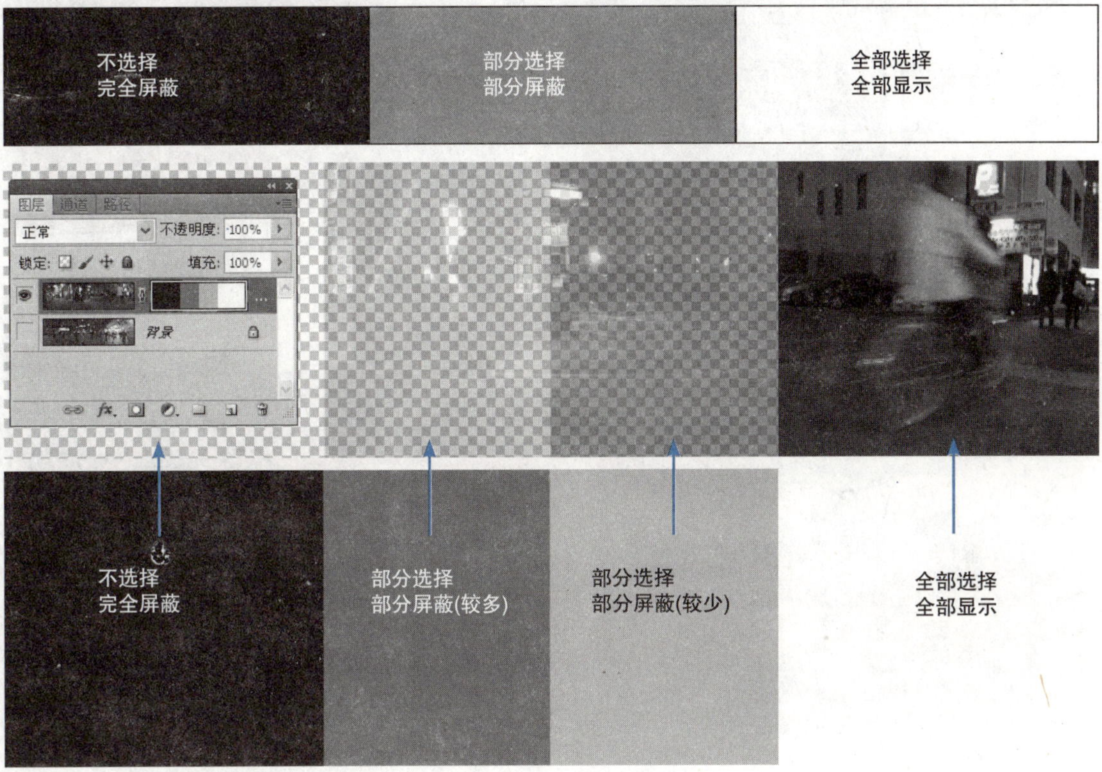

图5-16

由于蒙版上的黑白灰三色只是用于控制屏蔽和显示的区域，因此无论何种工具、何种命令，只要是能编辑蒙版上的这三种颜色就可以使用。图层上的图像需要屏蔽的地方着黑色，需要半屏蔽的地方着灰色，全部显示的地方着白色即可，如图5-17所示。

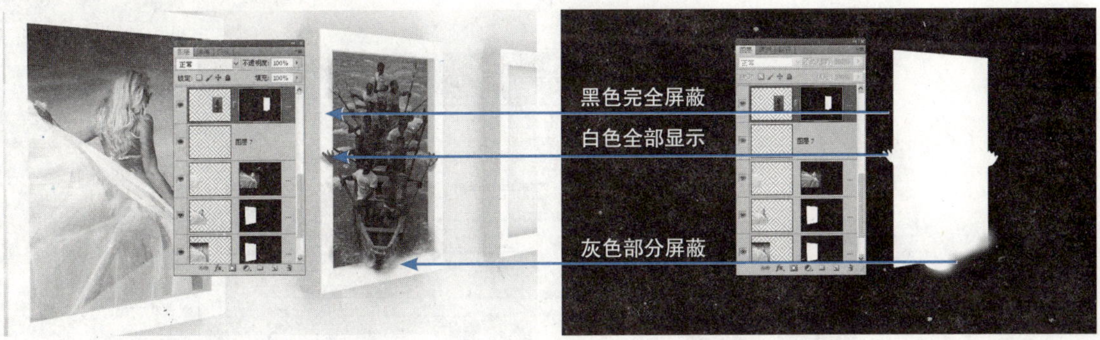

图5-17

如果文档中有选区，可将选区直接转换成蒙版，在【图层】调板的图标上单击鼠标左键即可；如果想继续编辑蒙版，需要在显示的地方着白色，屏蔽处着黑色；如果蒙版中包含选区，按住Ctrl键并单击蒙版，蚂蚁线出现在文档中，蒙版的选区被调用出来，如图5-18所示。

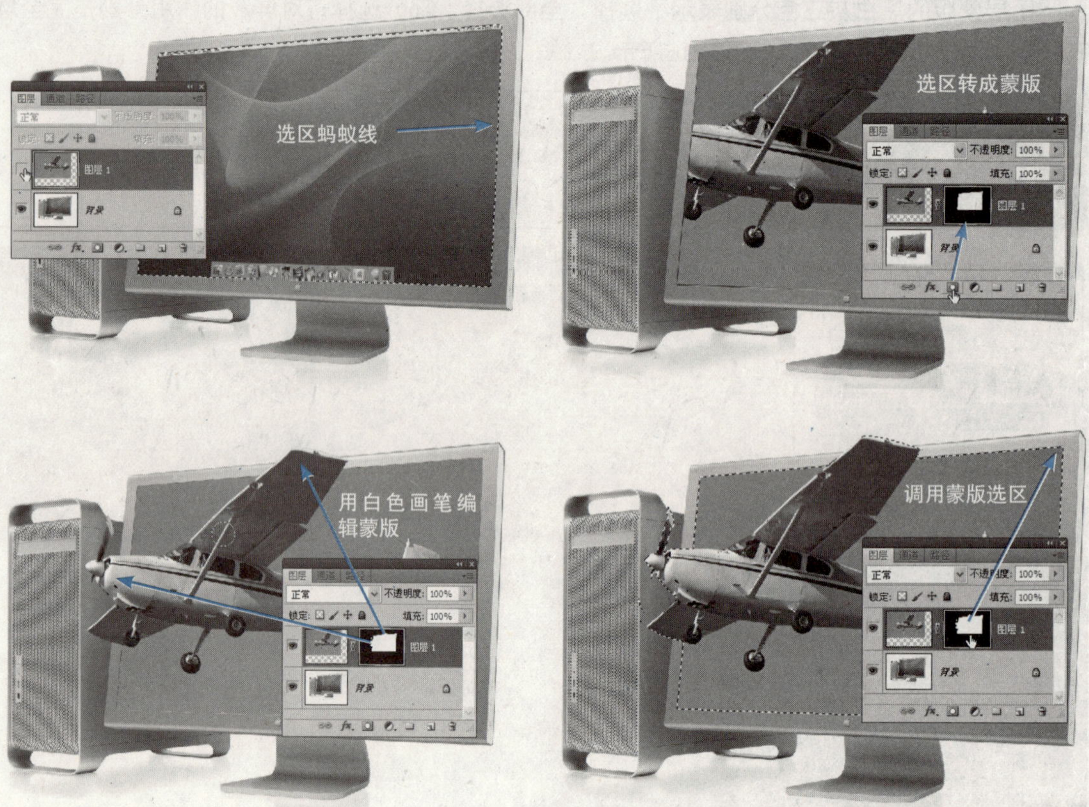

图5-18

5.1.4 蒙版之矢量蒙版

矢量蒙版是蒙版的另一种形式，通过路径建立蒙版来控制图层像素的显示和隐藏，路径区域内为显示，路径外为屏蔽。双击图层调板的◙按钮，居于图层栏右侧的蒙版为矢量蒙版，如图5-19所示。

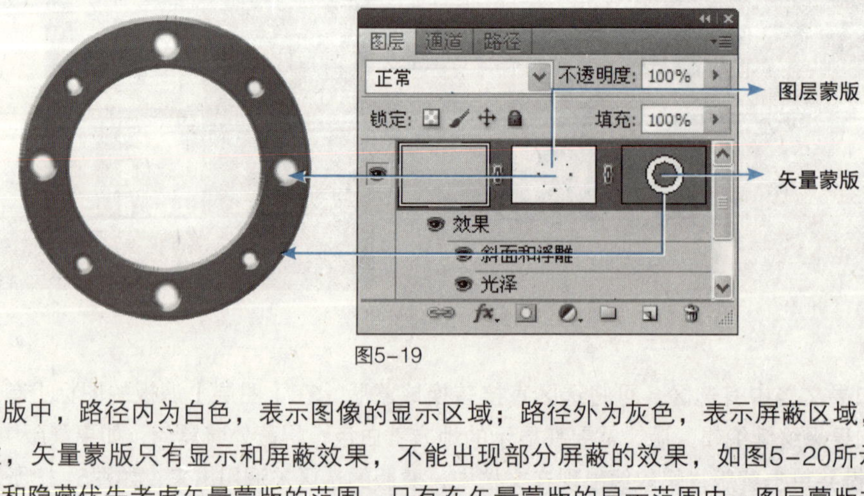

图5-19

在矢量蒙版中，路径内为白色，表示图像的显示区域；路径外为灰色，表示屏蔽区域，由于路径的矢量性，矢量蒙版只有显示和屏蔽效果，不能出现部分屏蔽的效果，如图5-20所示。图层图像的显示和隐藏优先考虑矢量蒙版的范围，只有在矢量蒙版的显示范围内，图层蒙版才能产生作用，如图5-21所示。

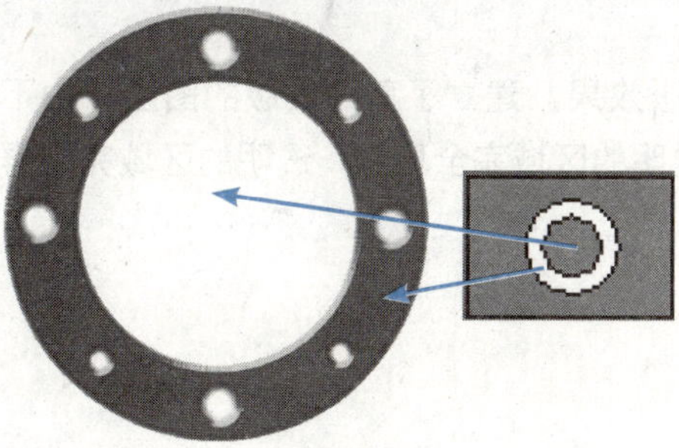

图5-20

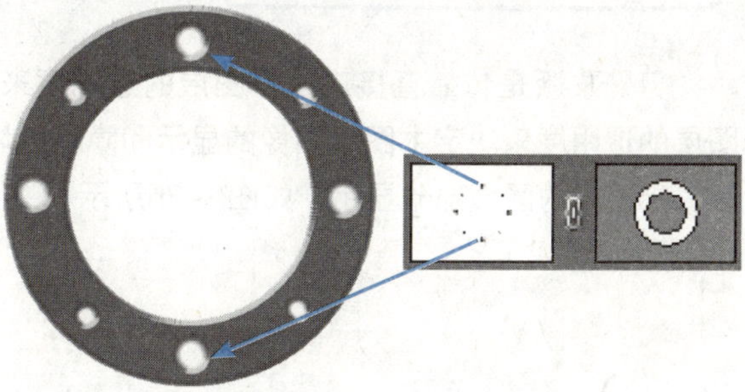

图5-21

在文档中如果已经建立路径，连续单击两次图层调板的□按钮，即可将路径转成矢量蒙版，如图5-22所示；如果没有先期设置路径，可以先添加矢量蒙版，然后在激活的矢量蒙版上绘制路径，该路径将直接应用到矢量蒙版中，如图5-23所示。

图5-22

图5-23

提 示

使用矢量工具绘制路径时，在选项栏中选择“形状图层”，绘制的路径将直接应用为矢量蒙版，如图5-24所示。

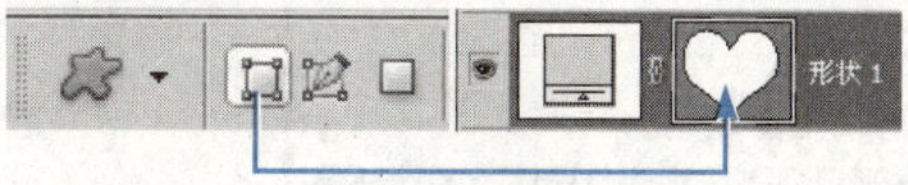

图5-24

在矢量蒙版缩略图上单击鼠标右键，从弹出的菜单中选择【停用矢量蒙版】命令可以暂时关闭矢量蒙版；选择【删除矢量蒙版】可以将矢量蒙版直接删除；选择【栅格化矢量蒙版】可以将矢量蒙版转换成图层蒙版。矢量蒙版中的路径与普通路径一样，如果要编辑该路径，只能通过选择工具箱中的矢量工具进行编辑，如使用【路径选择工具】□移动路径，使用【直接选择工具】□调整路径的锚点。

515 蒙版之剪贴蒙版

剪贴蒙版是依靠直接应用于图层的透明度来获得蒙版效果。建立了剪贴蒙版的图层，由下图层的透明度来决定本图层图像的显示和隐藏区域，不透明的区域完全显示，透明的区域完全屏蔽，半透明的区域部分显示，如图5-25所示。

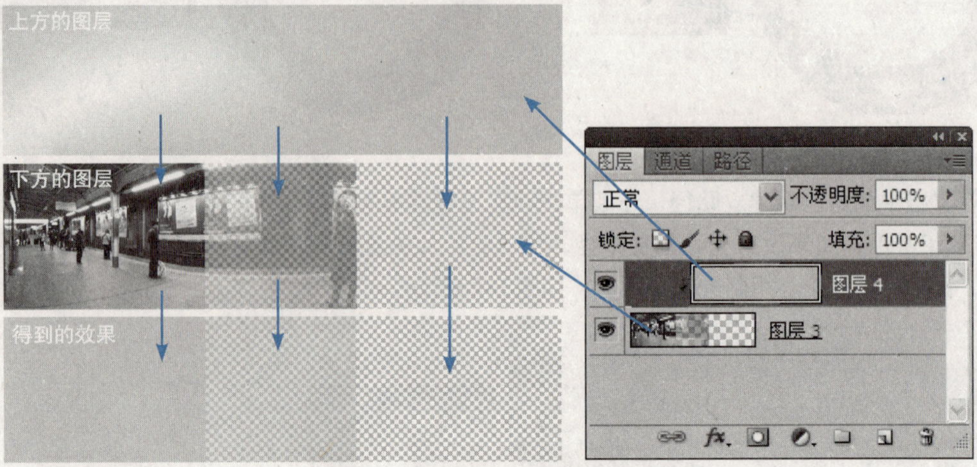

图5-25

建立剪贴蒙版的方法很多，一是选中需要建立剪贴蒙版的图层之后，选择【图层】→【创建剪贴蒙版】命令即可；二是在图层调板的图层上单击右键，从弹出的菜单中选择【创建剪贴蒙版】命令即可；三是按住Alt键，移动光标到两个图层之间的分隔线上，当光标变为时单击鼠标即可创建，如图5-26所示。需要取消剪贴蒙版，使用同样的操作即可。

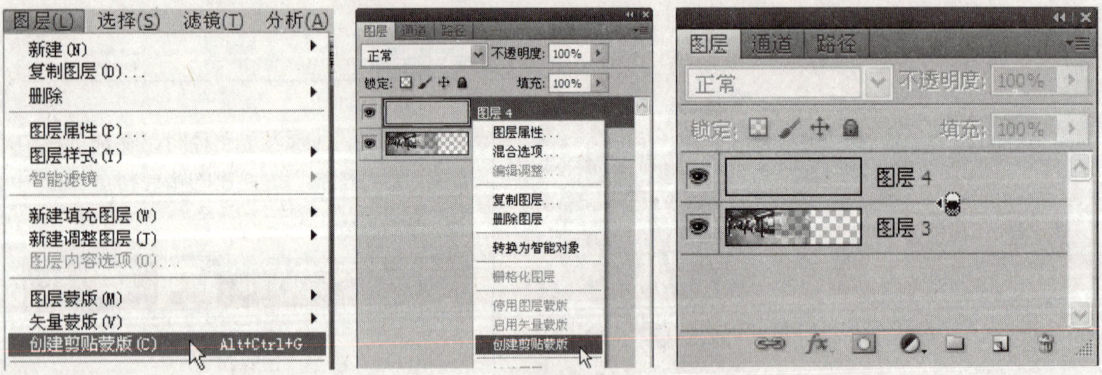

图5-26

问答 3

这几类蒙版何时用、何处用有什么规律吗？

在使用蒙版之前要清楚各种蒙版的特点，如只是为了快速地编辑修改选区，应该使用快速蒙版；为实现一个复杂的图像拼合制作，应该选用图层蒙版；如果需要拼合的边缘很硬，可以选择矢量蒙版；只需要根据下层图像来屏蔽本图层的，可以选择剪贴蒙版。

5.2 通道的基础知识

通道是储存颜色信息和选区信息的场所，通道用256的灰阶来记录图像的颜色信息和选区信息。

5.2.1 认识通道

图像文档的通道都被放置在通道调板中，通道与文档的颜色模式有关，通道的类型大致有3种，颜色通道、Alpha通道、专色通道，颜色通道包含复合通道和原色通道，如图5-27所示。

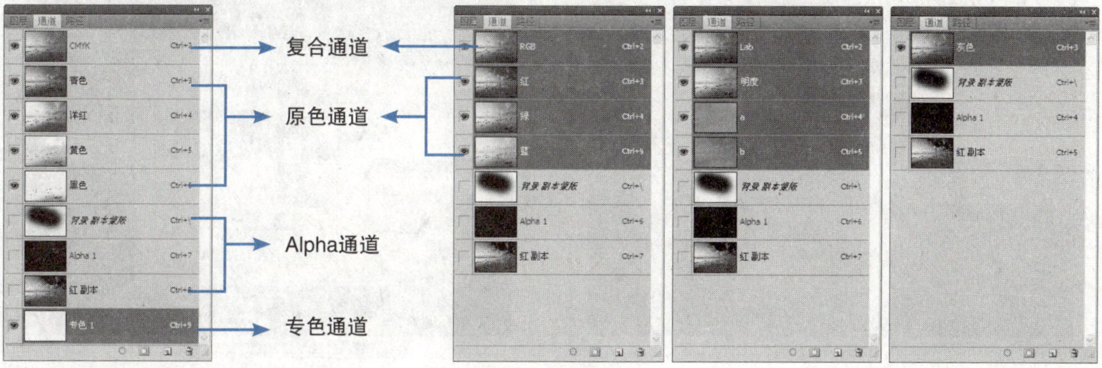

图5-27

RGB和CMYK颜色模式的图像最常见，在此主要针对这两种图像的通道进行讲解。通道调板与图层调板有些相似，复合通道中显示的缩略图与文档显示图像一致，复合通道下方是组成图像色彩的原色通道；每个通道的右侧是关闭/显示图标，用于显示和隐藏该通道；通道调板下方分布的按钮可以用来编辑通道，如图5-28所示。

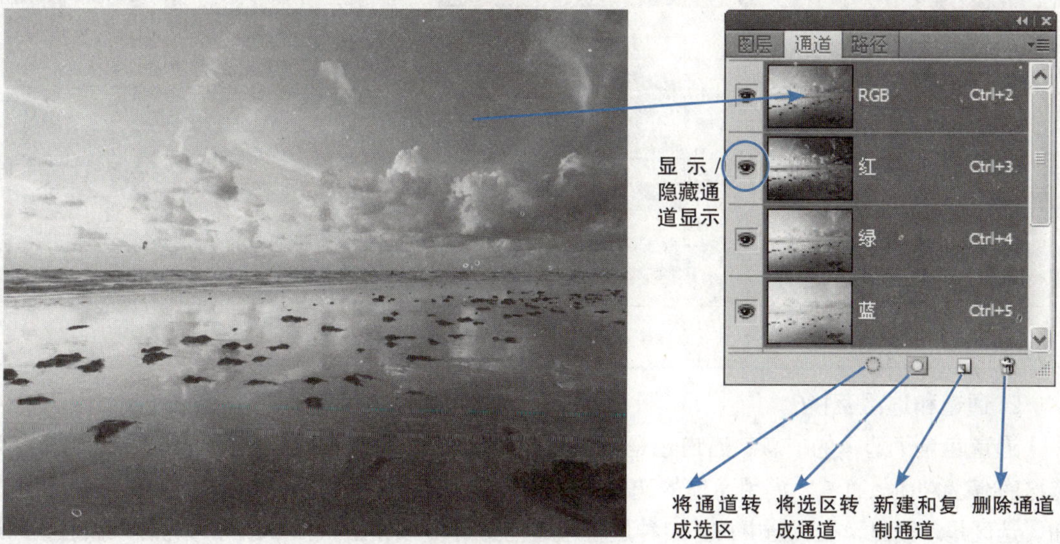

图5-28

5.2.2 操作通道

通过通道调板可以对通道进行操作，如选择通道、删除通道、通道和选区互换、新建和复制通道等。

1. 选择通道

默认状态下，复合通道是处于选中状态，此时复合通道呈蓝显，并且原色也为蓝显，如图5-29所示。当某个原色通道为蓝显，表示当前选择是该原色通道，其他通道的眼睛图标自动关闭，文档图像显示为当前激活的通道，如图5-30所示。可以通过文档标题栏来判断当前选中的是哪个通道。

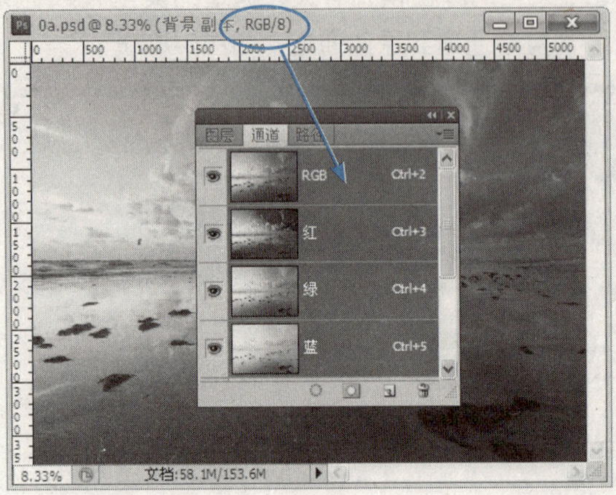

图5-29

图5-30

提 示

当单独的原色通道处于选中状态时，表示操作的是当前激活图层的选中通道，可以开启其他通道眼睛以观察图像效果，如图5-31所示。单独选中原色通道时，某些操作被禁止，如移动普通层的图像，如图5-32所示。

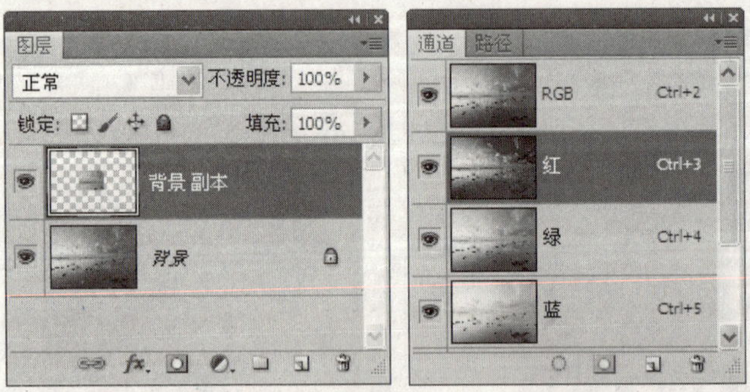

图5-31

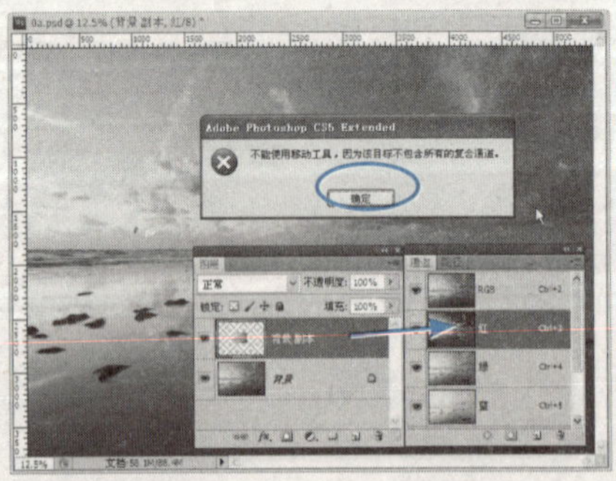

图5-32

2. 通道和选区互换

通道包含了选择的信息，通道也是保存选区的场所。文档中有选区，单击按钮可以将该选区存储为Alpha通道。调用通道的选区有多种方法，第一种是选中某个通道，然后单击按钮，选区蚂蚁线出现在文档中；第二种是将通道拖曳到按钮上，松开鼠标即可载入该通道的选区；第三种是按住Ctrl键并单击通道，即可将该通道的选区载入，如图5-33所示。

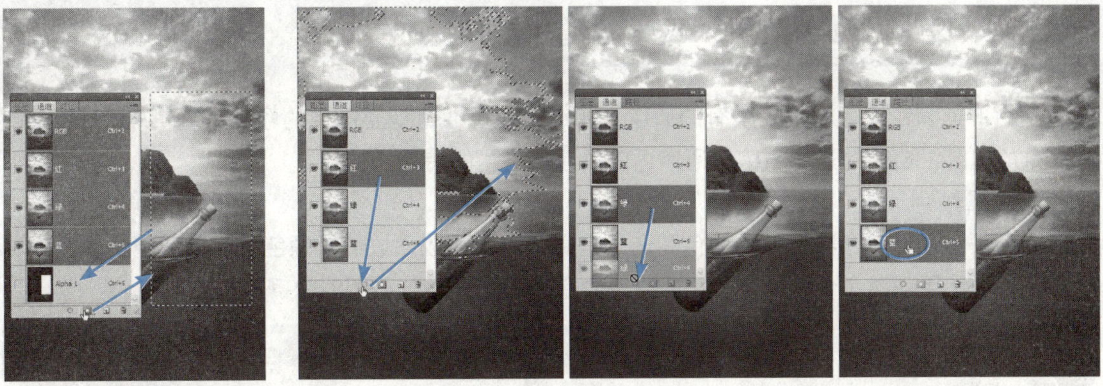

图5-33

3. 新建和复制通道

在通道调板中单击按钮，可以新建一个黑色的Alpha通道，并且新建的通道自动处于激活状态，如图5-34所示；将某个通道（除了复合通道）拖曳到按钮上松开鼠标，即可复制该通道为Alpha通道，如图5-35所示。

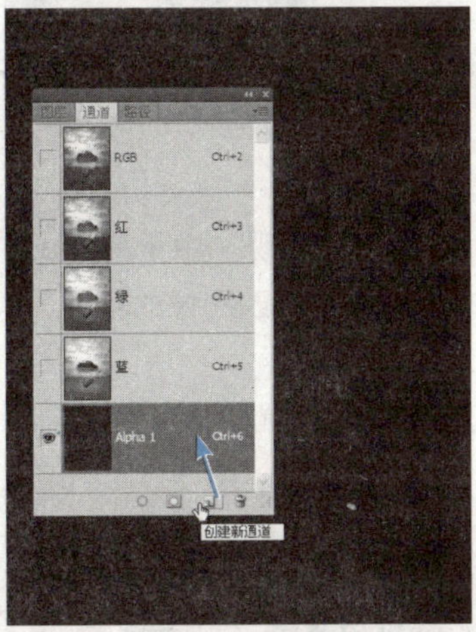

图5-34

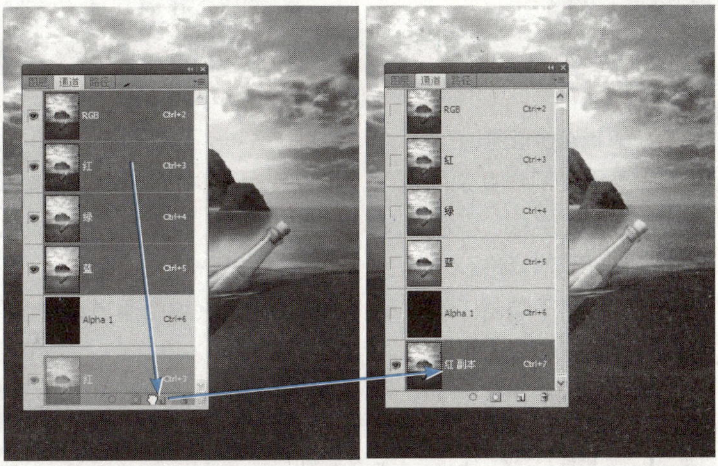

图5-35

4. 删除通道

选中某个通道，单击按钮，可以将通道删除，如图5-36所示；也可以将通道拖曳到按钮上，松开鼠标即可删除该通道，如图5-37所示。

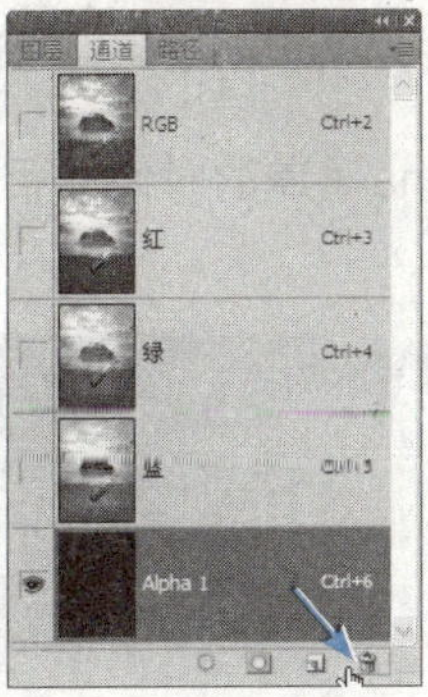

图5-36

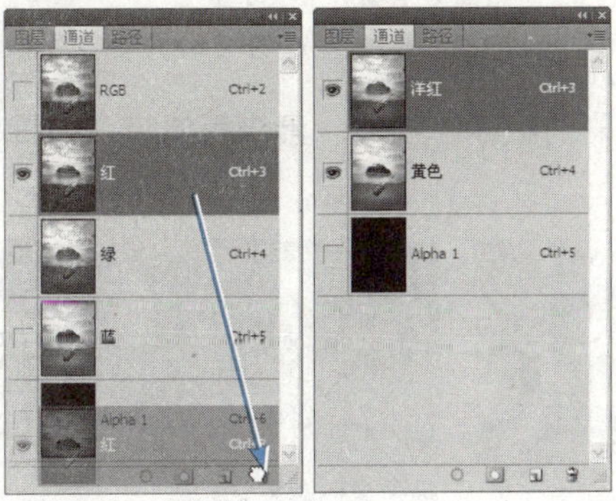

图5-37

提 示

除了颜色通道，其他通道可以重新编辑名称，双击通道的名称处出现编辑框，可以输入文字重新命名，如图5-38。

图5-38

5.2.3 使用工具和命令编辑通道

使用工具和命令可以编辑所有的通道，如编辑颜色通道调整图像的颜色，编辑Alpha通道创建复杂的选区，自如的运用、编辑通道可以设计出绚丽的特效。

1. 编辑颜色通道

由于颜色通道包含了图像的颜色和选区信息，因此可以通过编辑颜色通道来调整图像色彩和色调，通常使用调整命令中的色阶、曲线等命令来编辑通道，如图5-39所示。

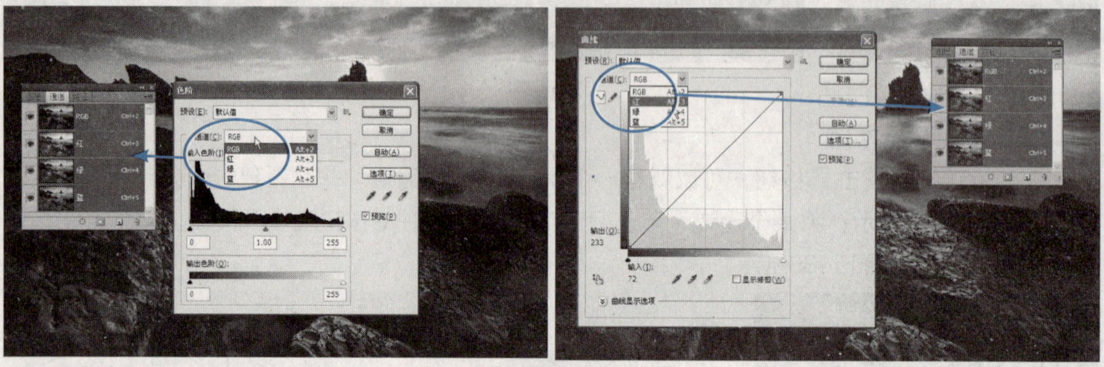

图5-39

2. 编辑Alpha通道

如果需要制作复杂的选区，可以使用多种工具和命令编辑Alpha通道来实现。由于Alpha通道只包含选区信息，不包含图像的颜色信息，因此对Alpha通道进行编辑不会修改图像的颜色。

（1）用工具编辑Alpha通道

所有的用于编辑图像像素的工具都能用来编辑通道，如画笔工具、渐变工具、橡皮擦工具、加深和减淡工具等，如图5-40所示。

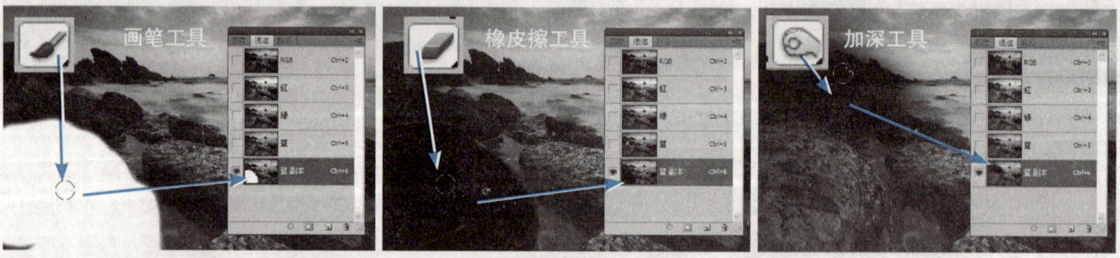

图5-40

（2）用滤镜编辑Alpha通道

多种滤镜可用于编辑通道，如云彩、模糊、扭曲、素描等滤镜，编辑Alpha通道的时候，相当于编辑一张灰度图，如图5-41所示。

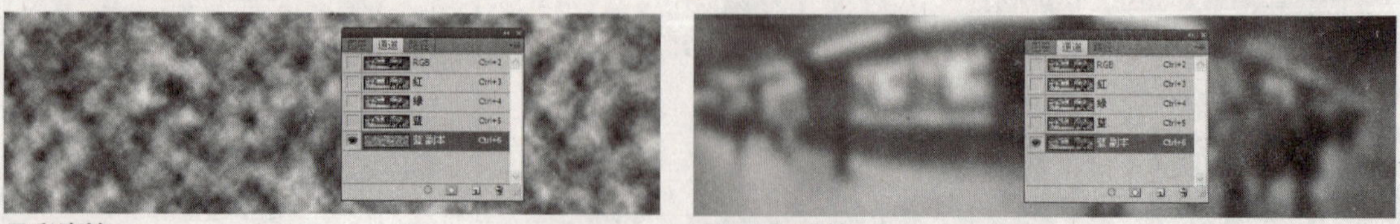

云彩滤镜　　高斯模糊滤镜

图5-41

（3）由【计算】命令生成Alpha通道

【计算】命令是将一系列复杂的功能打包到一个命令里。要用好【计算】这个命令，需要掌握通道、图层、蒙版、混合模式的原理，通过【计算】命令可以得到一个非常复杂的Alpha通道（或选区），如图5-42所示。

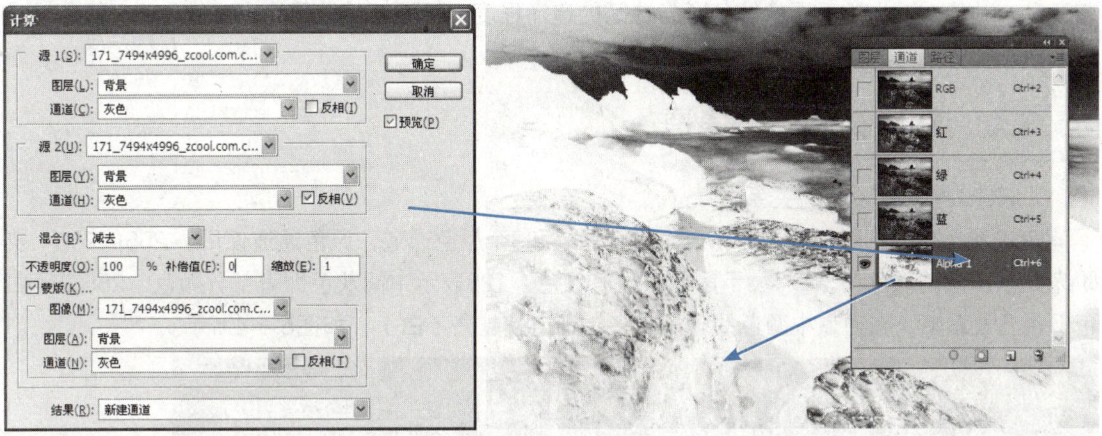

图5-42

【计算】命令是使用两个文档的通道，以某种混合模式进行混合运算来生成一个新的通道（选区）。【计算】命令与图层之间的混合运算相似，都有基色、混合色、混合模式、结果色，可以将【计算】命令看成两个灰度图图层之间的混合运算，如图5-43所示。

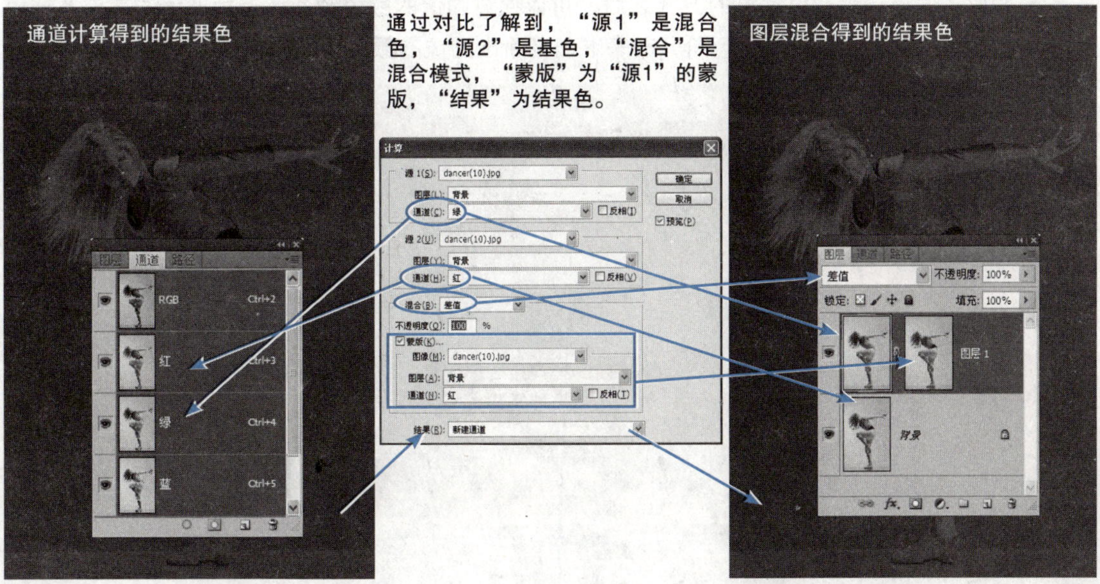

图5-43

【计算】命令中的“源1”和“源2”可以选择同尺寸的不同文档；在“图层”中可以选择文档中的不同图层；在“结果”中可以利用计算好的结果色生成通道、文档或者选区；“不透明度”是用于控制“源1”的不透明程度；如果勾选“反相”则是将通道图像的黑白颠倒。

5.3 通道的进阶知识

想要深入理解通道，一定要理解通道与颜色的关系，通道与选区的关系，通过通道中的黑白灰三色，就能准确地判断图像的色彩与选区的选择程度。下面针对常用的RGB和CMYK颜色模式的通道进行讲解。

5.3.1 深入了解RGB通道

1. RGB通道与颜色的关系

RGB颜色模式的图像通道分为一个复合通道和3个原色通道，原色通道使用0~255的256个灰阶来记录图像的颜色信息，0表示黑色即没有颜色、128表示中间灰色即有部分颜色、255表示白色颜色含量最多，在通道中颜色的含量越多，通道就越亮（白），如图5-44所示。

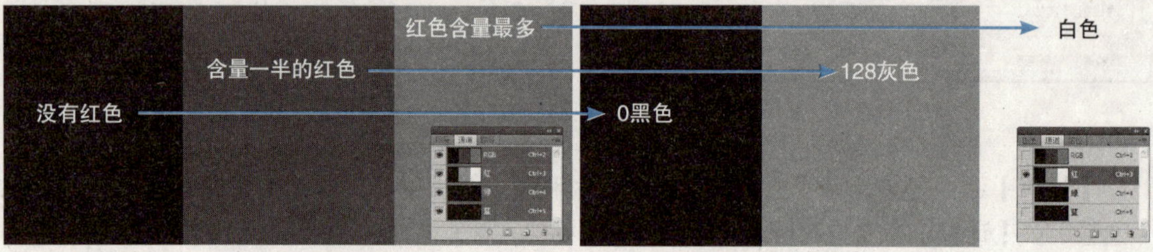

图5-44

当明白了通道记录颜色信息的方式之后，可以通过图像的颜色判断出原色通道的黑白灰三色的分布，当然也就能通过通道的色阶分布来准确判断出图像的颜色，如图5-45所示。

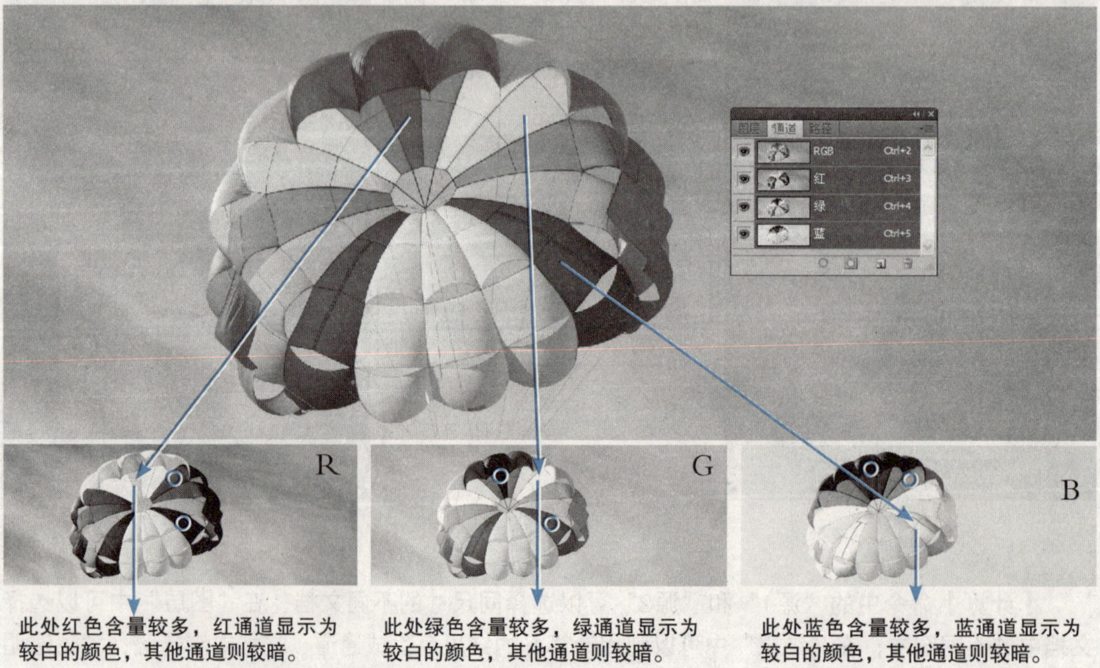

图5-45

问答 4

通道很难理解，有没有更好一些的办法理解RGB通道?

RGB模式是依色光混合叠加来形成多种颜色的，想象一下在一个暗室里（这样保证没有其他的光源干扰），分别照射255强度的三个RGB色光在墙上的同一个地方，在光源前放置一个遮片，黑色是不透光区域，白色表示完全透光，灰色表示能透过部分光，透过遮片的色光在墙上进行混合叠加形成颜色，也就是我们看到的彩色图像，如图5-46所示。

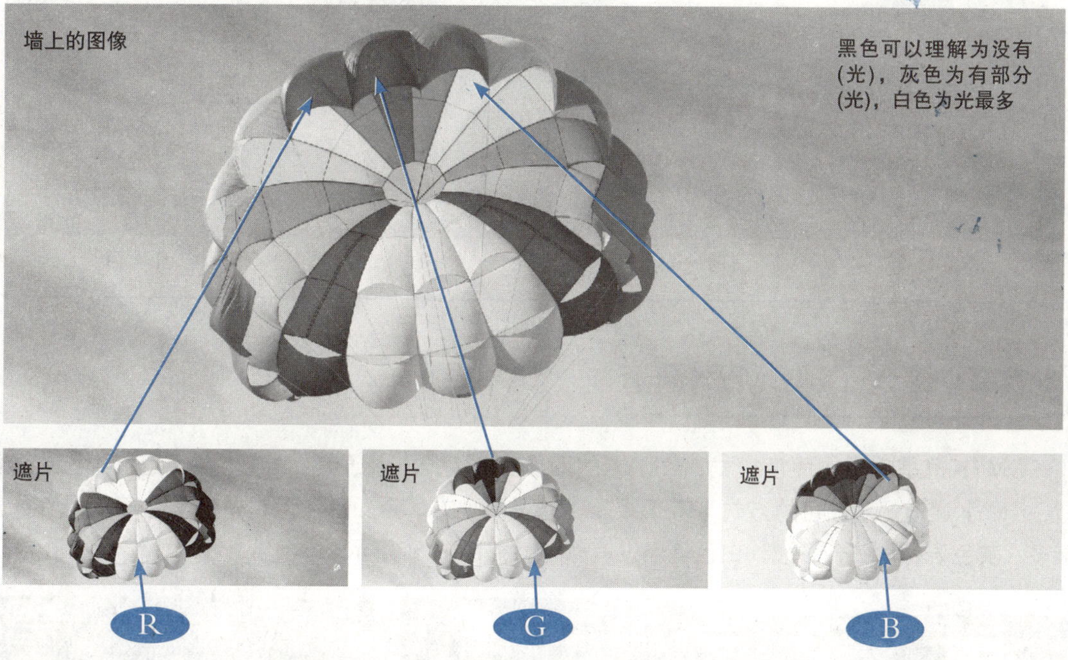

图5-46

2. RGB通道与选区的关系

通道包含了选区信息，它用0~255共256个灰阶记录文档中选区的选择程度，白色表示全部选择、灰色表示部分选择、黑色表示不选择。按住Ctrl键然后单击某个原色通道，蚂蚁线出现在文档中，可以看到黑白灰三色与选区的关系，如图5-47所示。

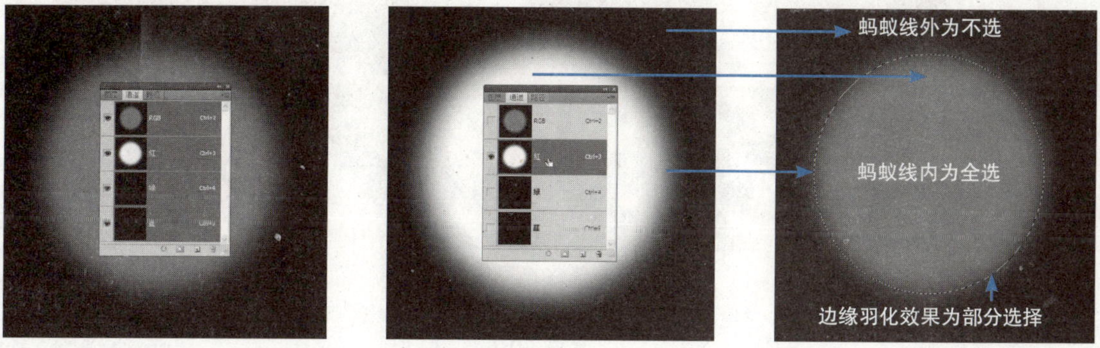

图5-47

提示

Alpha通道只包含选区的信息，白色表示全部选择，灰色表示部分选择，黑色表示不选择，Alpha通道在实际应用中主要用于储存选区和对选区所做的编辑与修改，如图5-48所示。除了颜色通道和专色通道，其他的通道都是Alpha通道，如新建的通道、复制的原色通道副本，蒙版也是Alpha通道，如图5-49所示。

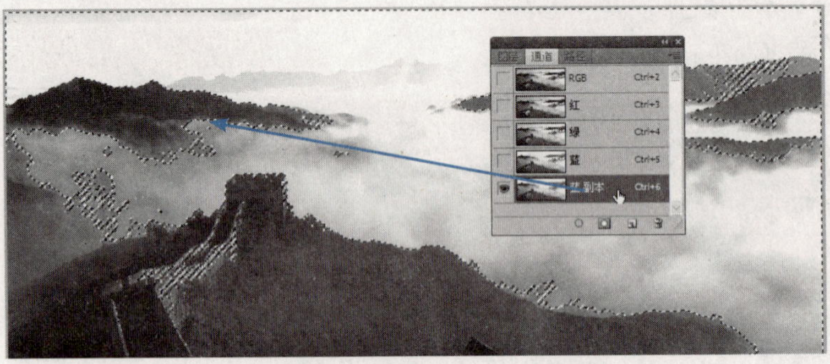

图5-48

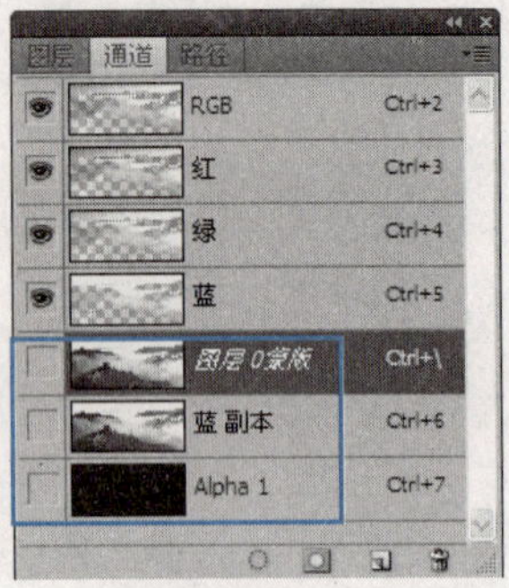

图5-49

5.3.2 深入了解CMYK通道

CMYK也是常用的颜色模式，CMYK的图像文档包含5个通道：1个复合通道和4个原色通道，CMYK通道记录颜色的方式与RGB相反，越黑的地方表示颜色含量越多，黑色表示颜色含量最多，灰色表示有部分颜色，白色表示没有颜色，如图5-50所示。

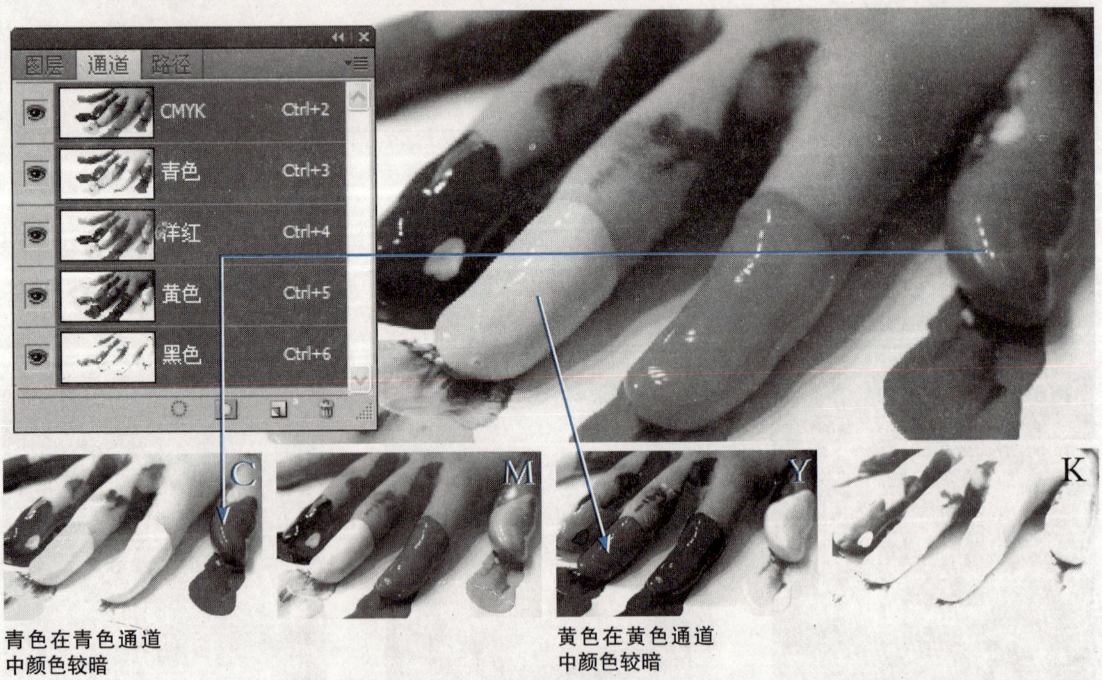

图5-50

问答 5

如何理解CMYK通道?

CMYK颜色模式是减色的，想象一下在白纸上放置一张遮片，用青色油墨墨辊碾过，遮片黑色区域吸收青色油墨，并传递到纸上显示青色，白色区域没有油墨显示为纸张的白色，灰色区域传递部分油墨显示淡青色；同样的位置、方法印上其他几种油墨，于是在纸上就能看到五颜六色了，如图5-51所示。

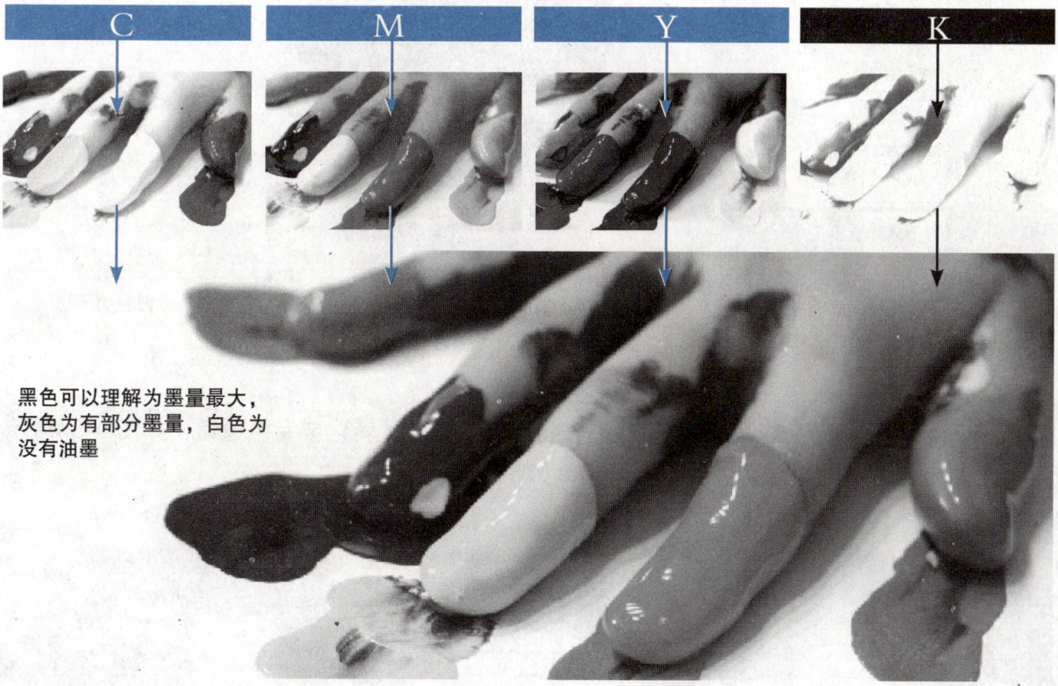

图5-51

CMYK颜色模式通道与RGB一样，白色表示全部选择、灰色表示部分选择、黑色表示不选择。

5.3.3 深入了解专色通道

专色是印刷中一种特殊的颜色，使用Photoshop设计作品时，对于专色应该设置专色通道，因为CMYK是印刷专用的颜色模式，因此设置的专色应该是CMYK模式。专色通道记录颜色信息的方式与CMYK原色通道记录方式一致，黑色表示颜色最多，灰色表示部分颜色，白色表示没有颜色，如图5-52所示。

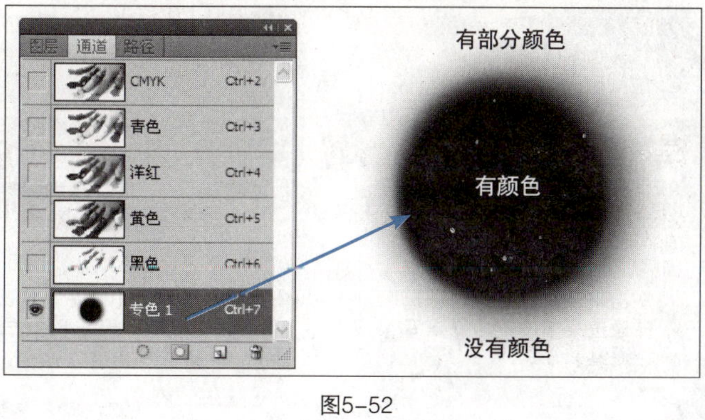

图5-52

专色通道记录选区信息的方式与其他通道不一样，黑色表示全选、灰色表示半选、白色表示不选，如图5-53所示。

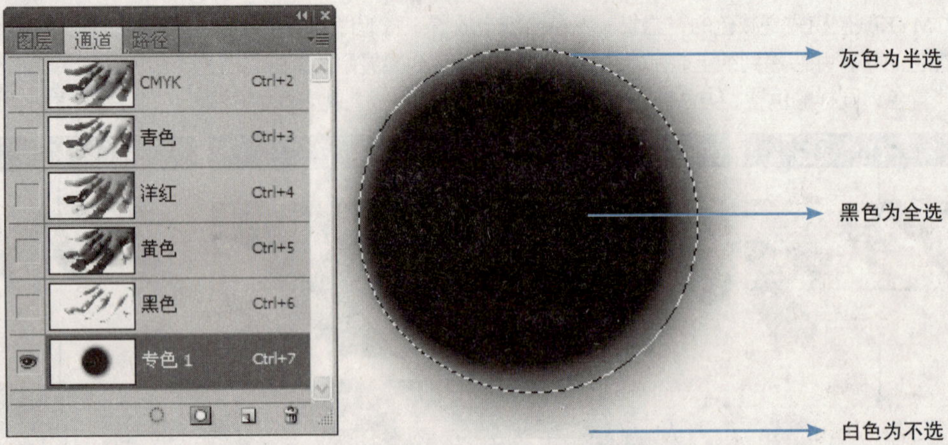

图5-53

新建专色通道：专色通道与Alpha通道一样，可以将选区转化成专色通道，如图5-54所示；也可以建立专色通道之后，在其上绘制颜色，如图5-55所示。

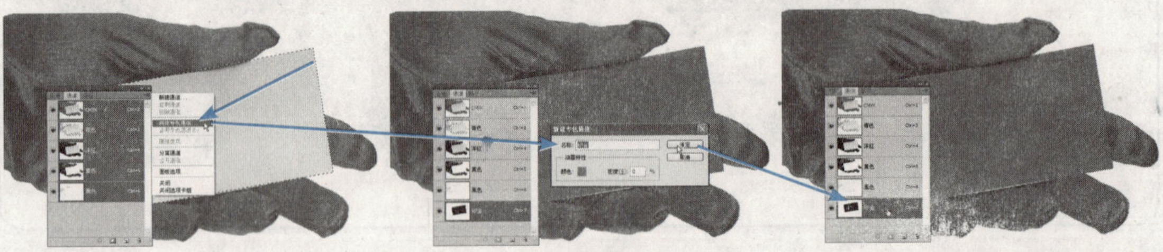

建立好选区之后，选择通道菜单中的【新建专色通道】命令。

可以设置“名称”为容易识别的名字，“颜色”与“密度”只是用于显示，选默认即可。

设置完成后选区被红色覆盖，表示此处应用专色，关闭专色通道眼睛可以显示原图。

图5-54

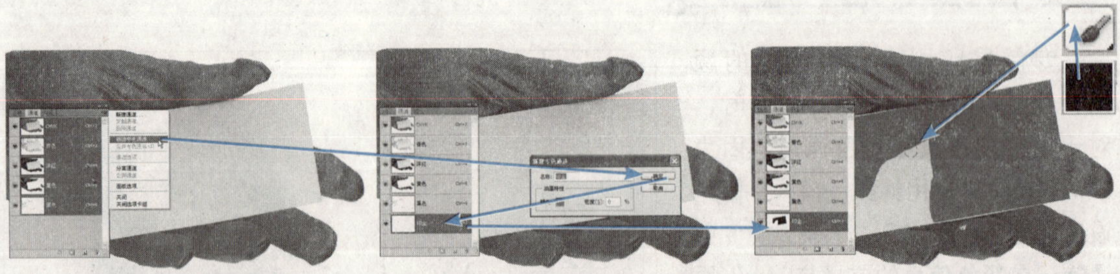

文档中没有选区存在，选择通道菜单中的【新建专色通道】命令。

设置完成单击【确定】按钮，此时得到一个白色的专色通道，表示没有专色油墨。

专色通道为激活状态，在需要应用专色的区域用黑色的笔刷进行涂抹，该区域显示为红色。

图5-55

问答 6

在实际工作中应用专色，要注意哪些重点？

印刷的专色（如印刷专金、专银、潘通色等）需要设置专色通道，多数的印后工艺（UV、烫金、起凸、模切等）也需要设置专色通道。在设置专色通道时，要注意三要素和三要点。

三要素为：位置、形状、大小。在设置专色之前，要确定在什么地方设置专色，要设置什么形状的专色，这个专色的面积有多大。通常由设计师与客户沟通来确定这些重要的信息，如客户要将刊物名称“足球名将”（形状）做烫金工艺，名称文字要求60磅（大小），放置在文档的左上方（位置），如图5-56所示。

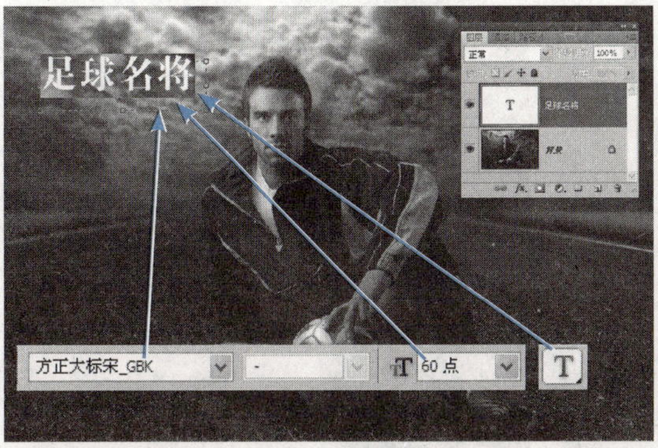

设置字体(形状)、字号(大小)，放置在文档左上方(位置)。

建立选区，这个选区将转化为专色通道。

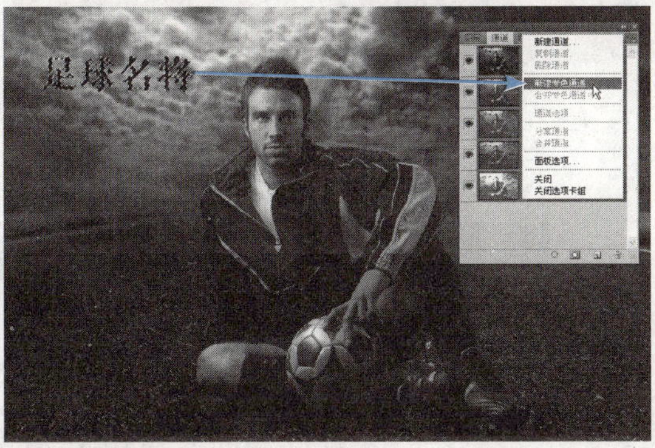

设置专色通道

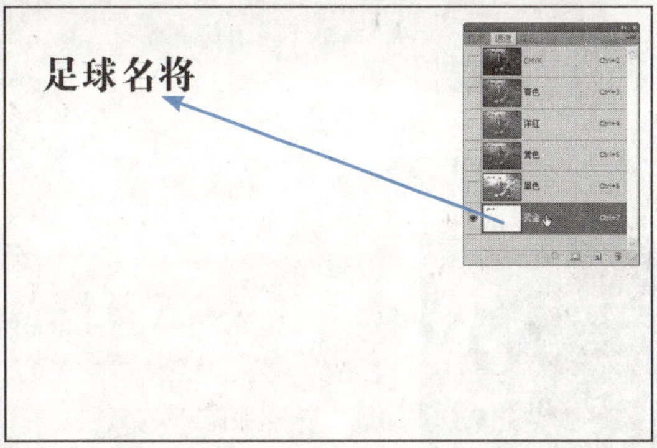

得到的专色通道

图5-56

三要点为：设置专色时要把握3个关系要点，颜色关系、虚实关系、叠套关系。颜色关系是指只有建立专色通道才能得到专色；虚实关系是指选区的选择状态，黑、白分别为不选和选，表示实，灰色为半选表示虚，多数的专色版不能出现虚化的专色通道，因此要保证专色通道非黑即白；叠套关系是指设置专色的区域底色是否需要镂空，底色不镂空为叠印，镂空为套印，套印容易出现露白现象，不会出现色差，叠印不会出现露白但容易引起色差，如图5-57所示。

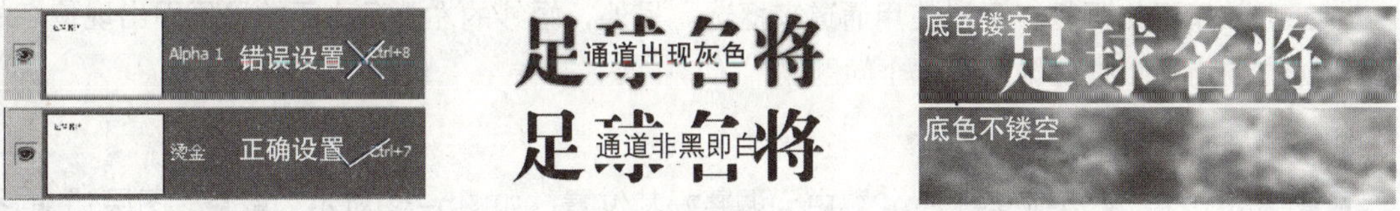

图5-57

5.4 蒙版通道综合案例

蒙版结合通道可以制作出绚丽效果，下面是一个很典型的蒙版通道案例，飘出像框外的婚纱是使用通道抠选出来的，划船的图像是使用蒙版合成的效果，如图5-58所示。

图5-58

1. 分析

要使船体部分冲出画框，使用蒙版来控制显示和隐藏的区域，可以很好实现该效果。要使婚纱以半透明效果飘出画框，可以使用通道来抠选。另外，婚纱的左上角由于拍摄原因出现偏红的现象，通过通道可以很好地解决这个问题。

2. 操作步骤

1 将“m1”文档拖曳到“m2”中，调整好其位置，如图5-59所示。调整“图层1”的不透明度为0，然后用【多边形套索工具】沿画框内边缘抠选，如图5-60所示。

图5-59

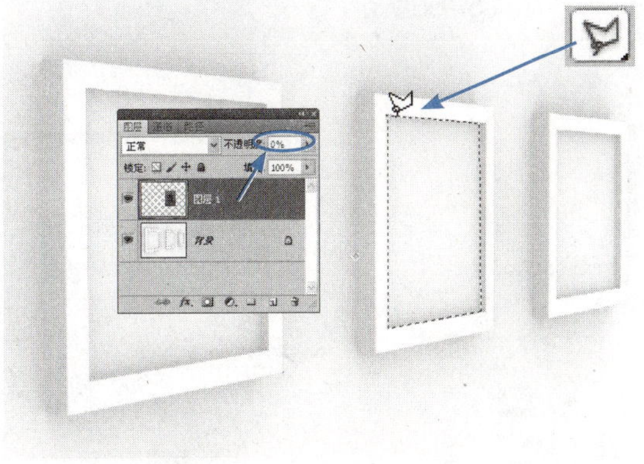

图5-60

2 将不透明度再设置为100%，为“图层1”创建图层蒙版，如图5-61所示。停用图层蒙版使“图层1”完全显示出来，用【多边形套索工具】抠选左侧的船桨，如图5-62所示。

图5-61

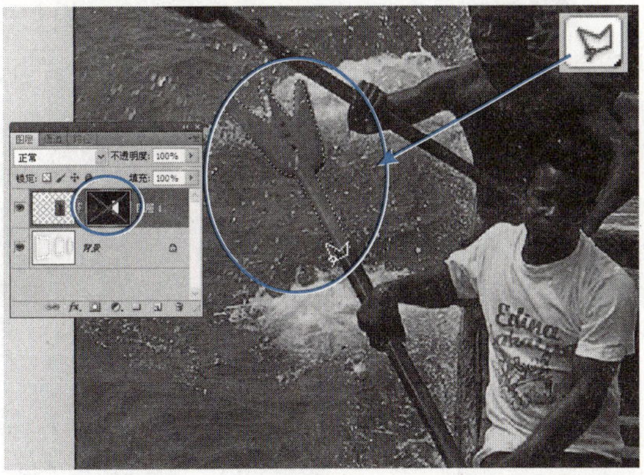

图5-62

3 单击蒙版恢复蒙版应用，在选区中填充白色，船桨显示出来，如图5-63所示。用同样的方法使右侧的船桨显示出来，如图5-64所示。

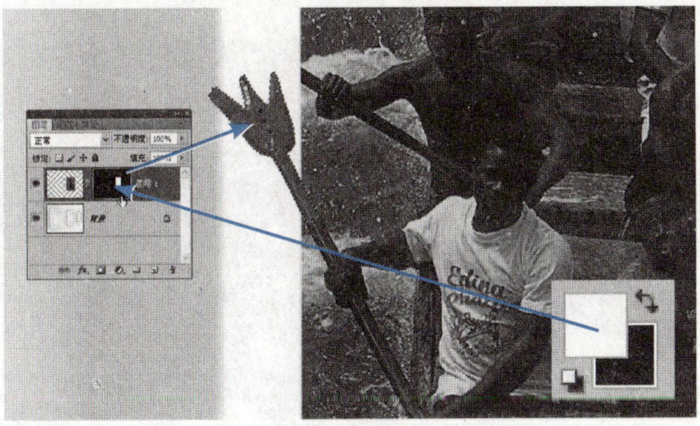

图5-63

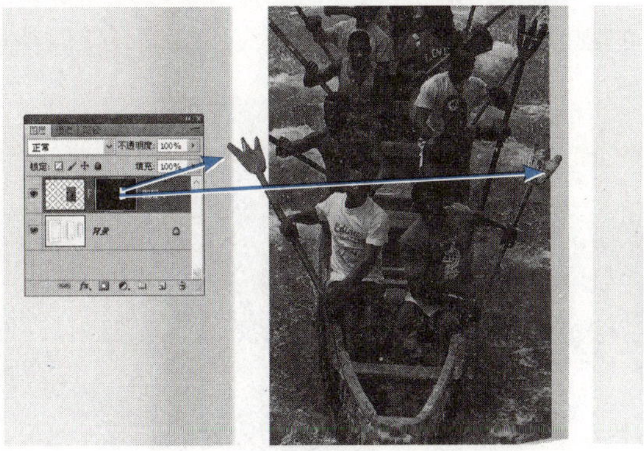

图5-64

4 新建“图层2”，绘制一个羽化值为15的椭圆选区，如图5-65所示。将选区转化为快速蒙版，然后按快捷键Ctrl+T旋转，伸缩快速蒙版，再使用【变形】命令调整蒙版形状使其与船桨贴合，如图5-66所示。

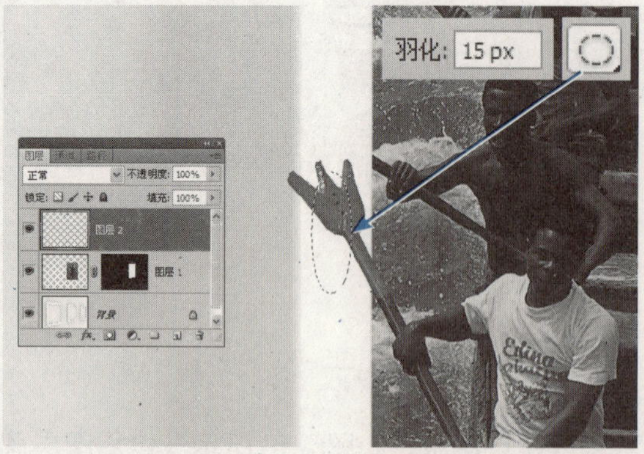
图5-65

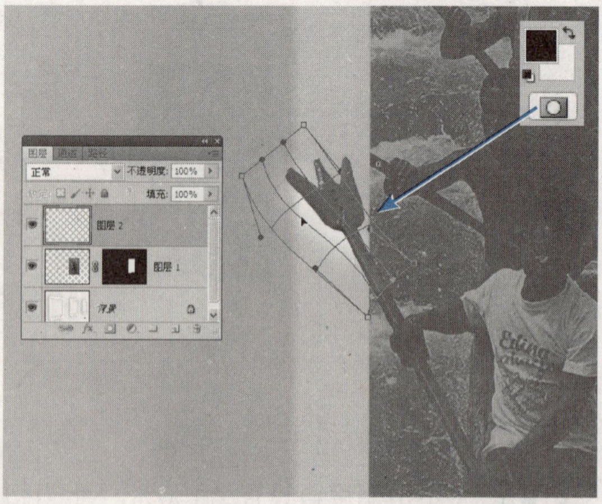
图5-66

5 单击快速蒙版按钮，修改好的选区出现在文档中，填充灰色，如图5-67所示，将“图层2”拖到“图层1”的下层，设置混合模式为“正片叠底”，如图5-68所示。

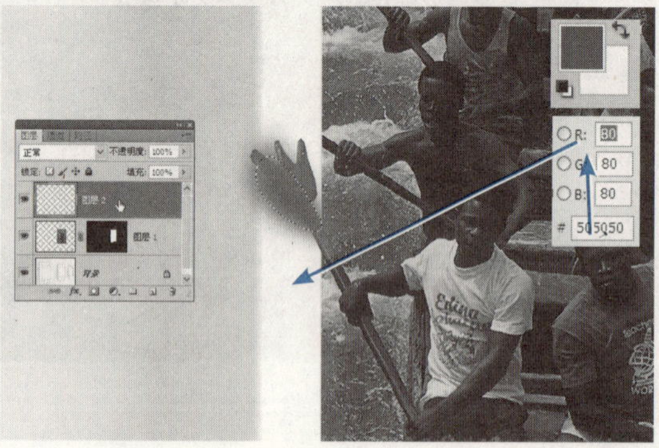
图5-67

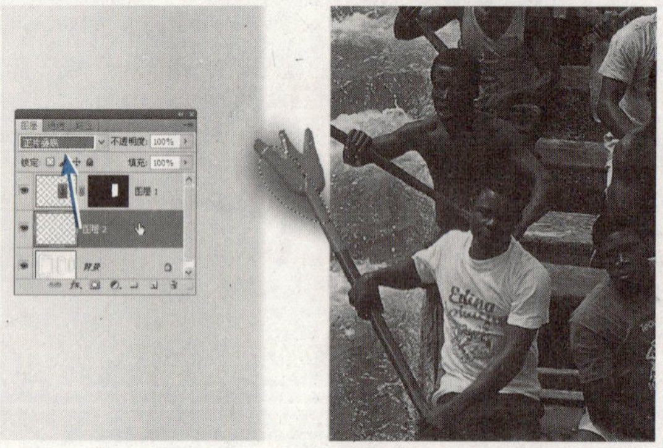
图5-68

6 新建“图层3”，用同样的方法设置右侧船桨的阴影，如图5-69所示，单击“图层1”的蒙版，使用白色画笔在船头处涂抹，使船头显示出来，如图5-70所示。

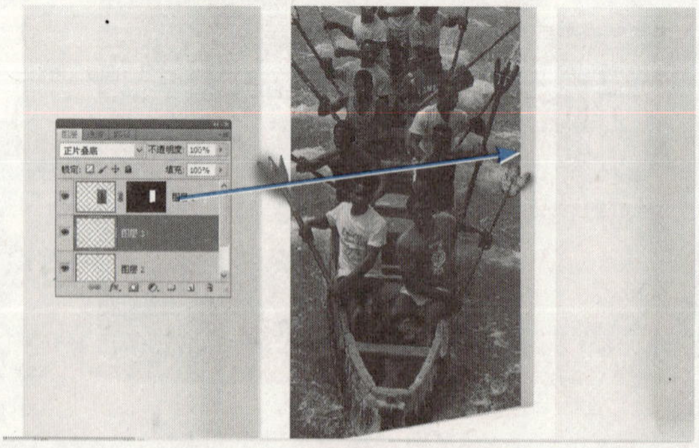
图5-69

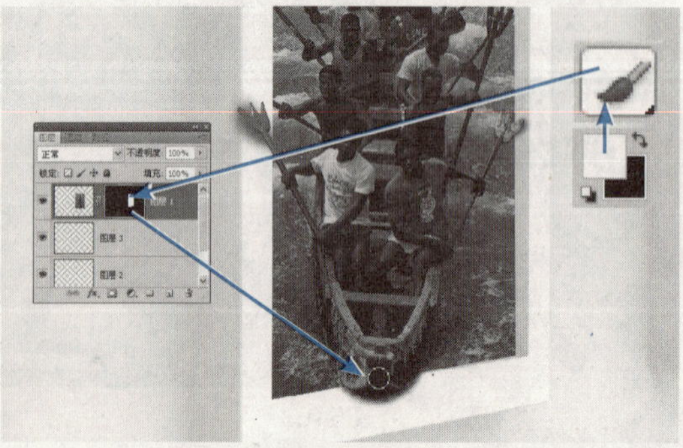
图5-70

7 在选项栏中设置不透明度为“35%”，继续在画框的下沿和右下沿涂抹，使水花隐约显现出来，如图5-71所示。将“m3”图像拖曳到“m1”中得到“图层4”，适当调整图层的不透明度以便于观察图像的位置，将图像调整好位置，如图5-72所示。

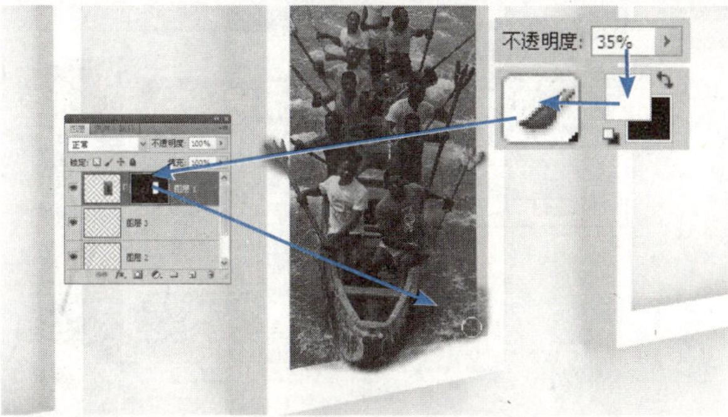

图5-71

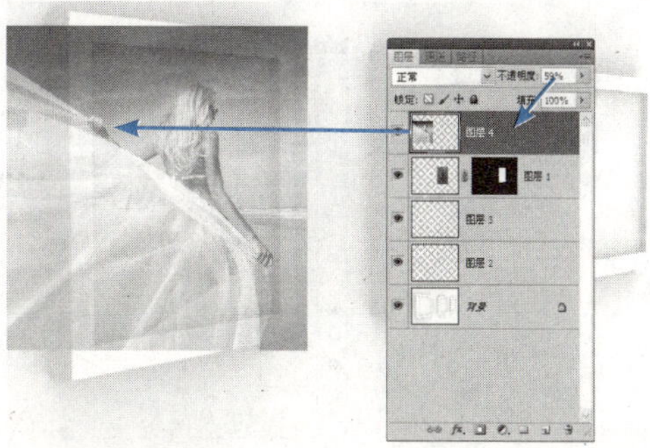

图5-72

❽ 使用【多边形套索工具】沿画框内沿建立一个选区，如图5-73所示。单击图层调板中的蒙版按钮，将刚才建立的选区作为蒙版应用到“图层4”，如图5-74所示。

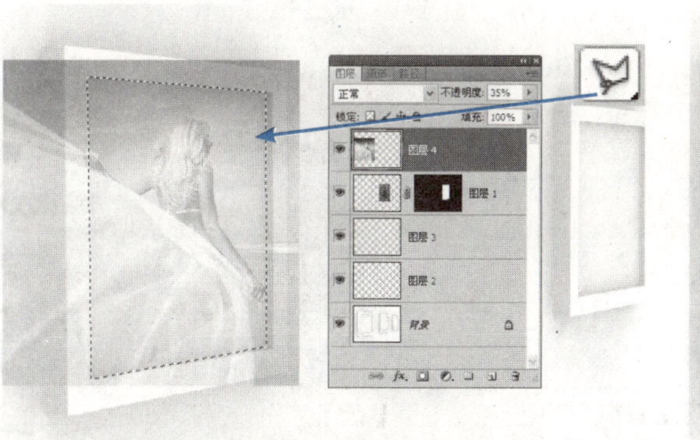

图5-73

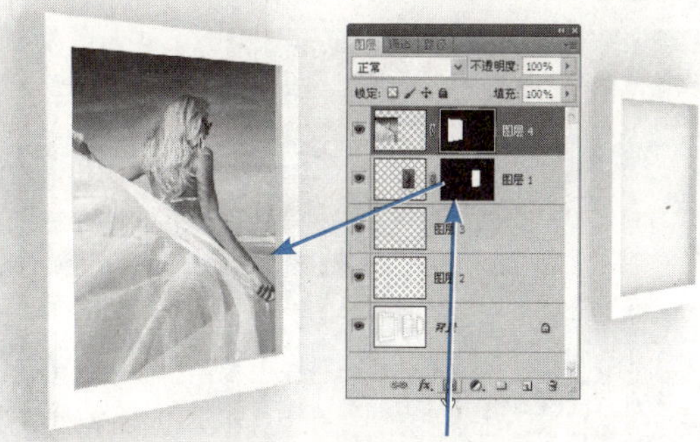

图5-74

❾ 关闭“图层4”蒙版使图层图像显示出来，使用【多边形套索工具】抠选左手，如图5-75所示。重新激活蒙版，填充白色，左手显示在文档中，如图5-76所示。

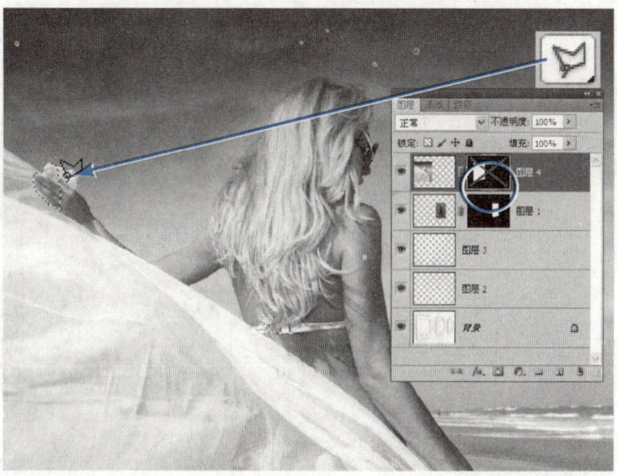

图5-75

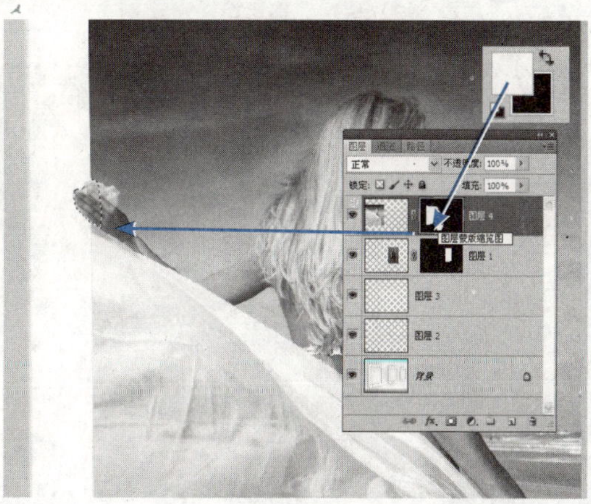

图5-76

10 按快捷键Ctrl+D取消选区，按快捷键Ctrl+J复制得到“图层4副本”，将其名称修改为“图层5”，如图5-77所示。删除“图层5”的蒙版，如图5-78所示。

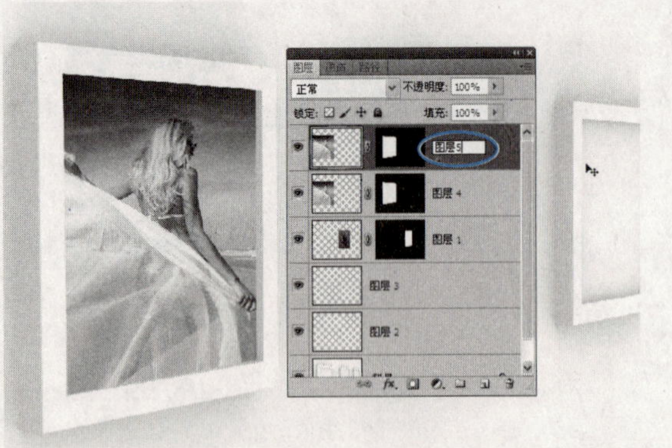

图5-77

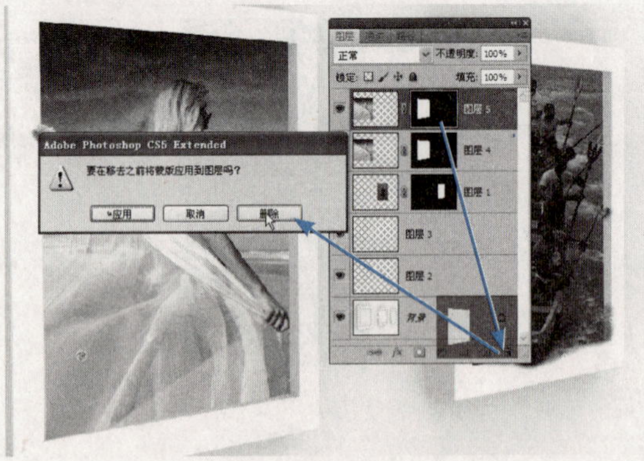

图5-78

11 适当调整图层不透明度，使用【钢笔工具】将画框外左侧的婚纱抠选出来，如图5-79所示。将不透明度设置为100%，执行【图层】→【矢量蒙版】→【当前路径】命令，为“图层5”创建一个矢量蒙版，如图5-80所示。

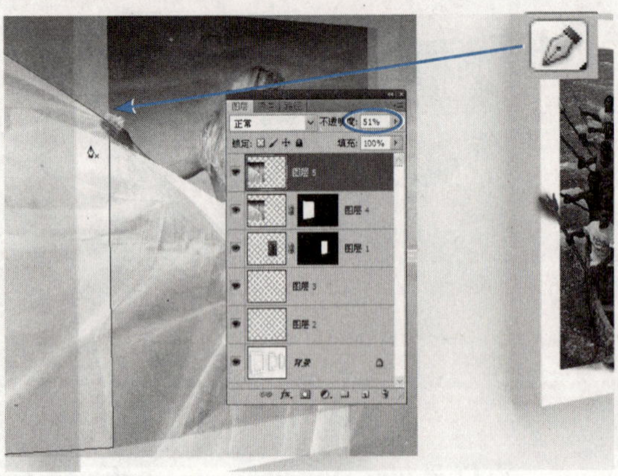

图5-79

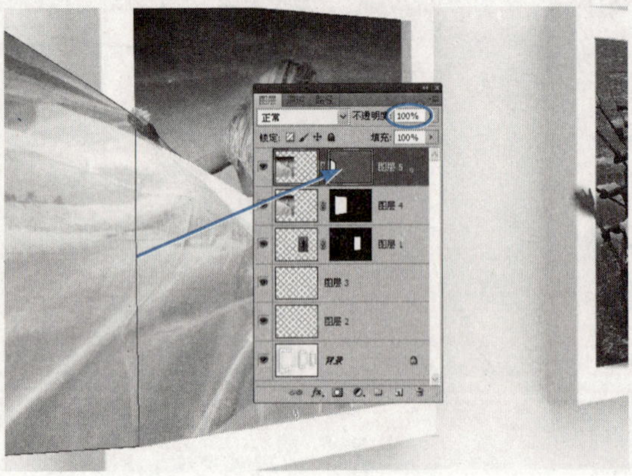

图5-80

12 使用【仿制图章工具】将婚纱左侧的杂色修掉，如图5-81所示。按快捷键Ctrl+Shift+D为图像去色，如图5-82所示。

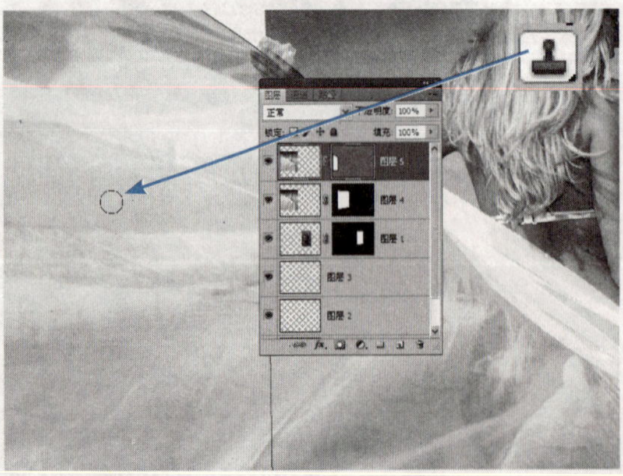

图5-81

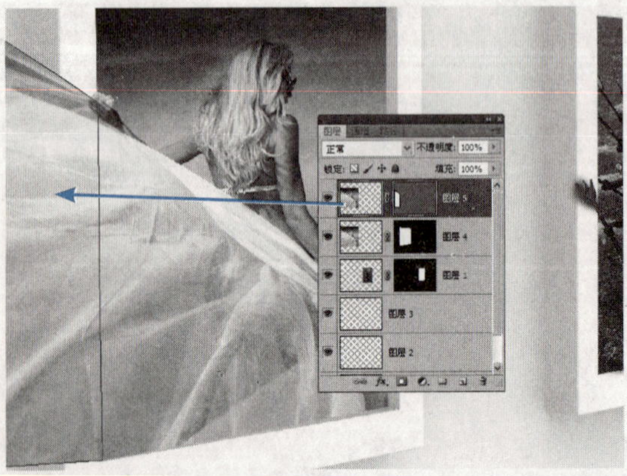

图5-82

13 在“图层5”的矢量蒙版上单击，隐藏路径，然后将“图层5”的混合模式设置为“强光”，如图5-83所示。将“图层5”拖曳到“图层4”下方，如图5-84所示。

图5-83

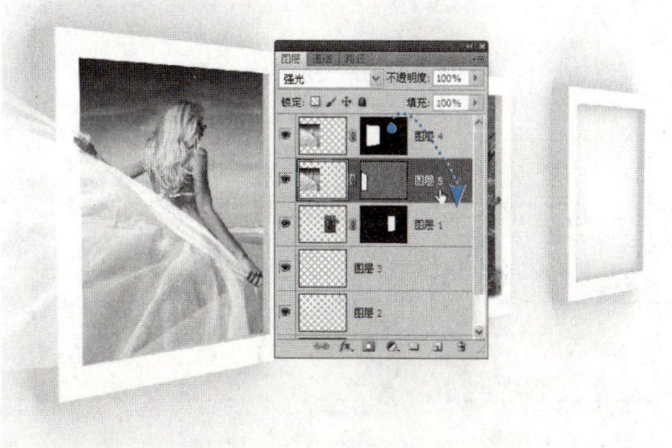

图5-84

14 选择黑画笔，在选项栏中适当调整不透明度，然后在左手的边缘涂抹使图像融合的更好，如图5-85所示。完成后的效果如图5-86所示。

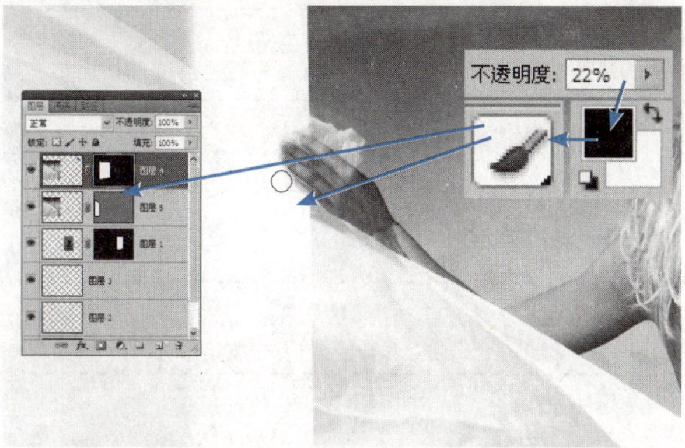

图5-85

图5-86

5.5 小结

本章主要讲解Photoshop的蒙版和通道的内容，使读者理解黑白灰三种颜色在蒙版和通道中的重要性，掌握这三种颜色所表示的含义，通过蒙版和通道的结合使用，能够完成图像的选择与拼合等操作。

读书笔记

色彩知识

图像颜色的调整

应用调整图层

颜色调整综合案例

6

第6章

色彩应用

编者心得

色彩调整是Photoshop一个非常强大的功能，常用于调整各种偏色的图片，修改图片的整体色调，制作各种色调的风景和人物相片等。

6.1 色彩知识

平面设计师在日常工作中经常需要控制和调整图像的颜色，Photoshop给设计师提供了强大的支持，灵活地应用各种命令可以帮助我们顺利完成工作。设计师不仅要熟悉调色命令的用法，还应掌握基本的颜色常识，这样才能做到知其然知其所以然。

6.1.1 色彩常识

1. 人脑中的颜色

颜色的形成是人们大脑对不同频率光波的感知。光波也是电磁波，太阳光中包含了低频到高频的所有电磁波，频率越高光波波长越短，频率越低波长越长，人眼只能看到380~780纳米（nm）之间的光波，这段波长的光称为可见光。根据波长长短排序依次为红、橙、黄、绿、青、蓝、紫色，如图6-1所示。

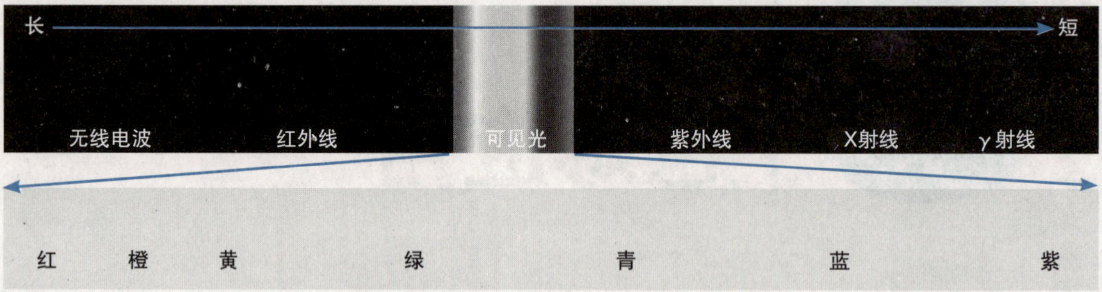

图6-1

颜色的形成是由三个因素共同作用的结果：光源、物体和人。光源（太阳光）发光照射到物体上，物体吸收部分光，其余的光反射到人眼里，人就对反射到眼里的光产生颜色的感觉，如图6-2所示。

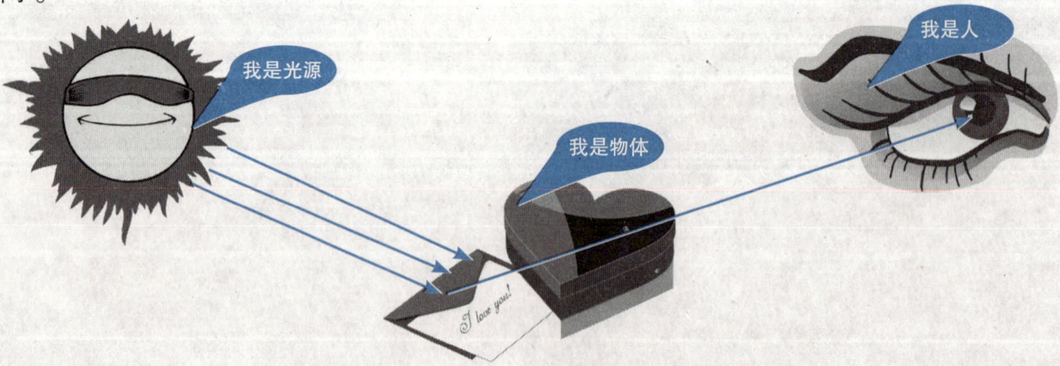

图6-2

通过不断的探索和研究，人们发现人眼的视网膜上分布着分别感应红、绿、蓝三色光的椎体细胞，还分布着在弱光环境下提供视觉的杆体细胞。当光线进入人眼刺激三色椎体细胞，椎体细胞收集的光信号被神经元转换为三组对抗信号，分别是亮-暗、黄-蓝、红-绿，如图6-3所示。

并且在研究中人们还发现红(R)、绿(G)、蓝(B)三色光可以混合出大部分的色光，R+G=Y(黄)，R+B=M(洋红)，B+G=C(青)，R+G+B=W(白)，因此太阳光也可视为由三色叠加而成，如图6-4所示。

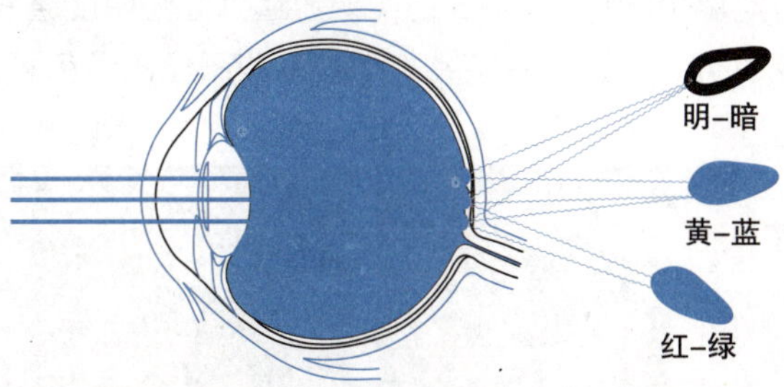

图6-3

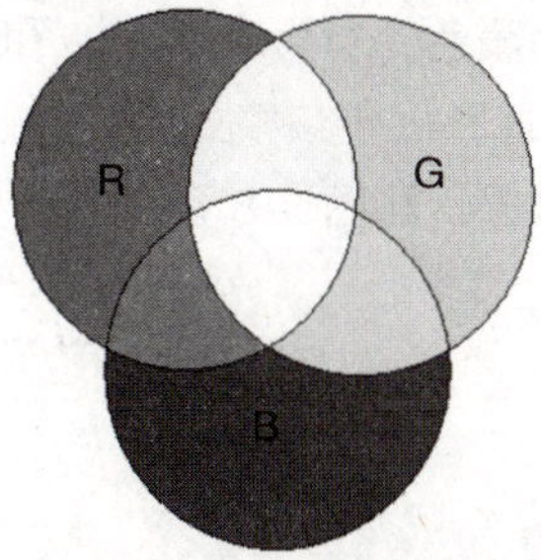

图6-4

综上所述，颜色是客观的，有光、有物体我们才能看到颜色，颜色也是主观的，因为对颜色的感受因人而异。人们将颜色分为无彩色和彩色，无彩色是从白到黑的所有灰色，彩色是除了无彩色之外的各种颜色。人们从三个方面来描述颜色：色相、饱和度、明度，它们也是颜色的三个属性，如图6-5所示。色相也称为色调，是指颜色的相貌，也是人对不同波长的光产生的感受，如红色、绿色、蓝色等，需要注意的是无彩色没有色相；饱和度是指颜色的纯度，也是指颜色鲜艳程度，某个颜色中包含其他的颜色越少，纯度越高，颜色也越鲜艳；明度是指颜色的明暗程度，也是指物体反射光的强度，在同一光源下的不同物体，反射光较多的比反射光较少的显得亮，同一物体在不同的光源下，较亮的光源比较暗的光源反射强度高，因此物体显得较亮，如图6-6所示。

图6-5

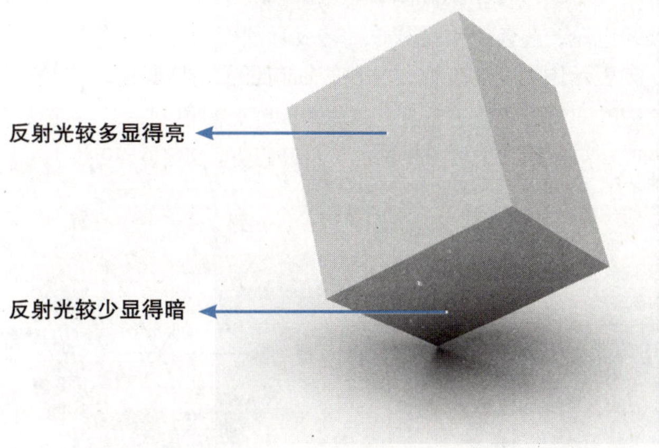

图6-6

2. 电脑中的颜色

人们在描述颜色的时候通常只能模糊定义颜色，如蔚蓝的天空、碧绿的湖水等，为了更加精确的定义颜色，人们设计了多种描述颜色的颜色模型使颜色数据化，如RGB、CMYK、Lab颜色模型等，每种模型都有一个颜色范围即形成了一个色彩空间（色域），在色彩空间中不同位置分别对应一个颜色。在电脑中使用某种颜色模型来定义颜色就是图像的颜色模式，如常用的RGB颜色模式、CMYK颜色模式、Lab颜色模式等。

Lab颜色模型是基于人类对颜色的感觉建立的模型，所有颜色在该模型中都有对应位置，因此该模型的色域是最大的。L表示明度即颜色明暗变化，a表示红绿对抗色，b表示黄蓝对抗色；L取值为0～100（纯黑–纯白）、a取值为+127～–128（洋红–绿）、b取值为+127～–128（黄–蓝），正为暖色，负为冷色，如图6-7所示。电脑中Lab颜色模式的图像通道拆分为明度通道、a通道、b通道，由于该模式将图像明暗与颜色拆分，因此利用该特点调整某些图像的颜色可以得到很好的效果，如图6-8所示。

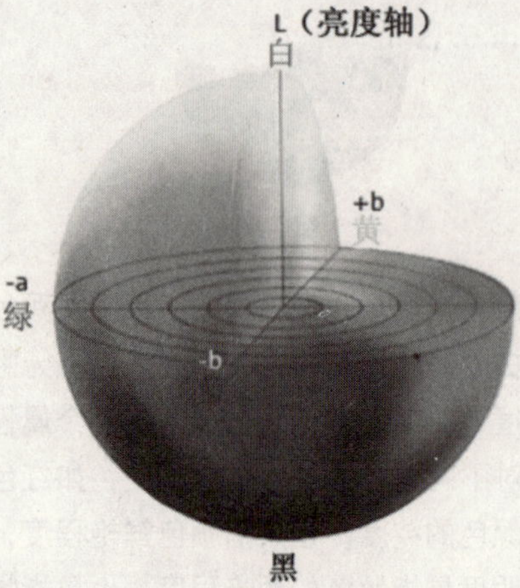

图6-7

图6-8

提 示

将颜色模型横向剖开可以得到一个横截面，这个横截面称为色轮，在色轮中沿圆心旋转表示色相的变化，色轮的半径方向表示饱和度的变化，色轮的轴向表示明暗变化。红色在色轮中的0°（360°）位置，黄色为60°、绿色为120°，色轮中以原点对应的颜色称为相反色（互补色），如图6-10所示。

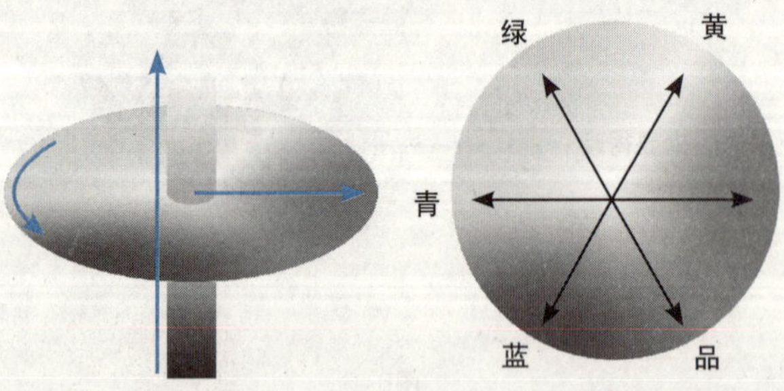

图6-9

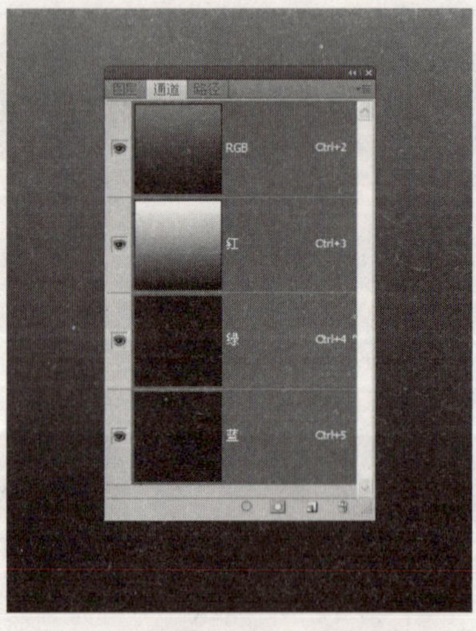

图6-10

RGB颜色模型是基于色光的混合叠加建立的模型，色域比Lab的小，RGB分别表示红绿蓝三色，应用该模型的图像颜色模式称为RGB颜色模式。图像中的所有颜色都由这三个颜色混合得到，当增加三色光的含量时，图像的颜色会越来越亮，因此，也将该颜色模式称为色光加色模式，R、G、B也称为色光的三原色，R、G、B三色光取值都为0~255，共256个级别，0表示黑色即没有光，255表示光强度最大即显示为白色。RGB颜色模式的图像通道拆分为红通道、绿通道和蓝通道，如图6-9所示。

CMYK颜色模型是基于印刷油墨合成效果建立的颜色模型，其色域比RGB色域小，应用该模型的图像颜色模式称为CMYK颜色模式，CMYK分别表示青、品(洋红)、黄、黑色，CMY称为色料三原色。图像中的所有颜色都是这三种颜色混合得到，当逐渐增加这三种油墨墨量，油墨吸收的光也逐渐增多，反射的光变少，于是颜色也逐渐变暗。因此，也将此模式称为色料减色模式。理论上，当三种油墨最大时显示为黑色，但是由于油墨纯度等因素，只能得到棕褐色，因此为了得到更好的印刷效果，在CMY的基础上添加了黑色，如图6-11所示。CMYK颜色模式的图像通道拆分为青通道、洋红通道、黄通道和黑通道，该颜色模式取值范围为0~100，数值越大，表示墨量越多颜色越暗，如图6-12所示。

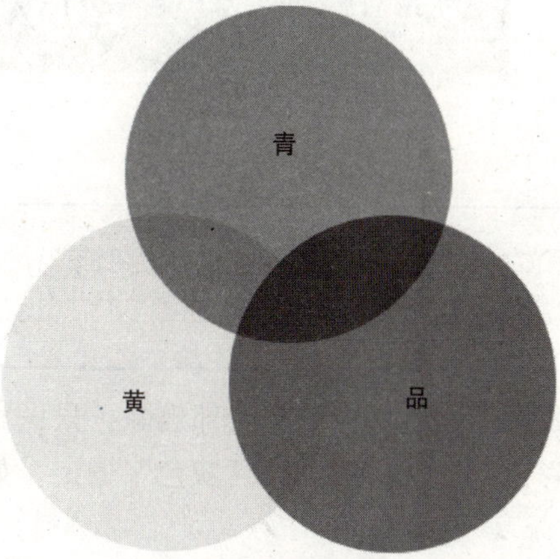

图6-11

图6-12

3. 颜色模式

在【图像】→【模式】菜单栏中有多个颜色模式可供选择，在文档标题栏上会显示图像当前使用的颜色模式，如图6-13所示。根据用户需要可以将图像颜色模式转换，只有灰度模式的图像才能直接转换为“双色调”和“位图”模式。

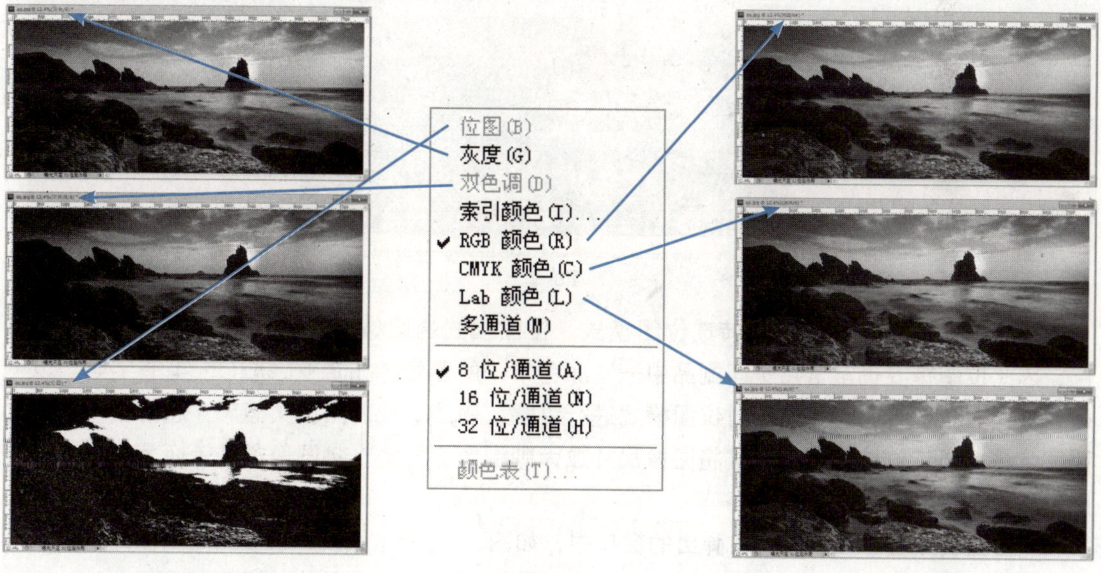

图6-13

RGB模式的图像主要用于在显示设备中显示，如电脑显示器、数码相机、电视等设备；CMYK模式用于印刷，电脑显示器显示该模式的图像仅仅是模拟印刷效果，显示效果与印刷效果会有差别，因此在调整用于印刷的图像颜色时，要考虑到它们之间的差异；Lab模式色域最大，因此使用该模式的图像颜色最丰富，Lab模式也是转换的中转模式，如RGB模式与CMYK模式图像互相转换的时候，都是先转为Lab模式，但是这个转换过程用户察觉不到，如图6-14所示。

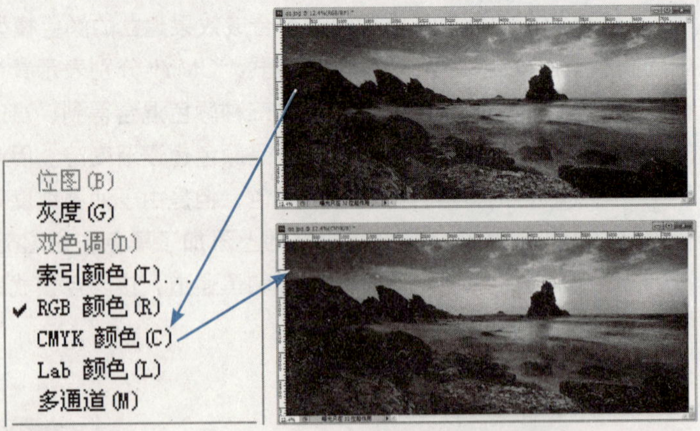

图6-14

提 示

由于RGB模式和CMYK模式的转换会造成颜色损失，因此在处理图像时候，应该尽量避免多次转换颜色模式。

灰度模式可以用于设备显示，也可用于印刷，该模式将图像的彩色信息全部删除，只保留图像的黑白灰色信息，因此该模式下不能在图像上添加彩色，通道只有一个“灰色”通道，如图6-15所示。

图6-15

灰度模式的图像可以直接转成位图模式，位图模式的图像只有黑白两色，没有中间的灰色，因此位图模式也常常用于印刷品中一些颜色单一的图像，如企业LOGO、毛笔字等。以网站下载的一张毛笔字图像为例对位图模式进行讲解，网站下载的图像文档尺寸通常较小，使用钢笔工具抠选工作量太大，直接将图像尺寸放大则图像会发虚，将图像模式转换为位图模式是比较好的方法。

将图像转成位图模式时，在弹出的窗口中，如图6-16所示设置，设置完成图像的尺寸虽然被强行放大，但是边缘依然是清晰的，这样相对的保证了图像的质量，如图6-17所示。

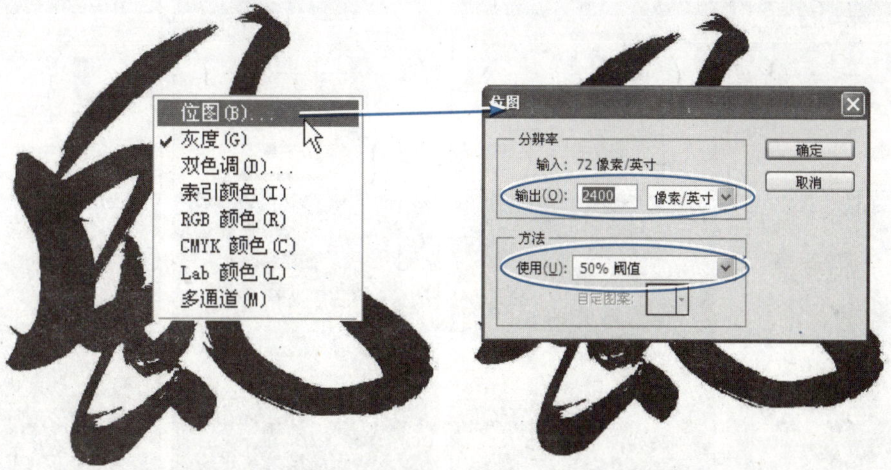

图6-16

提 示

在【位图】对话框中的输出设置栏中设置的分辨率越高，图像的尺寸会越大，图像的质量也越差，因此如果原图的尺寸太小，此方法也不适用。具体的参数设置应该根据需要进行，可以选择在1200~2400Pixels/inch之间。

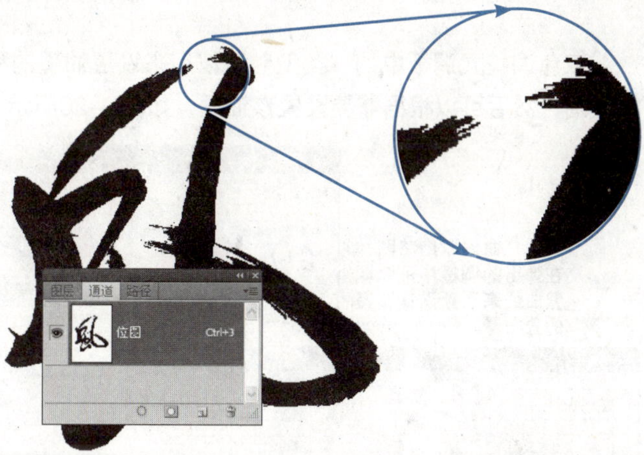

图6-17

提 示

在【位图】对话框中的“方法”选项栏中，“50%阈值”表示以50%灰色为界，较亮的灰色变成白色，较暗的变为黑色；“图案仿色”是可以得到黑白相间的图案效果；“扩散仿色”可产生颗粒状效果；“半调网屏”可以产生印刷挂网网点的效果；自定图案可以用设置的图案来填充黑白色，如图6-18所示。

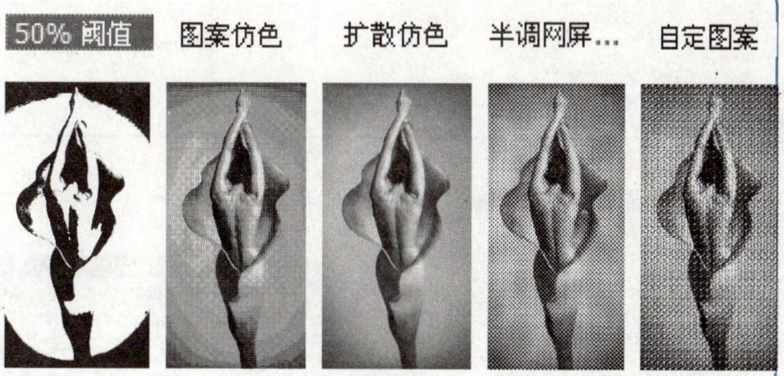

图6-18

双色调模式由灰度模式直接转换得到，该模式常用于印刷，其中包含了“单色调”、“双色调”、“三色调”和“四色调”四种类型，该模式可以得到几种油墨混合叠加的效果，如图6-19所示。

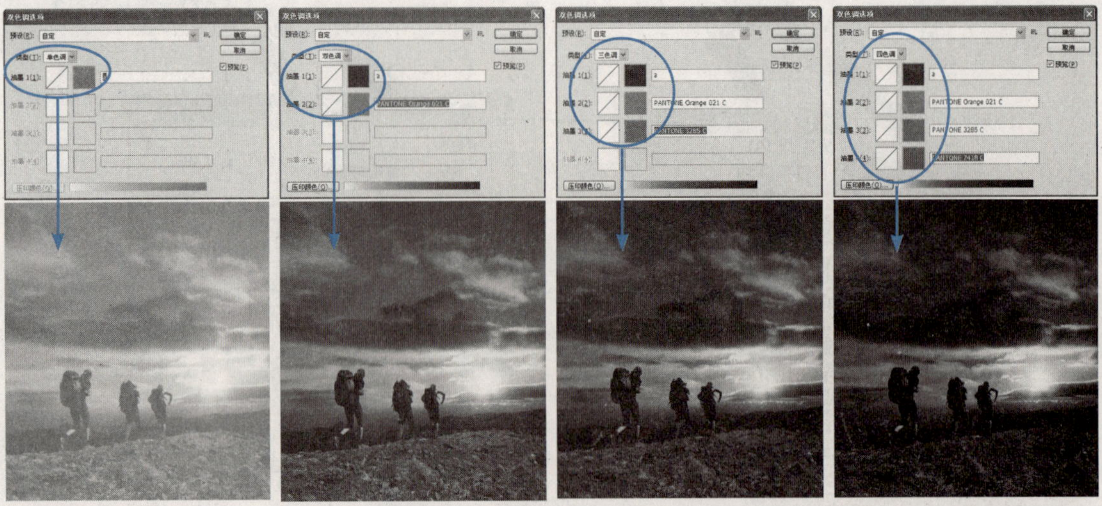

图6-19

双色调模式调板中的“类型”可以用来设置油墨的种类，如选择双色调，其下方的两个油墨被激活，然后可以根据需要设置该油墨，如图6-20所示。

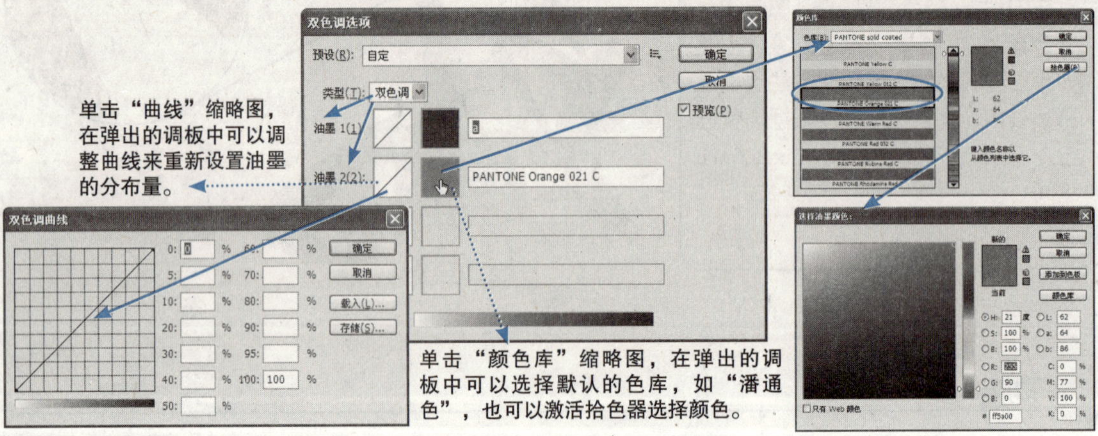

图6-20

问答 1

双色调模式的图像在印刷中如何运用?

在实际工作中，如果客户需要设计只有两种油墨的印刷品，可以将图像设置为双色调之后置入InDesign中，在InDesign色板中自动添加这两种油墨，版面中的文字和色块都设置为这两种油墨，即可保证印刷品只有两种油墨，如图6-21所示。

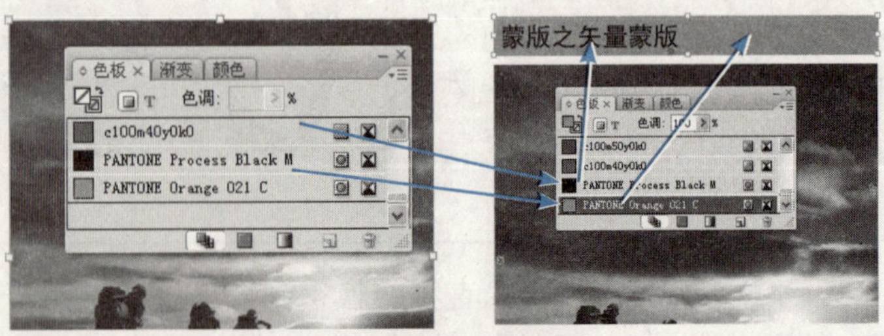

图6-21

索引模式的图像适用于网络显示。索引模式最多只有256种颜色，颜色的种类很少则文档体积很小，适合网络传播，并且该模式的图像还可制作成动画，因此网页中的图像常常使用该模式，如图6-22所示。

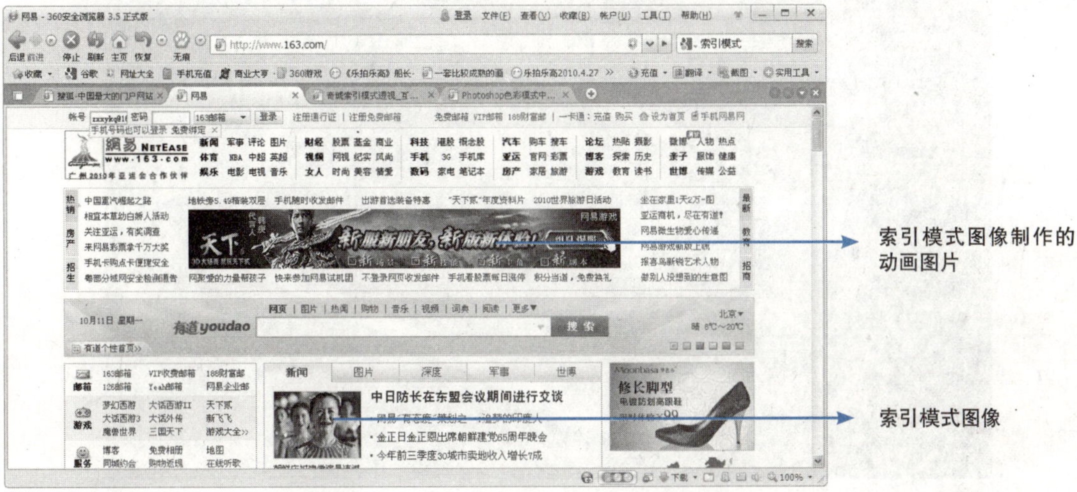

图6-22

多通道模式适用于印刷。当将图像从其他模式转为多通道模式时，图像文档将根据原模式的通道转换成一个或多个专色通道，如图6-23所示。

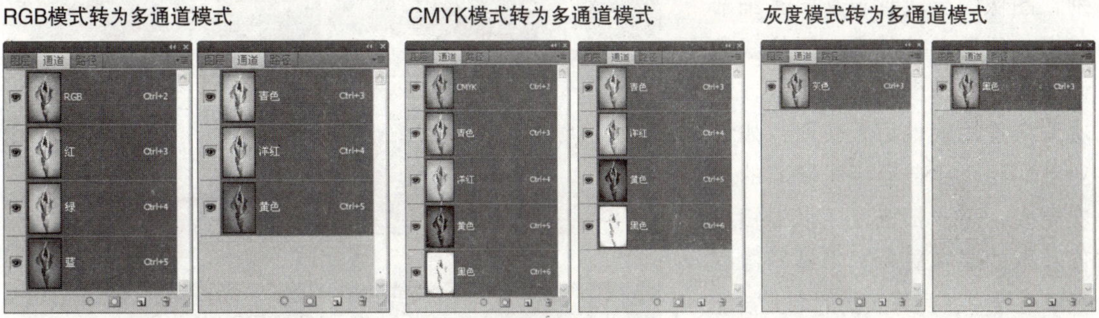

图6-23

6.2 图像颜色的调整

Photoshop中提供了很多用于色彩调整的命令，如色阶、曲线、色相饱和度等，合理使用这些命令可以使图像的颜色更符合设计要求。

6.2.1 图像质量三要素

图像的质量，尤其是用于印刷的图像质量，其评判主要从三个方面入手：层次、清晰度和颜色，正确地判断和处理图像的这三个要素，才能精确地控制图像的质量，印刷是一种精细的色彩还原过程，只有前期图像的质量到达印刷要求，才能得到高质量的印刷品，如图6-24所示。

图6-24

1. 图像的层次

是指图像从明到暗的灰度级别，图像的层次越丰富，其细节越多，质量也就越高。图像获取设备是层次多少的决定因素，层次无法使用软件后天获取，如专业数码相机比普通相机获取的层次更多；高端扫描仪比低端扫描仪获取的层次更多。当然图像在获取过程中，操作人员的专业技能也会影响层次的获取，如图6-25所示。

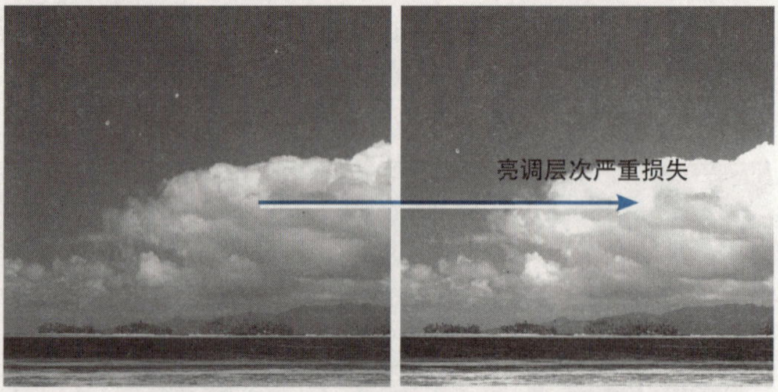

图6-25

任何对图像颜色的调整，都会或多或少地破坏原图的层次，在调整的时候注意观察图像的层次变化，尤其是图像的暗调区域和亮调区域的层次，尽可能保留图像的原始层次，如图6-26所示。

图6-26

2. 图像的清晰度

图像的清晰度是指图像的清晰、模糊程度，即图像的边缘与背景环境分界的明显程度，使用Photoshop可以有限改善图像的清晰度，调整清晰度的过程也会造成图像层次损失，如图6-27所示。

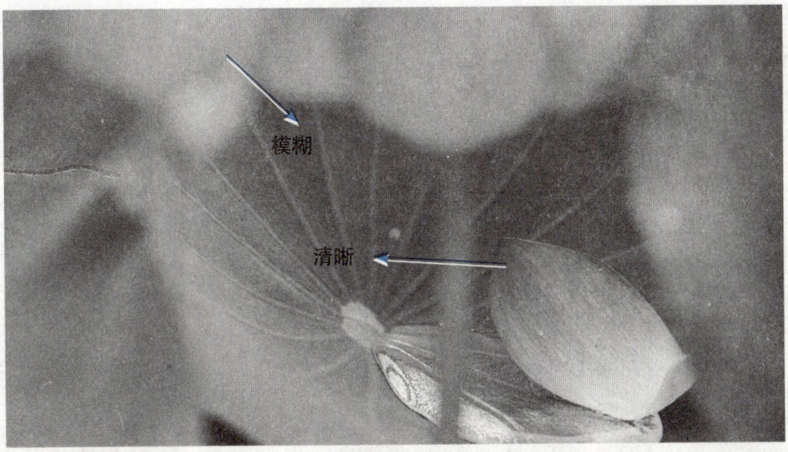

图6-27

调整图像的清晰度有三种方法，第一种是直接锐化法，第二种锐化明度通道法，第三种图层叠加法。

（1）直接锐化法：保持图像的原始颜色模式，使用锐化滤镜直接对图像进行锐化处理，如使用【USM锐化】滤镜处理图像，如图6-28所示。

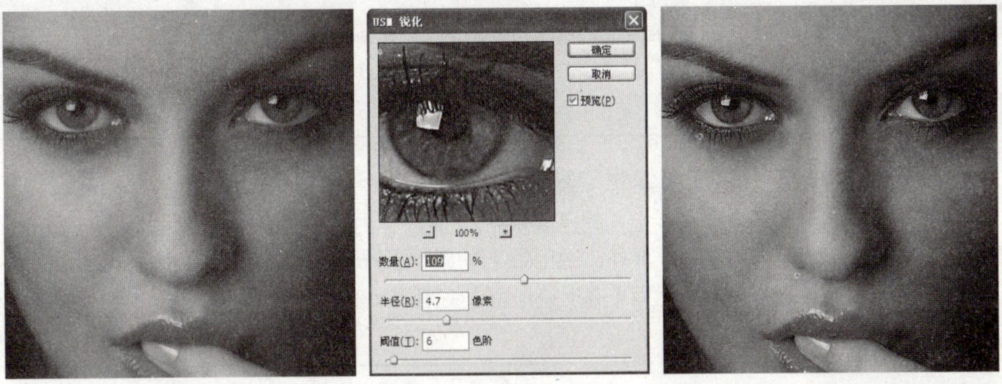

图6-28

（2）锐化明度通道法：将图像的颜色模式转成Lab模式，然后选中明度通道，再使用【USM锐化】滤镜将明度通道锐化，最后将颜色模式转换为需要的模式即可，如图6-29所示，由于锐化的只是图像的色阶，没有破坏原图的颜色，因此该方法得到的锐化效果较好。

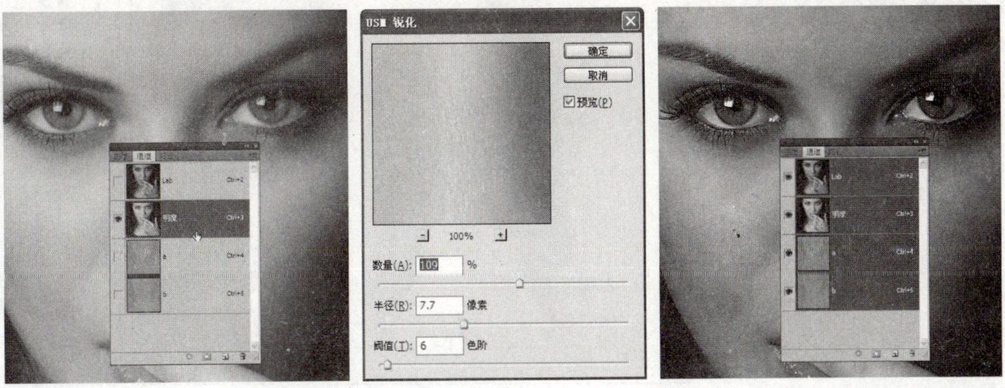

图6-29

（3）图层叠加法：将图像复制一个同样的图层，按快捷键Ctr+Shiftl+U将其去色，然后使用【高反差保留】滤镜处理图像，最后将图层混合模式设置为“叠加”，如图6-30所示，如果锐化效果不明显，可以将“叠加”图层多复制几个，如果对锐化效果不满意可以直接将“叠加”图层删除，这种方法不会破坏原始图像，图像处理更加便捷，因此该方法是图像锐化最好的方法。

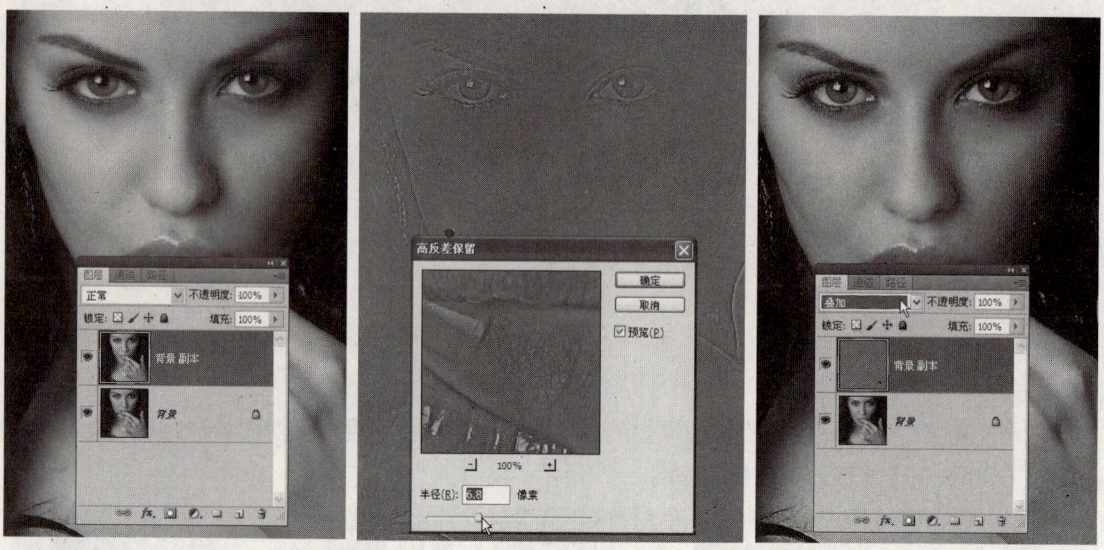

图6-30

问答 2

为什么这三种方法可以使图像更清晰?

如果图像的边缘过渡不明显，看上去就显得模糊，此时可将图像边缘的反差加大（即亮的更亮、暗的更暗），那么图像就会显得清晰。另外，锐化命令能增大边缘的反差；叠加混合模式也能增大图像反差，其特点是对灰色不起作用，因此用【高反差保留】将图像反差大的区域保留下来，其他区域用灰色保护。

3. 图像的颜色

使用Photoshop可以任意修改图像的颜色，设计师可根据个人喜好或客户的要求，合理使用颜色调整命令来编辑图像的颜色，如图6-31所示。

图6-31

6.2.2 颜色调整命令

在【图像】→【调整】菜单中有五组色彩调整命令，它们都能对图像的颜色进行编辑，最常用到的是【色阶】、【曲线】和【色相/饱和度】命令。我们要调整图像的颜色主要是对图像的影调和色彩进行调整，影调也称为阶调或者色阶，是指图像从亮到暗的明暗变化；色彩即图像的色相。

1.【亮度/对比度】命令

【亮度/对比度】命令可以调整图像的明暗变化和明暗对比。

在【亮度/对比度】对话框中，当“对比度”一定时，如果勾选“使用旧版”复选框，并将“亮度”滑块向右拖曳到最大，图像的高光、暗调和中间调都会变亮；如果取消对“使用旧版”的勾选，那么图像变亮的区域就全集中在中间调区域，如图6-32所示。

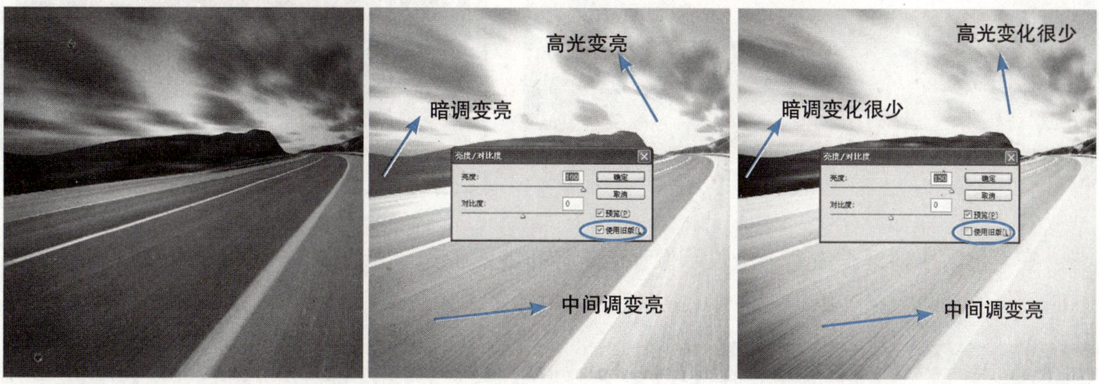

图6-32

在【亮度/对比度】对话框中，当“亮度”一定时，如果勾选“使用旧版”复选框，并将“对比度”滑块向右拖曳到最大，图像的高光、暗调和中间调都会增加对比度；如果取消对“使用旧版”的勾选，那么图像增加对比度区域就全集中在中间调区域，如图6-33所示。

图6-33

2.【色阶】命令

【色阶】命令是最常用的颜色调整命令，通过色阶命令可以调整图像的色调和色彩，执行【图像】→【调整】→【色阶】命令弹出【色阶】对话框，在【色阶】对话框中通过拖曳“输入”和“输出”滑块来调整图像颜色，对话框中的直方图用来查看图像像素的色阶分布，如图6-34所示。

图6-34

提示

图像的色阶即阶调大致包含三个区域：暗调(黑场)、中间调(灰场)、亮调(白场)。这三个区域根据图像明暗特点分布不均，如比较暗的图像则暗调的区域比较大，比较亮的图像亮调区域比较大，并且这三个区域没有非常明显的分界线，只有一个大概的区域，如图6-35所示。

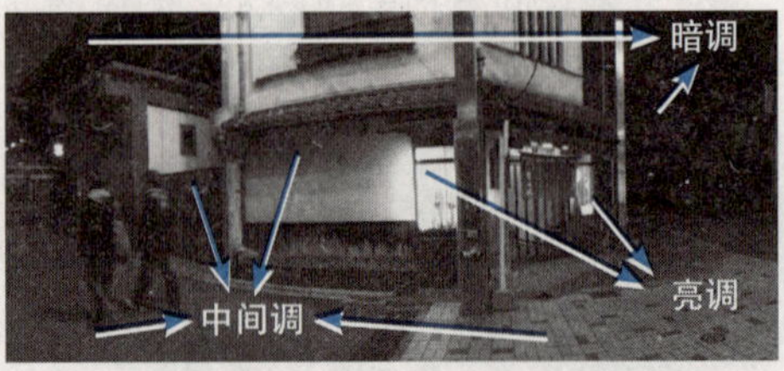

图6-35

在【色阶】对话框中有一个表示像素色阶分布的图称为“直方图”，在直方图中，横轴表示从暗到亮的色阶分布，纵轴表示像素从0到最大的数量，如图6-36所示。

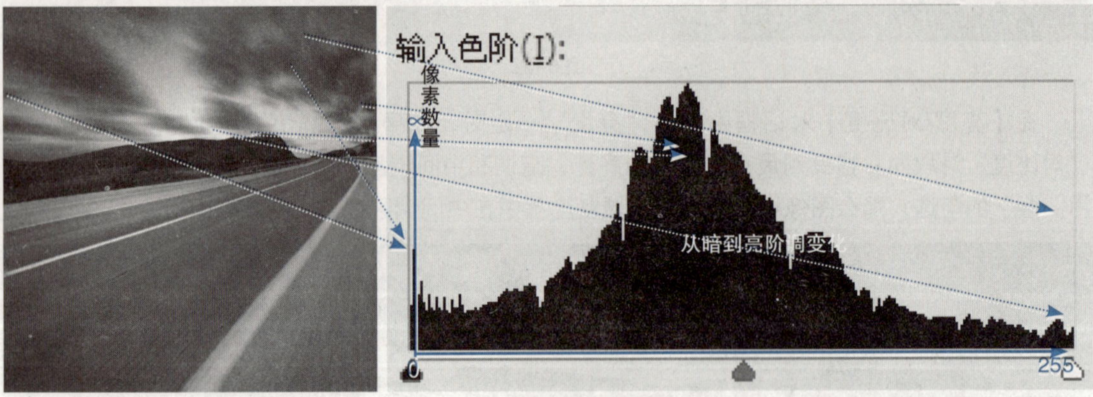

图6-36

下面通过展示一些典型的直方图加深对直方图的认识。拍摄过数码相片的人都知道，有时候感觉拍摄得到的图像显得灰蒙蒙的，通过直方图可以看到这些照片的暗调和亮调缺少像素，所有的像素都集中在中间调区域，因此图像看起来就是灰蒙蒙的感觉，如图6-37所示。

图6-37

较暗图像的直方图的像素主要集中在暗调区域，中间调和亮调区域像素较少，因此图像看起来较暗，如图6-38所示。

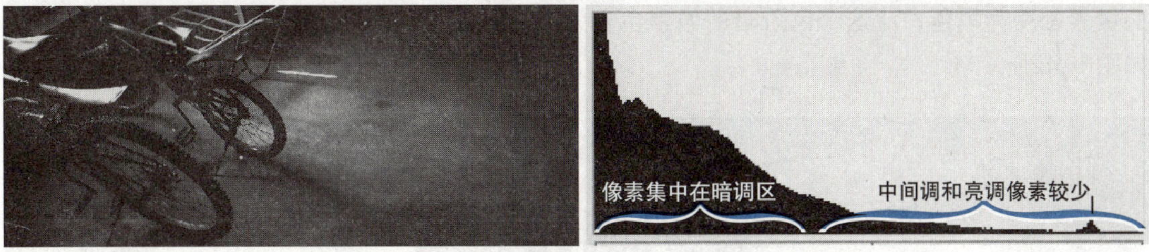

图6-38

较亮图像的直方图的像素主要集中在亮调区域，中间调和暗调区域像素较少，因此图像看起来较亮，如图6-39所示。

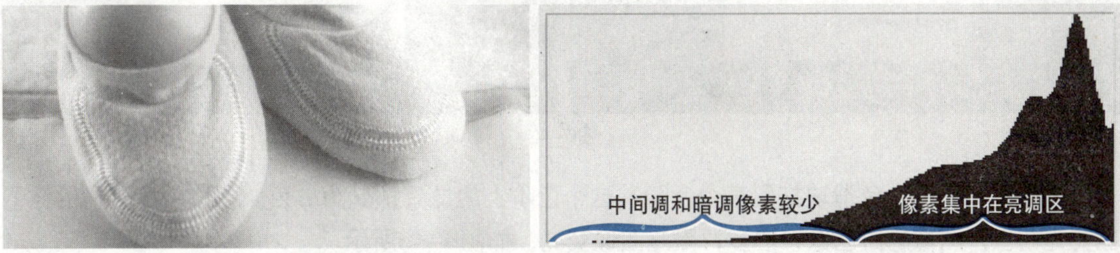

图6-39

对比强烈的图像，其直方图为暗调和亮调区域像素较多，而中间调像素很少或者没有，因此图像看起来反差较大，如图6-40所示。

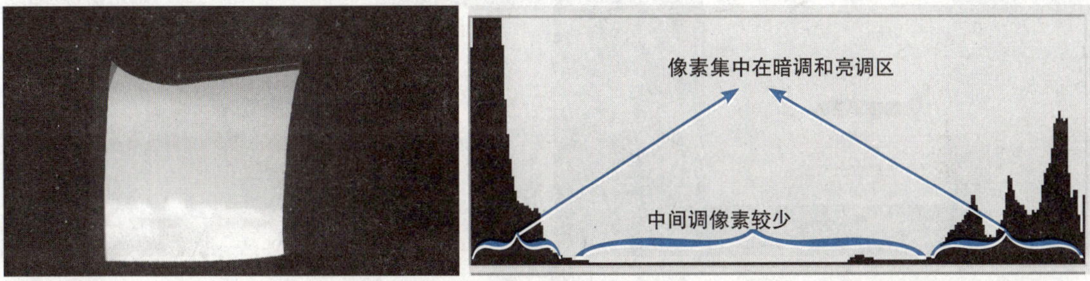

图6-40

在【色阶】对话框中，“预设”中可以选择内置的一些选项，不需再去设置【色阶】的参数而直接得到效果；“通道”选项中可以选择该图像的复合通道，也可以选择单独的原色通道，选择复合通道是调整图像的阶调，选择单独的原色通道是调整图像的色彩，如图6-41所示。

图6-41

【色阶】对话框中的“输入”有三个滑块，分别用于控制图像的暗调、中间调和亮调。将控制暗调的黑色滑块向左拖曳，可以看到图像变暗，当将黑色滑块拖到某个色阶，这个色阶上的像素都变为黑色，比这个色阶暗的像素也变为黑色，图像的黑色像素增多，因此图像变暗，如图6-42所示。

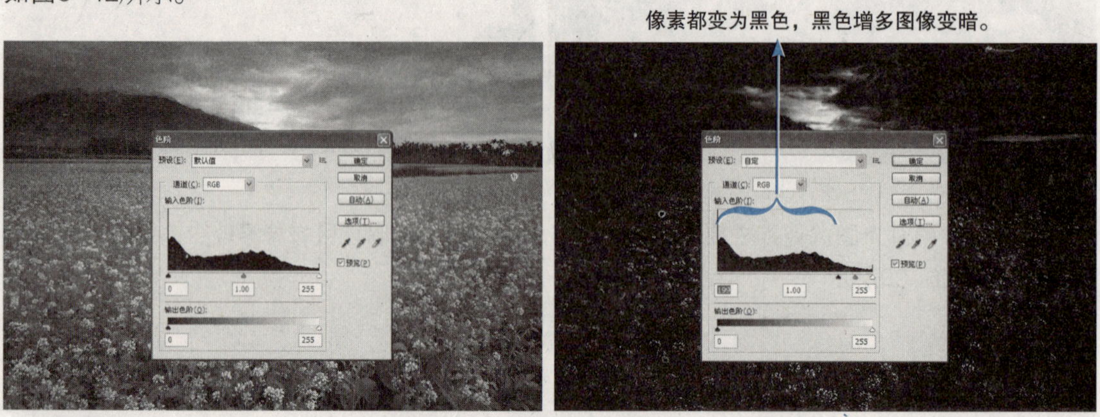

图6-42

将控制亮调的白色滑块拖到某个色阶，这个色阶上的像素都变为白色，比这个色阶亮的像素也变为白色，图像的白色像素增多，因此图像变亮，如图6-43所示。

图6-43

当将控制中间调的灰色滑块向左拖到某个色阶，这个色阶上原来较暗的像素都变为中间灰，因此图像变亮；将灰色滑块向右拖曳，则图像变暗，如图6-44所示。

图6-44

当向右拖曳“输出”的黑色滑块到某个色阶，表示图像中原来处于暗调的黑色像素变为该色阶，图像将没有最黑的像素，因此图像变亮，如图6–45所示；向左拖曳白色滑块，则图像变暗，如图6–46所示。

图6–45

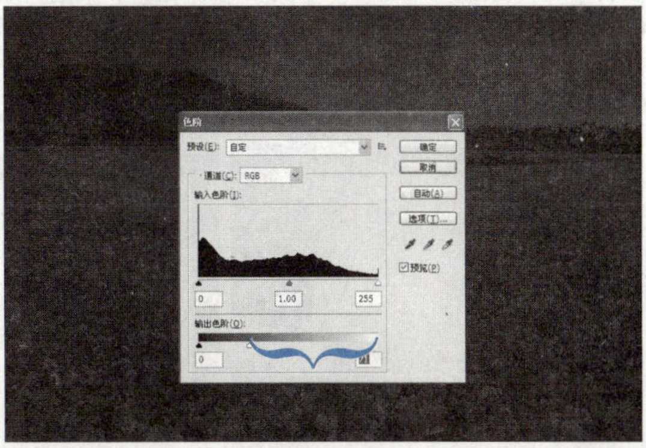

图6–46

在【色阶】对话框中分布着三个吸管，黑色吸管是用于定义图像的黑场，选中该吸管，在图像中的某个像素上单击鼠标左键，该像素将被设置为图像最黑的黑场，如图6–47所示；白色吸管用于确定图像的白场，灰色吸管用于确定图像的中性灰。

图6–47

问答 3

什么是中性灰？如何使用中性灰？

中性灰是调整图像偏色的重要依据，当等量的RGB色光射入人眼时，人眼感觉到的是灰色，因此将除了黑色和白色以外的RGB等值的灰色都称为中性灰。想象一下图像中有一个灰色的物体(如石头)，本该是灰色的，即RGB等值，由于拍摄问题使该物体RGB不等值，呈现为其他的颜色，我们只需要将该物体的色值恢复RGB等值即可将整个图像的色偏纠正。

【色阶】对话框中的灰色吸管即是用来设置中性灰的，当使用该吸管吸取图像中某个像素，该像素将被强制RGB等值，如果找到的像素本该是灰色的，则图像可以纠正色偏，如果寻找不当，图像将被引入色偏，如图6–48所示。

需要提醒的是中性灰只是纠正偏色的依据，明白其原理即可，不可教条地使用，如图像中的某个物体为灰色，但由于受环境光的影响，并不是该物体所有像素都是灰色；又如图像中没有灰色的物体，因此在图像中无法找到设置中性灰的像素。

通过“灰色吸管”知道吸管有纠正和引入偏色的功能，因此“黑色吸管”和“白色吸管”也有此功能。

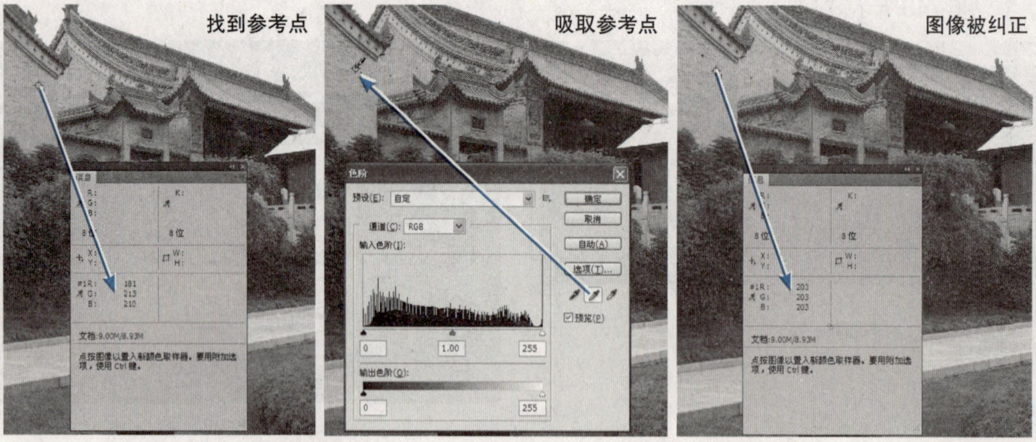

图6-48

3.【曲线】命令

曲线命令与色阶命令作用相似，可以看作是色阶命令的升级版，曲线命令可以更加精确地控制图像，其操作也比色阶复杂得多，按快捷键Ctrl+M弹出【曲线】对话框，对话框中有“输入”和“输出”选项，横轴是“输入”色阶为改变前的阶调，纵轴是“输出”色阶为改变后的阶调，坐标区的对角线是用于控制图像颜色的“曲线”，如图6-49所示。

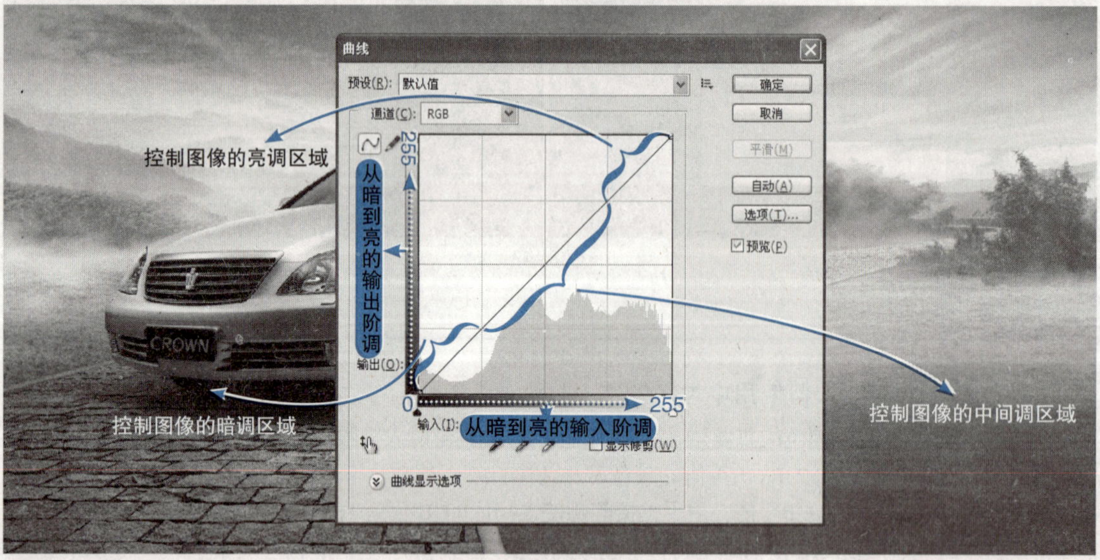

图6-49

提 示

曲线与色阶是两个基本用法一样的命令，它们中的很多设置几乎是相同的：如【曲线】对话框中的“预设”和“通道”选项与【色阶】对话框中的一样；这两个命令的输入色阶与输出色阶也相似，只不过在【色阶】对话框中，将这两个色阶并排而列，而在【曲线】对话框中，将其以坐标形式表示；曲线中的吸管工具与色阶的用法一样。

在【曲线】对话框中的“曲线”可以建立16个控制点来调整图像，这远比色阶的控制点多得多，因此曲线控制的精度更高。单击“曲线”在其上建立一个控制点，将控制点向上拖曳，由于控制点被调整为更亮的色阶，因此图像变亮，如图6-50所示；要使图像变暗可将控制点向下拖曳。

图6-50

将光标移动到图像较暗的像素上，按住Ctrl键并单击鼠标左键，在曲线上的暗调区建立一个控制点，同样的方法在亮调区建立一个控制点，将暗调区控制点向下拖曳，亮调区控制点向上拖曳，由于亮的控制点变得更亮，暗的控制点变得更暗，因此图像呈现反差加大的效果，如图6-51所示。

图6-51

在曲线上建立三个以上的控制点，将曲线调整为波浪形，可以得到色调分离的效果，这种效果常用于制作图像的一些特效，如制作液态金属、水晶的效果等，如图6-52所示。

图6-52

提 示

在曲线上建立控制点的方法有两种：一种是直接在曲线上建立，此方法主要基于对图像整体的判断来进行调整；另一种是通过吸取图像像素建立控制点，此方法建立的控制点更有针对性，可以精确地定位调整区的色阶值，如需要调整人脸的某个区域，可以在该处吸取以建立控制点。删除控制点的方法很简单，将控制点移出坐标区即可，如图6-53所示；也可以按住Alt键，此时【取消】按钮变为【复位】，单击【复位】按钮，所有的控制点都删除了，曲线恢复初始状态，如图6-54所示。

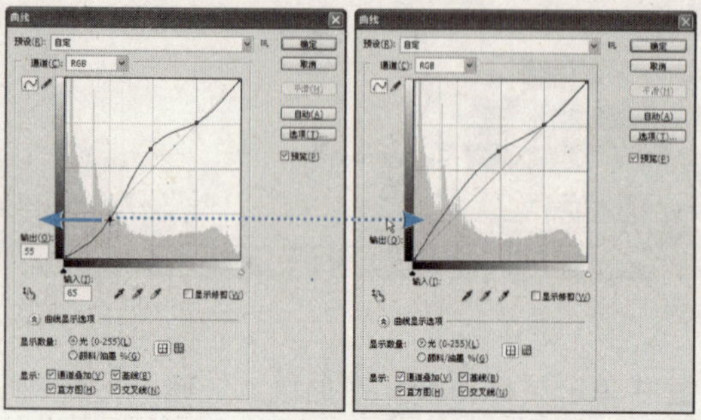

图6-53

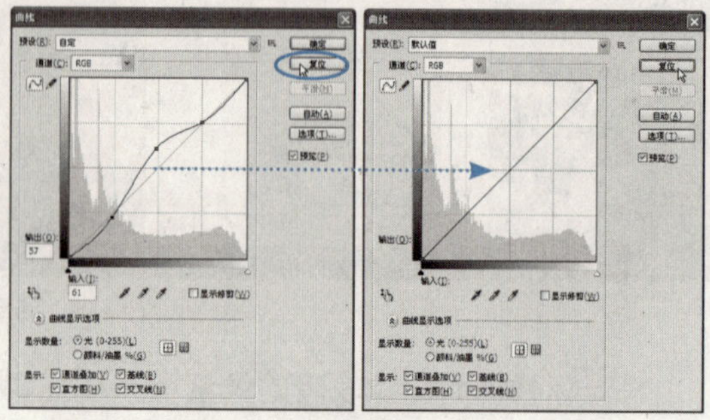

图6-54

选择【曲线】对话框中“通道”里的原色通道可以调整图像的色彩，如选中“红”通道，在曲线中间调建立控制点并向下拖曳，图像偏青色，如图6-55所示。下面解释一下这个变化，每个RGB颜色模式图像的原色通道都是0~255的灰阶图像，将“红”通道的控制点向下拉，此时，原来处于较高灰阶的像素将变暗，通道变暗则意味着颜色减少，根据色轮关系图，红色减少其相反色青色会增多，所以图像显示为青色。

图6-55

提 示

曲线通道里的选项内容与图像的颜色模式有关，RGB模式的图像显示其复合通道和R、G、B的原色通道；CMYK模式的显示复合通道和C、M、Y、K的原色通道；Lab模式的显示明度、a、b通道，如图6-56所示。

RGB	Alt+2	CMYK	Alt+2	明度	Alt+3
红	Alt+3	青色	Alt+3	a	Alt+4
绿	Alt+4	洋红	Alt+4	b	Alt+5
蓝	Alt+5	黄色	Alt+5		
		黑色	Alt+6		

图6-56

问答 4

【曲线】对话框中其他的选项各是什么含义?

【曲线】对话框中还包含着多个不常用的选项。选中对话框中铅笔图标，可以手绘曲线，图像颜色会根据绘制的曲线发生变化，单击“平滑”图标可以将绘制的曲线转换为带控制点的曲线，如图6-57所示。

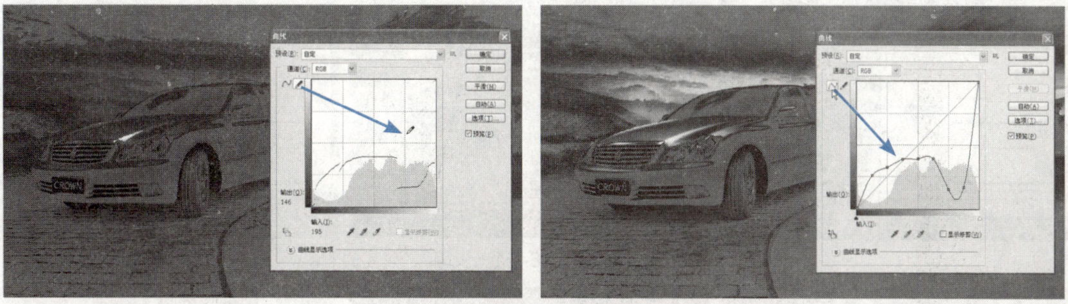

图6-57

RGB模式和灰度模式的图像可以勾选“显示修剪”复选框，以查看图像中黑场、白场极值的像素。勾选“显示修剪”并选中曲线的黑场控制点，图像中的像素“0”数值不变，其他数值变为“255”，如图6-58所示；勾选“显示修剪”并选中曲线的白场控制点，图像中的像素值“255”不变，其他数值变为“0”，如图6-59所示。

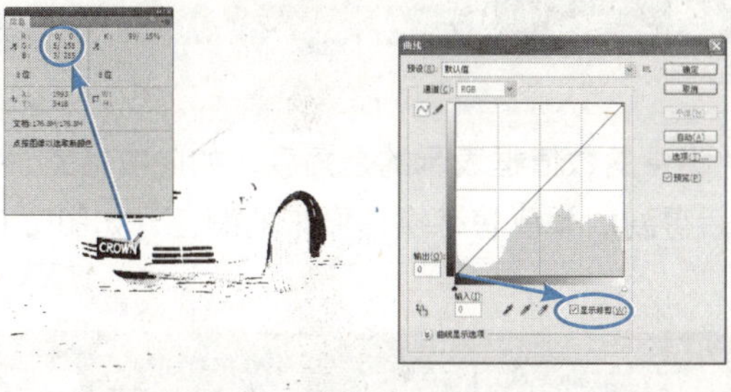

图6-58

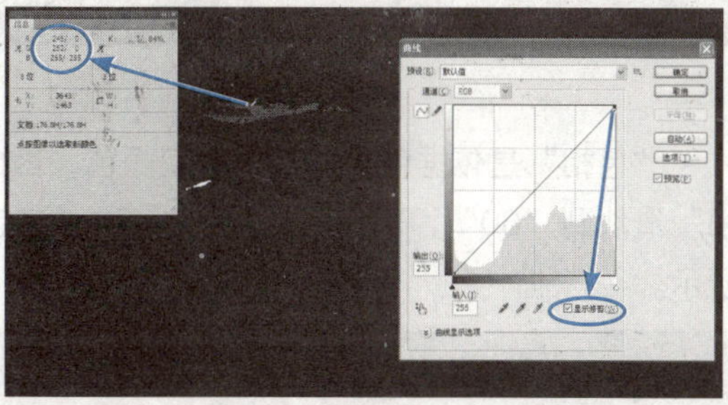

图6-59

【曲线】对话框中的【自动】按钮用于自动调整图像的颜色，【选项】按钮用于对“自动”内容进行设置；单击“曲线显示选项”图标可以展开对话框，在其中可以对对话框的内容进行设置，如图6-60所示。

选择该项目，可以调整黑白场的排列方向。

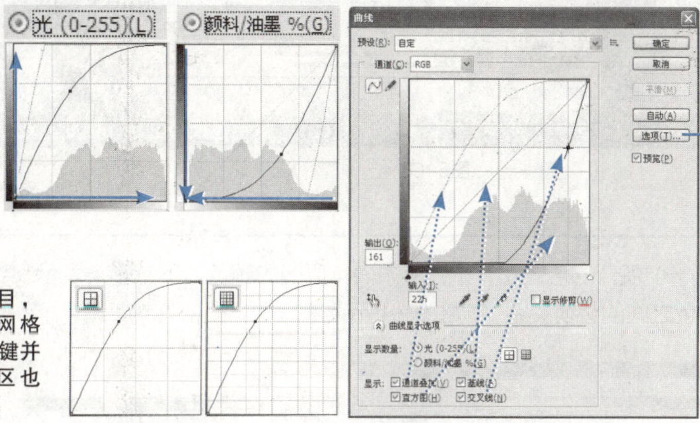

选择该项目，可以调整网格大小(按Alt键并单击网格区也可以调整)。

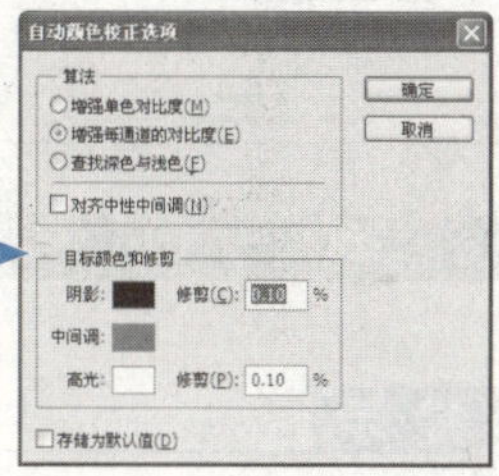

在“算法”中设置自动的方式,分别是自动对比度、自动色阶和自动颜色；在“目标颜色和修剪”中设置设置目标颜色、黑场和白场。

图6-60

4.【色相/饱和度】命令

【色相/饱和度】命令是基于颜色三个属性建立起来的颜色调整命令，向左拖曳“饱和度”滑块可以降低图像的饱和度，向右拖曳滑块可以提高颜色的纯度即提高饱和度，如图6-61所示；向左拖曳“明度”滑块可以降低图像的亮度，向右拖曳滑块可以提高图像的亮度，如图6-62所示。

图6-61

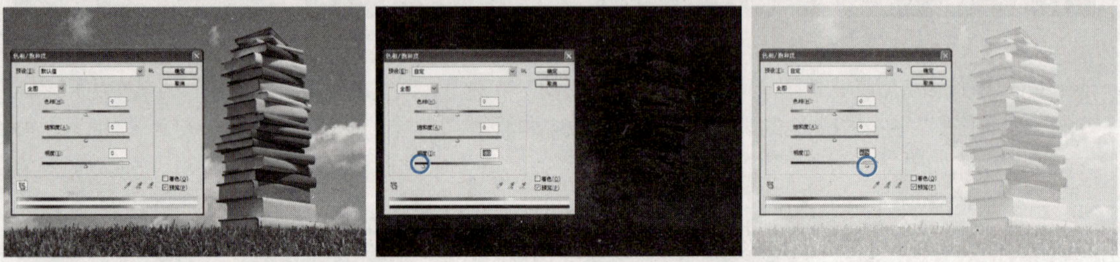

图6-62

“色相”是依据色轮关系来替换颜色，因此色相中的数值框表示的是角度，如向右拖曳“色相”滑块到“60”，表示色轮旋转60°，旋转之后得到的颜色将替换掉原来的颜色，如图6-63所示。

图6-63

提 示

对话框下方的彩条就是一个展开的色轮图，上方彩条表示原图的颜色，下方彩条表示改变之后的颜色，通过彩条即可看到是颜色之间的替换关系，如图6-64所示。

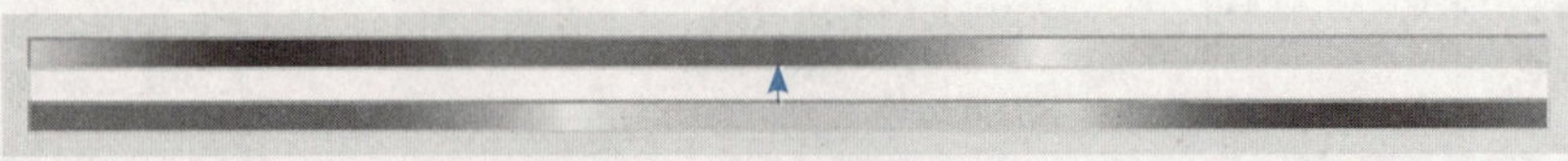

图6-64

在【色相/饱和度】对话框中勾选“着色”复选框，可以使用一种颜色来替换图像中的所有颜色，如图6-65所示。

图6-65

在【色相/饱和度】对话框中选择“全图”可以针对图像中的所有颜色，也可以选择菜单中的某一种颜色，如选中红色，在色轮条上会出现颜色范围图标，表示颜色替换的作用区，如图6-66所示。

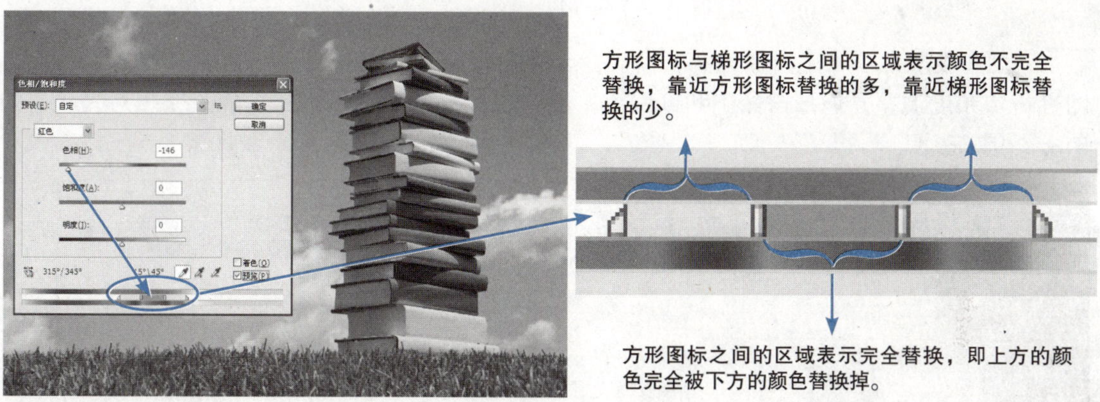

图6-66

提 示

调整图像颜色时，可以通过提高“饱和度”使图像更艳丽，提高饱和度会破坏原图的层次，调整过多会造成色斑，因此在实际工作中不可大幅提高图像的饱和度，如图6-67所示。

图6-67

第6章 第7章 第8章 第9章 第10章

5.【自然饱和度】命令

【色相/饱和度】命令调整的“饱和度”是针对所有的像素产生作用，所以操作时很容易出现色斑，而【自然饱和度】命令则可以很好地控制图像的饱和度变化。在【自然饱和度】对话框中，“自然饱和度”选项对不饱和的颜色作用明显，越饱和的颜色变化越小，因此调整图像的饱和度时不会出现色斑，如图6-68所示。

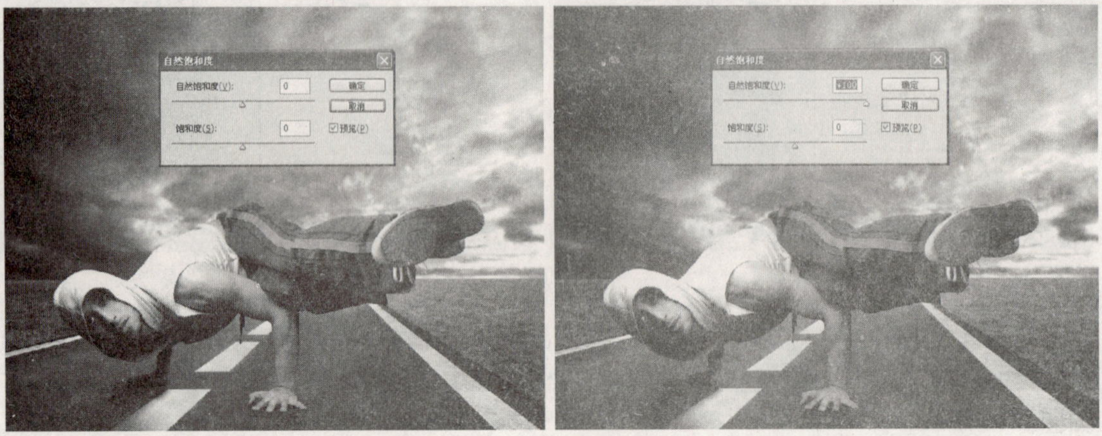

图6-68

“饱和度”选项在【自然饱和度】命令与【色相/饱和度】命令中的作用相同，都能对全图进行饱和度调整，但是自然饱和度命令中的“饱和度”对图像饱和度的改变相对较小，如图6-69所示。

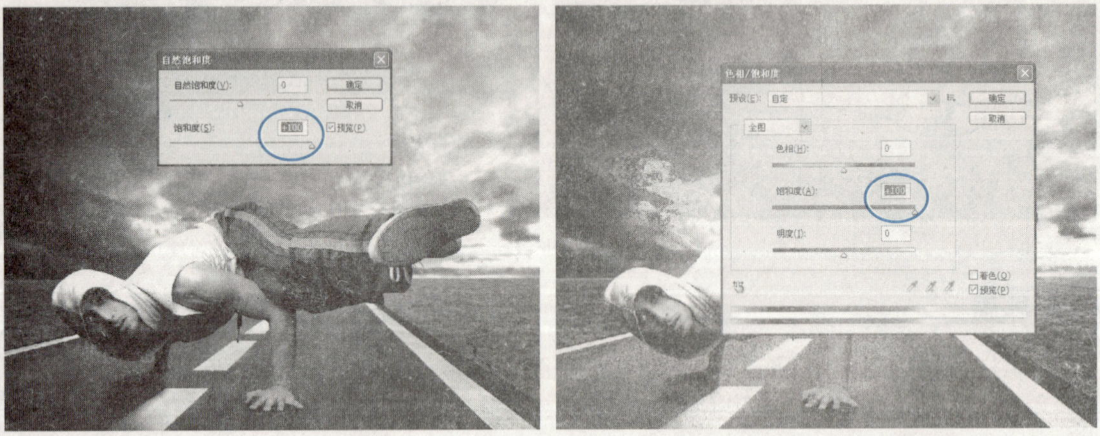

图6-69

6.【色彩平衡】命令

【色彩平衡】命令是依据色彩的平衡关系来调整图像的颜色的。所谓色彩的平衡关系是指将颜色正常的图像定义为一种平衡，图像发生色偏的同时图像的颜色变为不平衡。图像的颜色不平衡时，如图像偏红色，可以通过降低本色或者增加其相反色使图像的颜色重新恢复平衡，这样图像的颜色显示正常。

在【色彩平衡】对话框中有三组相反色控制杆，通过拖曳其上的滑块来使图像的颜色达到平衡，从而达到调整图像色偏的目的，它们分别是青色-红色、洋红-绿色、黄色-蓝色，在【色彩平衡】对话框下方陈列着三个色调平衡选项，它们分别针对图像的亮调、中间调和暗调的色偏进行调整，如图6-70所示。

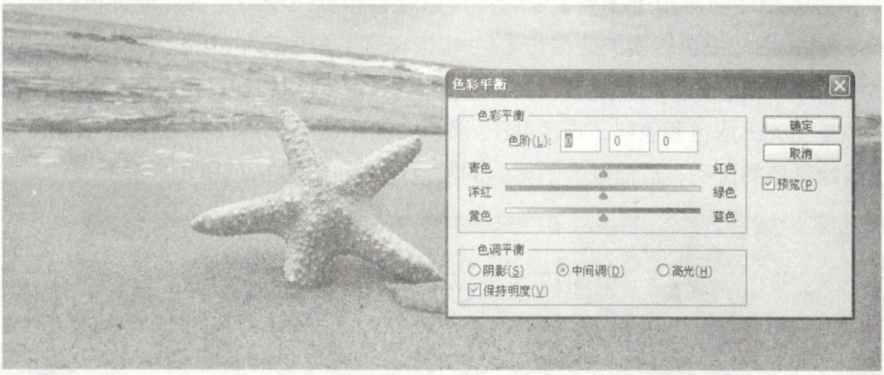

图6-70

在使用【色彩平衡】命令纠正图像的偏色时，要先判断图像偏何种颜色，如图6-71所示。根据中性灰原理，路面处于中间调区域，图像中本该是灰色的路面，会因红色偏小而偏青，因此使用色彩平衡命令增加中间调的红色时，应适当减少绿色和蓝色，并调整路面色值为RGB等值，如图6-72所示。

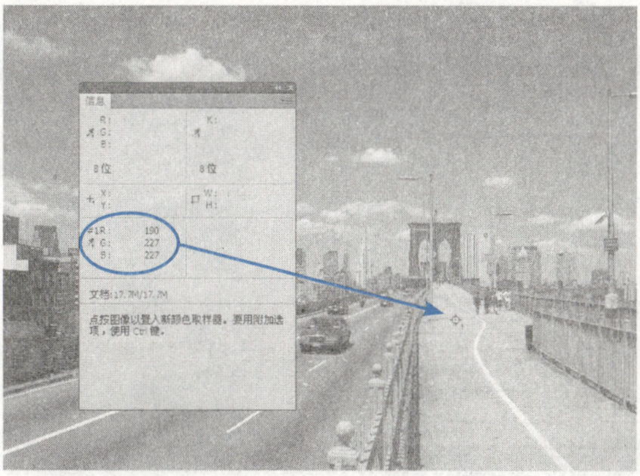

图6-71

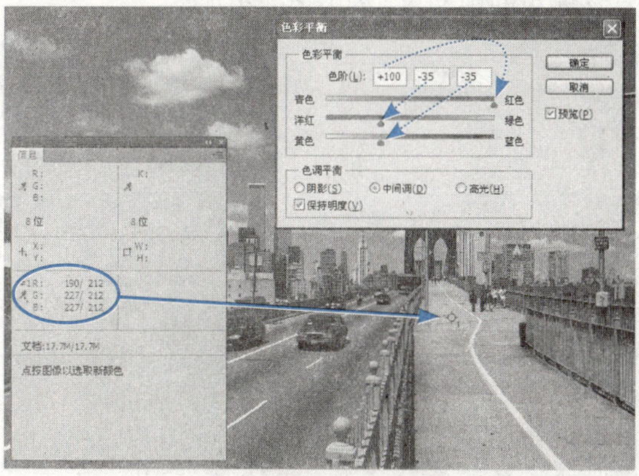

图6-72

问答 5

【色彩平衡】对话框中的保持明度是什么意思？

如果取消对“保持明度”的勾选，将直接增减本色的含量，如一张RGB模式的图像，将青色-红色滑块向右拖曳可调整红通道直接增加红色；将滑块向左拖曳可调整红通道直接减少红色。勾选“保持明度”复选框的作用原理比较复杂，如选择“色调平衡”的“高光”，将青色-红色滑块向右拖曳，是指在高光区调整红通道增加红色，将青色-红色滑块向左拖曳，是指增加绿通道和蓝通道高光区的颜色来增加青色；如选择“色调平衡”的“阴影”，将青色-红色滑块向右拖曳，是指减少暗调区的绿通道和蓝通道颜色以增加暗调区红色，将青色-红色滑块向左拖曳，是指减少红通道暗调区的红色以增加暗调区青色；如选择“色调平衡”的“中间调”，将青色-红色滑块向右拖曳，是增加红通道中间调的红色的同时，减少绿通道和蓝通道中间调的颜色，将青色-红色滑块向左拖曳则相反。

7.【去色】和【黑白】命令

【去色】和【黑白】命令均可以在保持原有的颜色模式下，将彩色图像转换为灰色图像。在转换过程中，对RGB图像应用【去色】命令，该命令会根据一个特定的比例进行转换，其比例为30%R+59%G+11%B，去色转换的效果与【色相/饱和度】命令产生的灰色图像效果一致；相对于【去色】命令，【黑白】命令则要复杂得多，【黑白】命令可以自行设定各颜色的比例来转换，可供选择的颜色是色光三原色和色料三原色共6个颜色，每个颜色都可以在-200%~300%之间选择一个参数来设置给颜色的比例，数值越大则得到的灰色越亮，如图6-73所示。

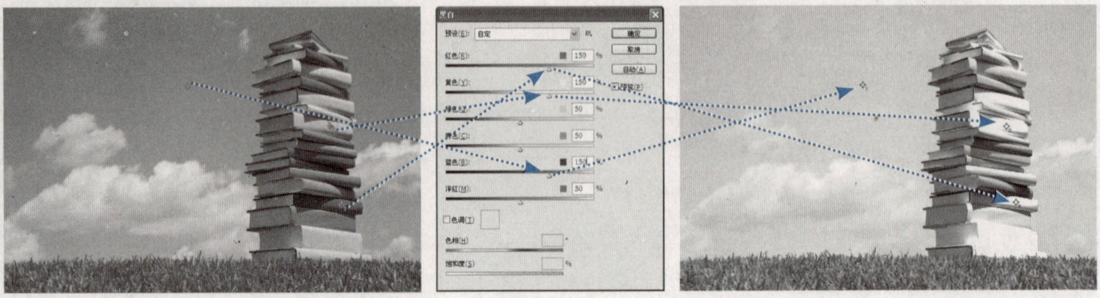

图6-73

可以通过勾选“色调”复选框为灰色图像着色，在“色相”中选择颜色，在“饱和度”中设置该颜色的饱和度，如图6-74所示。

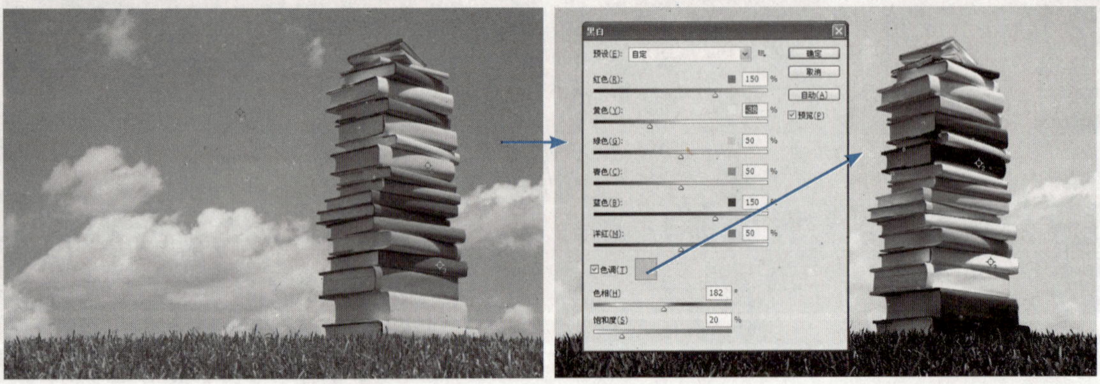

图6-74

提 示

执行【黑白】命令之后，在图像的某个像素上按住鼠标左键并左右拖曳，在【黑白】对话框中该像素对应的颜色被调整，如图6-75所示。

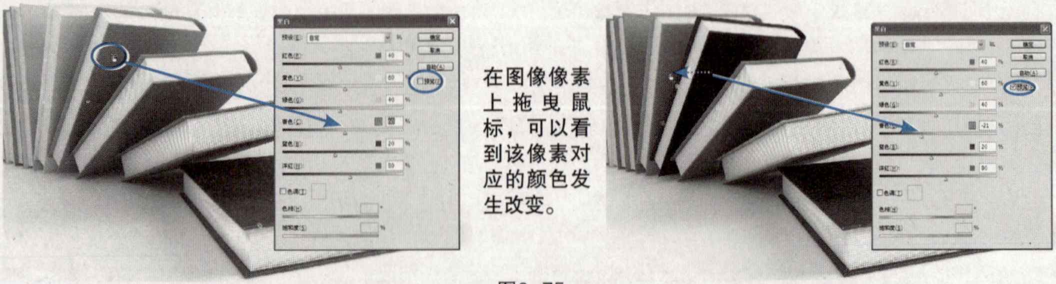

图6-75

8.【通道混合器】

【通道混合器】是通过图像中现有（源）颜色通道的混合来修改目标（输出）颜色通道的。图片通道的变化决定了颜色的变化，如图6-76所示。

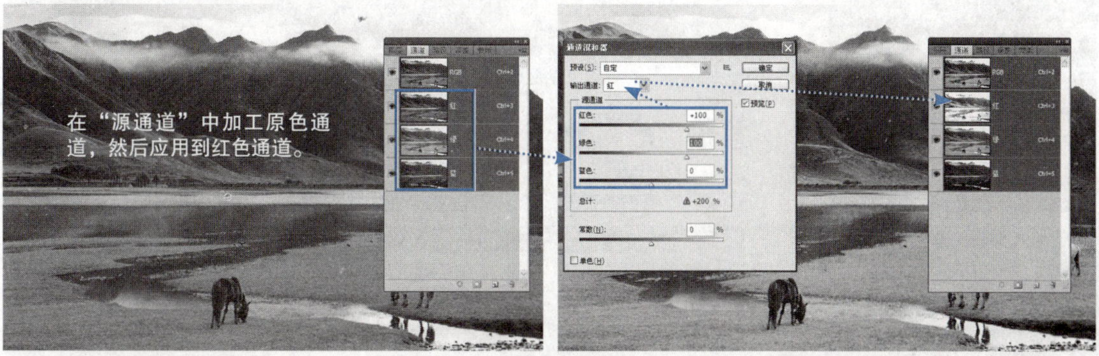

图6-76

要理解【通道混合器】的作用效果，一定要理解通道和颜色的基本常识。【通道混合器】对话框中“源通道”相当于一个加工场所，将图像的原色通道按设置的参数进行加工，然后替换“输出通道”中的通道，“源通道”的参数取值在-200～200之间，“0”表示不输出该通道，“100%”表示完全输出，“200%”表示输出2倍的通道，“-100%”表示输出负值的通道，“-200%”表示输出两倍负值的通道。

下面用一些简单的颜色来进一步介绍【通道混合器】的作用效果，在RGB模式的图像中设置四个颜色：黑、白、红、绿，然后分别设置源通道参数观察其变化，如图6-77所示。

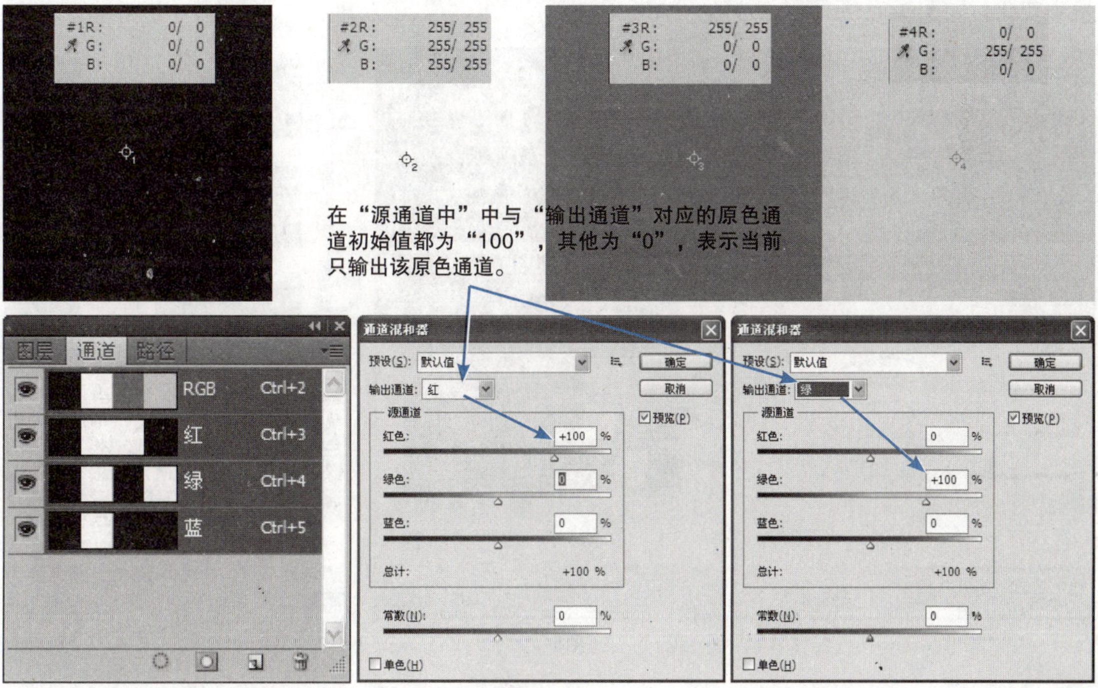

图6-77

“输出通道”选择“红”，将“绿通道”设置为“-100”，白色变为青色，其他颜色未发生改变，为了便于描述将四个色块分别命名，如图6-78所示。

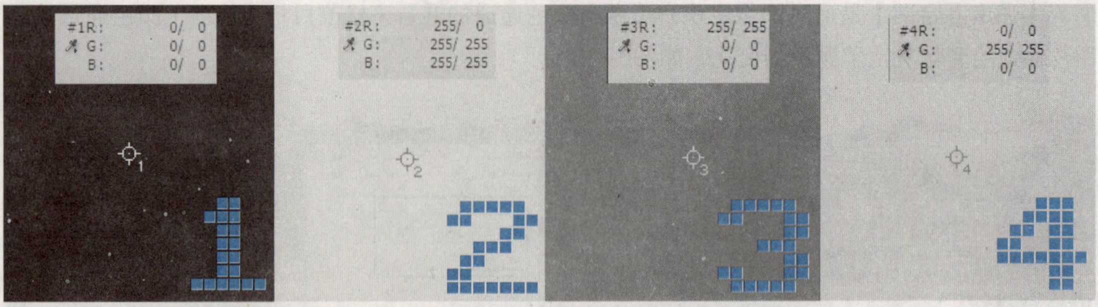

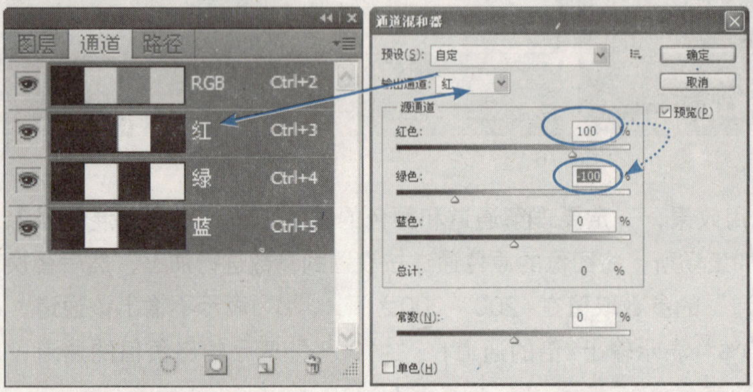

输出通道是“红”，那么当前的修改只应用到红色通道中，“100”的红色表示该通道正常输出，“-100”的绿色表示100的红通道减去100的绿通道：“色块1”黑色减去黑色还是黑色(即0-0=0)；“色块2”是白色减去白色得黑色(即255-255=0)，因此原来的白色由于红色通道变为黑色，即缺少了红色，因此图像显示为其相反色青色；“色块3”白色减去黑色为白色颜色不变(即255-0=255)；“色块4”黑色减去白色依然为黑色(即0-255=-255)，颜色不变。

图6-78

“输出通道”选择“绿”，将“红色”设置为“100”，将“绿色”设置为“-100”，图像发生变化，如图6-79所示。

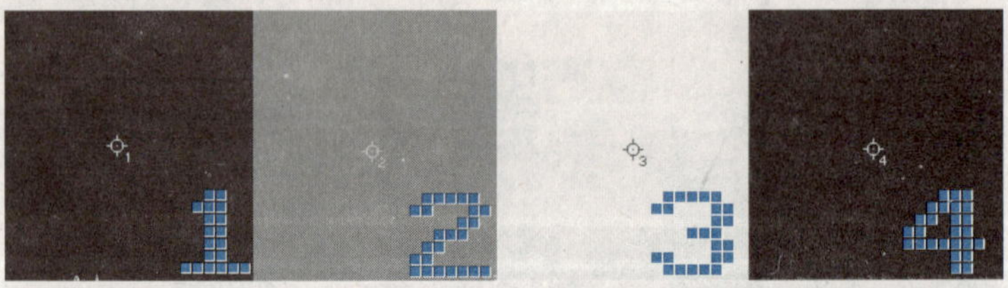

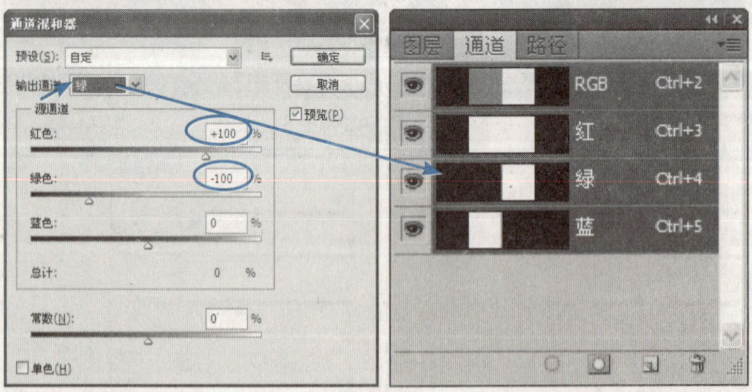

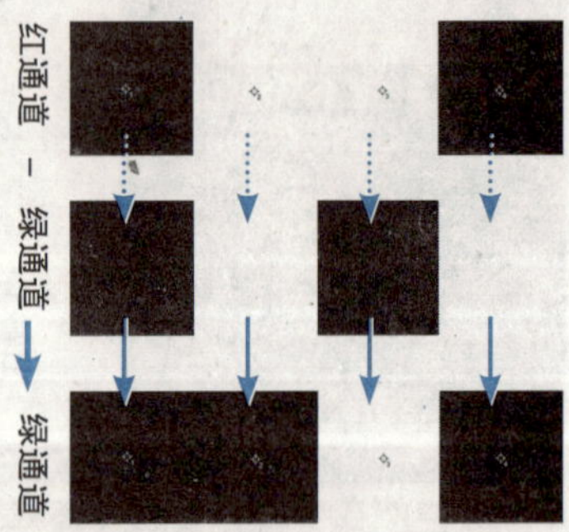

输出通道是“绿”，那么当前的修改只应用到绿色通道中，“100”的红色表示该通道正常输出，“-100”的绿色表示100的红通道减去100的绿通道：“色块1”(0-0=0)变为黑色；“色块2”(255-255=0)变为洋红；“色块3”(255-0=255)变为黄色；“色块4”(0-255=-255)，颜色变为黑色。

图6-79

第三种设置的效果，“输出通道”选择“绿”，将“红色”设置为“-100”，将“绿色”设置为“100”，图像的白色变为洋红，其他颜色未发生改变，如图6-80所示。

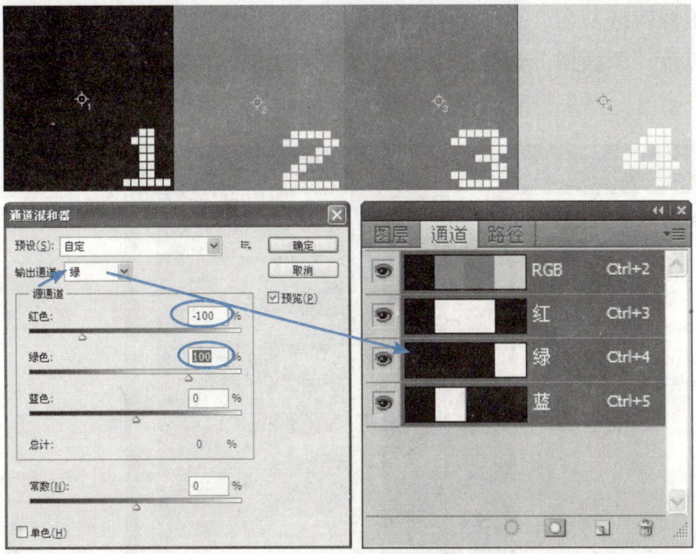

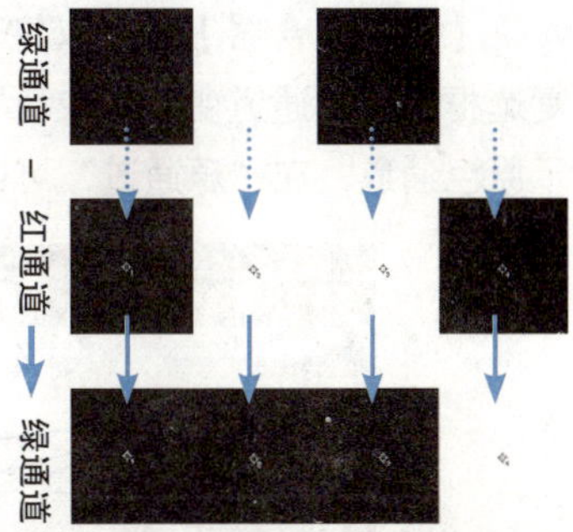

输出通道是“绿”，那么当前的修改只应用到绿色通道中，“100”的绿色表示该通道正常输出，“-100”的红色表示100的绿通道减去100的红通道，相减之后的颜色应用到绿通道中，由于原来的“色块2”的绿通道变为黑色，因此缺少绿色，颜色显示为其相反色洋红，其他颜色不变。

图6-80

第四种设置的效果，“输出通道”选择“绿”，将“红色”和“绿色”都设置为“100”，由于绿色通道发生改变，图像的红色变为黄色，其他颜色未发生改变，如图6-81所示。

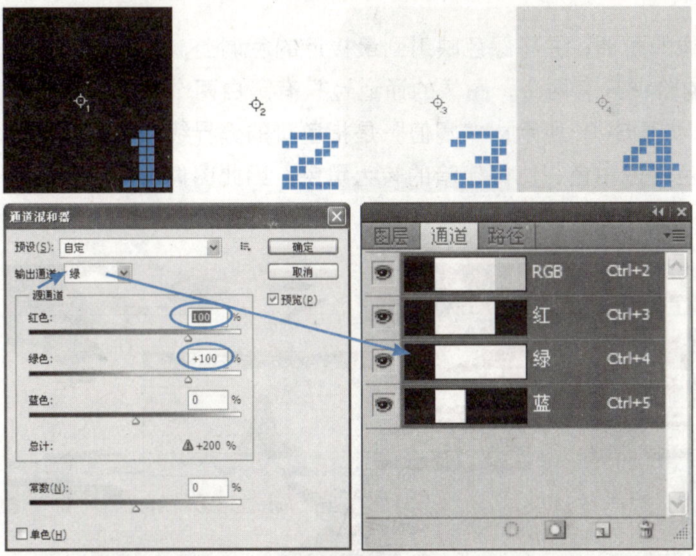

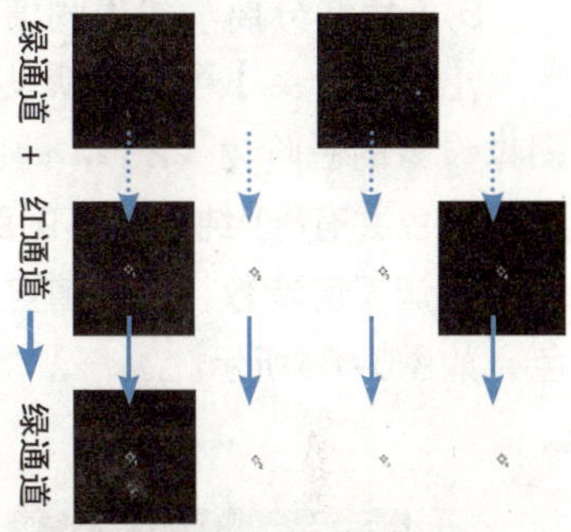

输出通道是“绿”，那么当前的修改只应用到绿色通道中，“100”的绿色和红色都表示该通道正常输出，将这两个通道值相加即可得到结果。

图6-81

处于对话框下方的“常数”用于调整“输出通道”的灰度值，“源通道”运算完成再加上常数值才是最终的“输出通道”，常数取值在-200”~“200之间。

“常数”的正值表示将“输出通道”提亮，数值越大越亮。当“常数”为“0”时，常数对输出通道无影响；“50”表示将通道提亮1/2；“100”表示将通道提亮一倍；“200”表示提亮2倍。

“常数”的负值表示将“输出通道”压暗，数值越小越暗。当常数为“-50”时，表示将通道颜色压暗1/2，如能将“255”的白色压暗一半为“128”；当常数为“-100”时，表示将压通道颜色暗一倍，如能将“255”的白色压暗为黑色；“-200”表示将通道颜色压暗2倍。

【通道混合器】还可以将彩色图像转成灰色，这个功能与【黑白】命令相似，勾选“单色”复选框，输出通道变为“灰色”，表示“源通道”运算之后输出到灰色通道，此处的灰色通道表示原色通道，在“源通道”可以设置输出比例来控制颜色的份量，如图6-82所示。

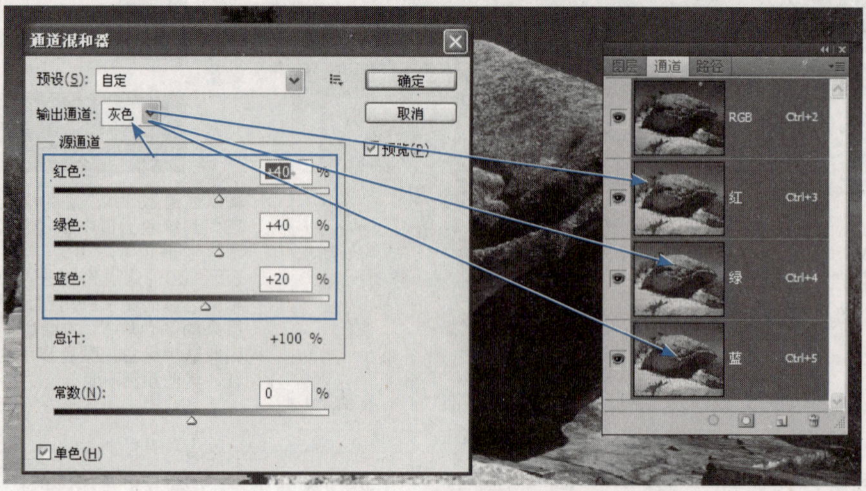

图6-82

9.【色调分离】和【阈值】命令

【色调分离】可以重新设置图像的阶调，并将颜色映射到最接近的色调上，如RGB模式的图像设置的色阶为“2”，即图像的阶调只有两个，图像的通道也只有黑白两个颜色，因此图像的颜色共有8个纯度最高的颜色，如图6-83所示；“阈值”是指色阶的分界线，为图像设置一个阶调阈值参数，比阈值亮的颜色转成白色，比阈值暗的转为黑色，因此图像只呈现黑白两色，如图6-84所示。

图6-83

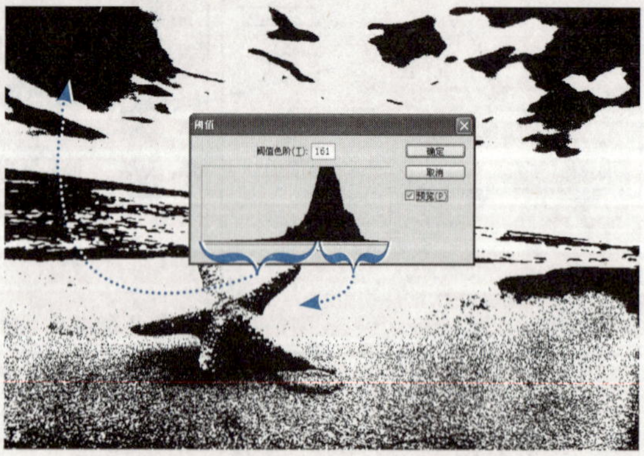

图6-84

10.【渐变映射】命令

【渐变映射】命令可以将设置的渐变色映射到色阶上，执行该命令后弹出对话框，在色条上单击，弹出【渐变编辑器】对话框，在这个对话框中可以设置选择预设的某个渐变，也可以在渐变条上对渐变重新编辑。渐变条左侧的颜色将映射到图像的暗调(即暗调部分显示该颜色)；右侧的颜色映射到图像的亮调部分；中间的颜色将映射到图像中间调，如图6-85所示。

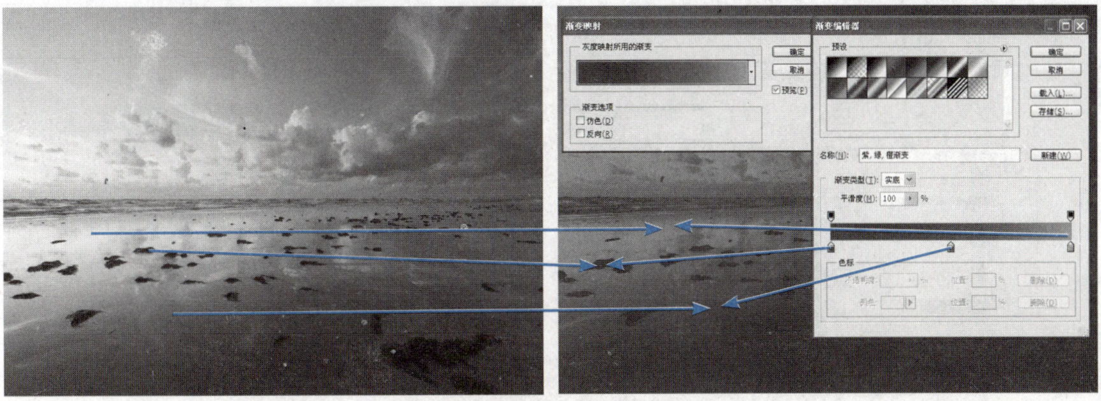

图6-85

11.【可选颜色】命令

【可选颜色】用于校正CMYK模式图像的颜色，但是RGB模式的图像也可以使用该命令，在“颜色”选项中可以从九种颜色中选择其中的一种，然后拖曳下方C、M、Y、K四种油墨滑块来调整在“颜色”中选择的颜色，正值表示添加油墨、负值表示减少油墨，“相对”表示油墨改变的相对量，“绝对”表示改变油墨的绝对量，“绝对”要比“相对”的改变量大，如图6-86所示。

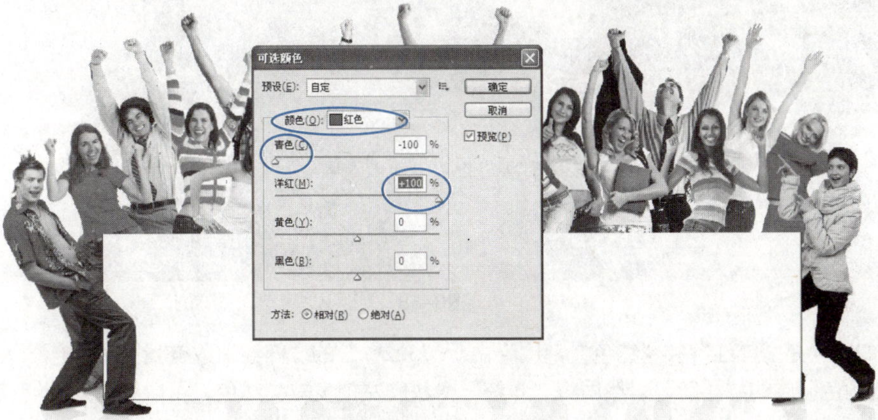

图6-86

问答 6

【可选颜色】命令中如何判断需要修改的颜色到底是何种颜色?

在可选颜色中的“颜色”选择常常引起人们的困惑，如何正确选中需要修改的颜色，在此可以通过“色彩范围”来准确判断。

绘制一个色轮，然后执行【选择】→【色彩范围】命令，在“色彩范围”对话框中选择“红色”可以得到红色的选区，复制选区内容到新图层上，在信息调板中可以看到处于“300°～60°”之间都有颜色信息，因此居于“300°～60°”之间的颜色，都属于可选颜色对话框中“颜色”里的“红色”，处于“0°”的红色在修改时变化最大，“0°～60°”依次递减，“0°～300°”也一次递减，如图6-87所示。根据此方法可以得知“黄色”处于色轮“0°～120°”之间，“60°”改变最大然后向两边递减；“绿色”居于“60°～180°”之间；“青色”居于“120°～240°”之间；“蓝色”居于“180° ~300° ”之间；“洋红”居于“240° ~360° ”之间；“黑色”是小于50%灰色的颜色；“中性灰”是除黑、白两色的所有颜色，“白色”是大于50%灰色的颜色。

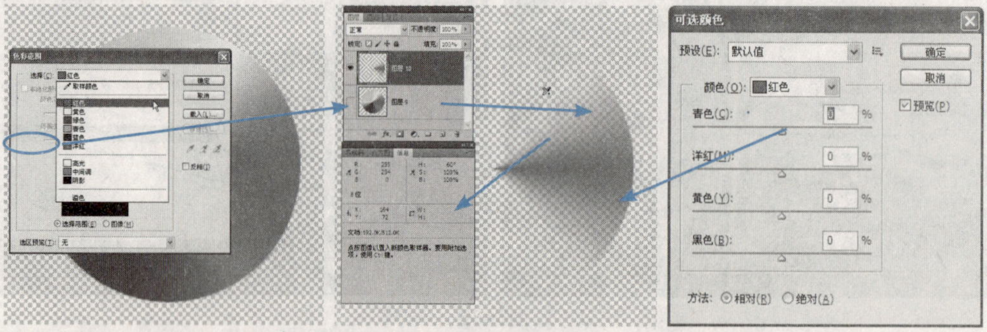

图6-87

下面以实例介绍【可选颜色】的应用。该图需要去除人脸的红斑，使用“颜色取样器”在人脸取样，然后在信息调板中设置取样点模式为“HSB颜色”，可以看到取样点位于色轮的“322° ”位置，如图6-88所示。

图6-88

“322° ”是“洋红”和“红色”范围，由于“322° ”的“洋红”改变量比“红色”大，因此选择“可选颜色”中的“洋红”，然后将“洋红”滑块向左拖曳减少红色，可以看到人脸的红斑减少，如图6-89所示。

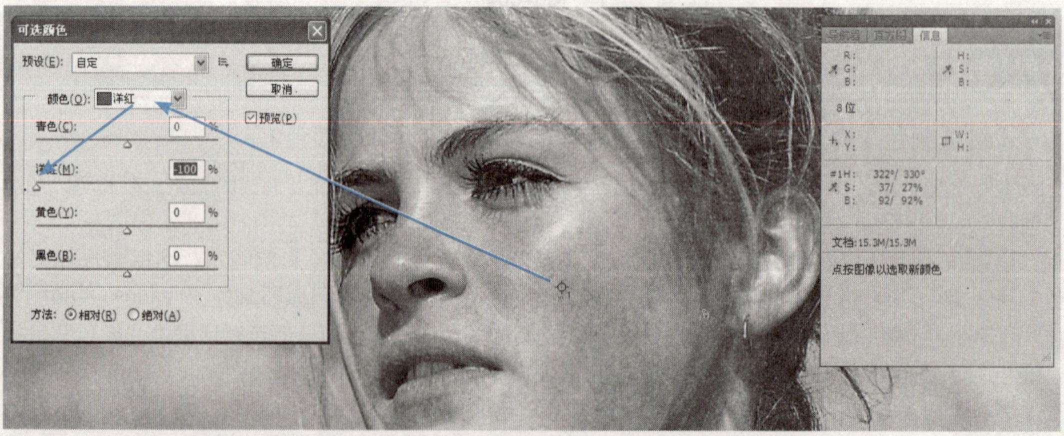

图6-89

12.【阴影/高光】

该命令可以很好地调整反差较大的图像，如逆光的人像图片等，在【阴影/高光】对话框中使用“阴影”来提亮图像暗调部分，使用“高光”来压暗亮调部分。“数量”表示修改量，数值越大改变越大；“色调宽度”表示参与修改的色调范围，数值越大色调范围越大；“半径”是指发生变化像素的影响范围，数值越大参与改变的像素越多。“颜色校正”用于调整图像的饱和度和明度，数值越大图像颜色越饱和、越亮；“中间调对比度”可以调整图像对比度时，将调整区域限定在中间调范围；“修剪黑色”和“修剪白色”是用于控制产生极值的数量，如图6-90所示。

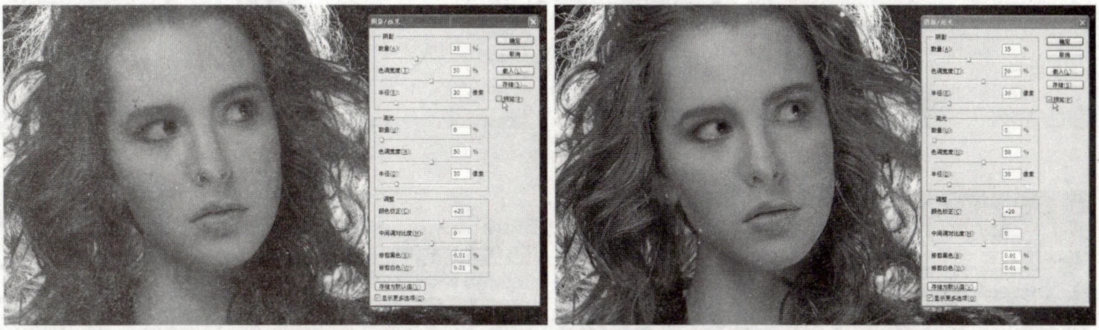

图6-90

13.【匹配颜色】命令

【匹配颜色】命令可以很方便地使两张图片颜色接近，在【匹配颜色】对话框的“源”中选择一张已经打开的匹配图，可以看到目标图像发生变化。“明亮度”用来调整目标图像的明暗度，“颜色调整”用来调整目标图像的饱和度，“渐隐”用来控制调整量，勾选“中和”复选框可以用于调整图像偏色；在“源”中可以选择打开的图片作为匹配图，还可以选择该图像的某个图层，如图6-91所示。

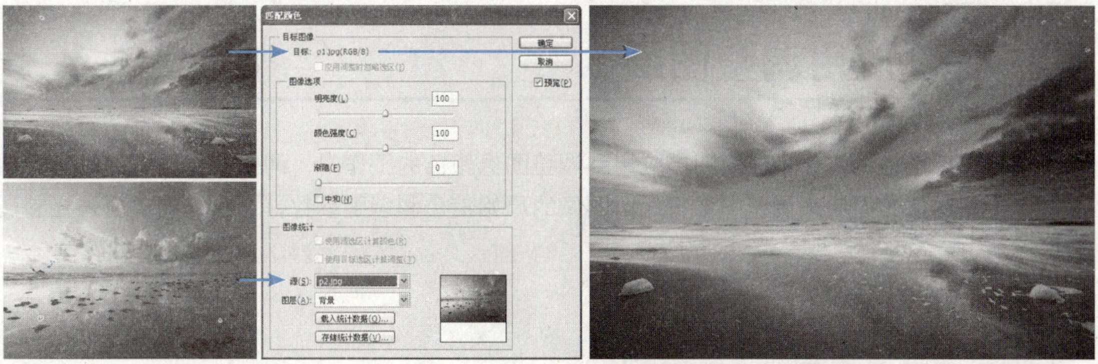

图6-91

14.【替换颜色】命令

【替换颜色】命令相当于【色彩范围】和【色相/饱和度】命令的结合，在“选区”中制作一个选区，然后在“替换”中调整色相、饱和度或者明度，如图6-92所示。

15.【去色】、【反相】和【色调均化】命令

这三个命令对图像的作用简单明了，【去色】在保持原图的颜色模式下可以把图像彩色去除，而只保留图像的明暗变化，如图6-93所示；【反相】可以将图像的颜色反转，如黑、白反

转，黄、蓝反转等，应用该命令图像呈现的是负面效果，如图6-94所示；【色调均化】命令可以重新分布图像像素的亮度值，使图像的阶调分布更加均匀，如图6-95所示。

图6-92

图6-93

图6-94

图6-95

6.3 应用调整图层

调整图层是将调整命令作为图层应用到调整图像颜色的工作中，调整图层是一种先进的调整方式，使用调整图层来调整图像将保留图像的原始信息和调整参数，可以创建蒙版来控制调整区域。

6.3.1 调整图层的基本操作

1. 调用调整图层

调用调整图层的方法有两种，通过菜单建立调整图层和通过调板建立调整图层。菜单建立的方法：选择【图层】→【新建调整图层】命令中的调整命令，在弹出的对话框中单击【确定】按钮，即可调用调整图层，如图6-96所示；调板建立的方法：在图层调板中单击图标，在弹出的下拉菜单中选择调整命令，此时在图层调板中会建立一个该命令的调整图层，并弹出该命令的设置对话框，在对话框中对参数进行设置即可，如图6-97所示。

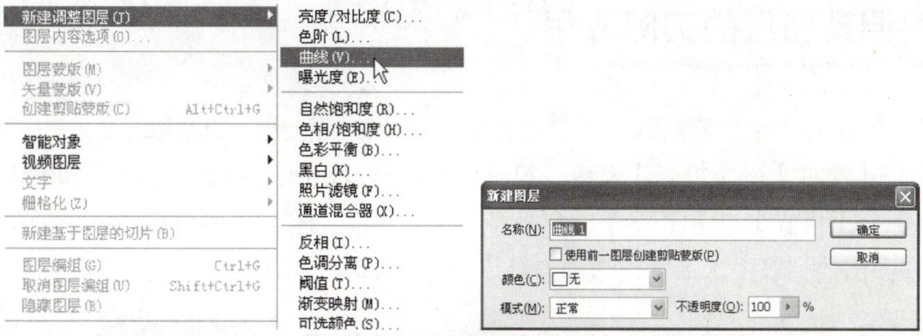

图6-96

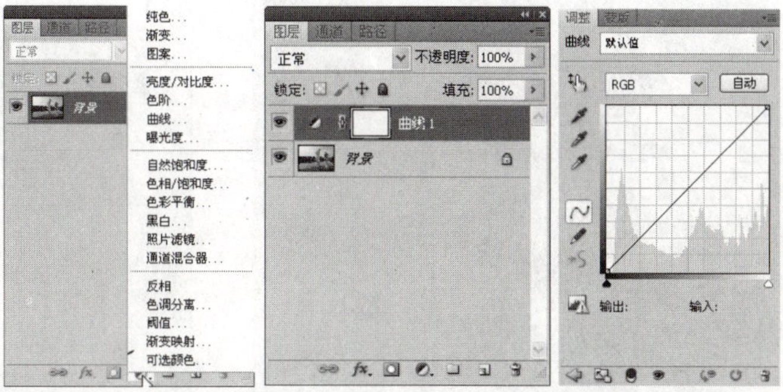

图6-97

2. 操作调整图层

调整图层建立在图层调板中，左侧为调整命令缩略图，右侧为蒙版，双击调整命令缩略图可以调用该命令的设置对话框，单击蒙版缩略图，然后可在蒙版中可以通过黑白灰来控制调整命令的作用区域，如图6-98所示。

图6-98

作为图层的调整命令与其他图层操作方法一致，如将调整图层拖曳到图层调板的删除图层图标上，可删除该调整图层，如图6-99所示。

图6-99

第6章 第7章 第8章 第9章 第10章

6.3.2 调整图层的实际应用

使用调整图层将提供的素材改变其整体色调，制作以“秋天”的效果。

1 执行【文件】→【打开】命令，打开图片素材“pubu3-110.jpg”，如图6-100所示。执行【图像】→【模式】→【RGB】命令，将图像转换成“RGB”颜色模式，单击图层调板中的按钮，在弹出的列表中选择【通道混合器】命令，如图6-101所示。

图6-100

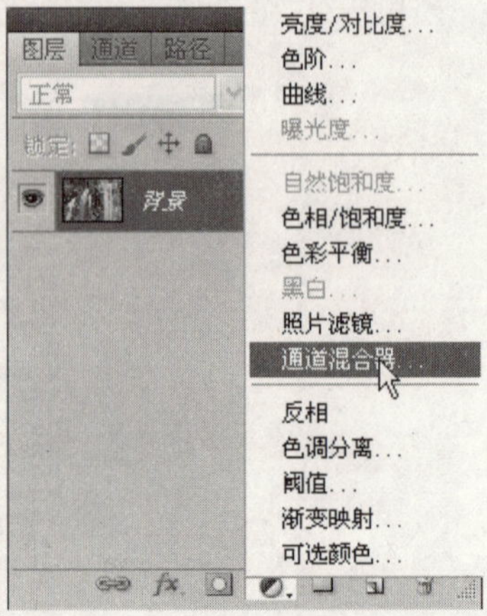

图6-101

2 切换到【调整】调板，设置【通道混合器】的参数如图6-102所示。得到图像效果如图6-103所示。

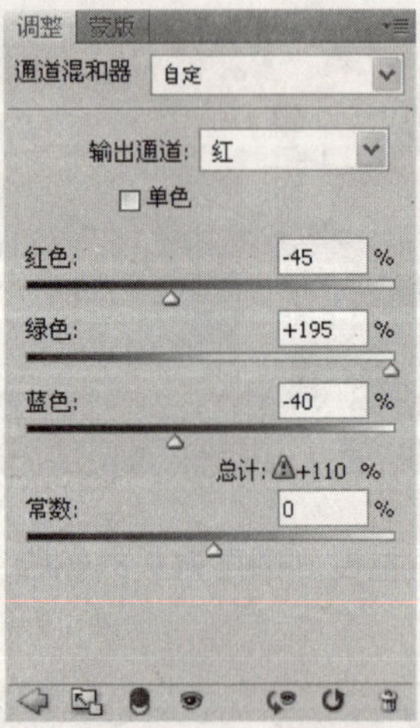

图6-102

图6-103

3 单击图层调板中的按钮，在弹出的列表中选择【可选颜色】命令，切换到【调整】调板，设置参数如图6-104所示，得到图像效果，如图6-105所示。

4 单击图层调板中的按钮，在弹出的列表中选择【色相/饱和度】命令，切换到【调整】调板，设置参数如图6-106所示。激活【色相/饱和度】命令的蒙版，选择工具箱中的画笔工具，将前景色设置为“黑色”，对图中“水”的部分进行涂抹，得到图像效果，如图6-107所示。

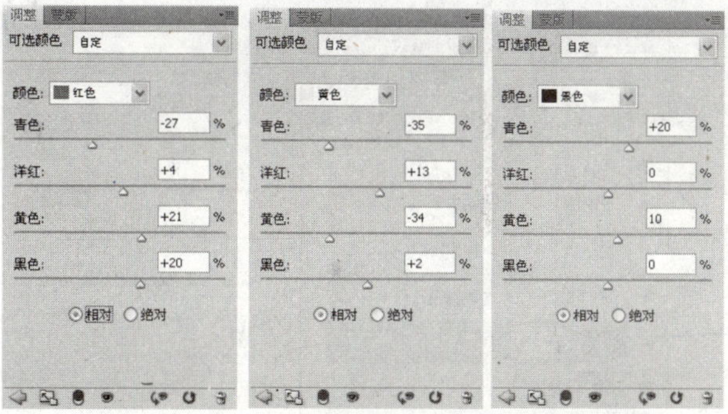

图6-104

图6-105

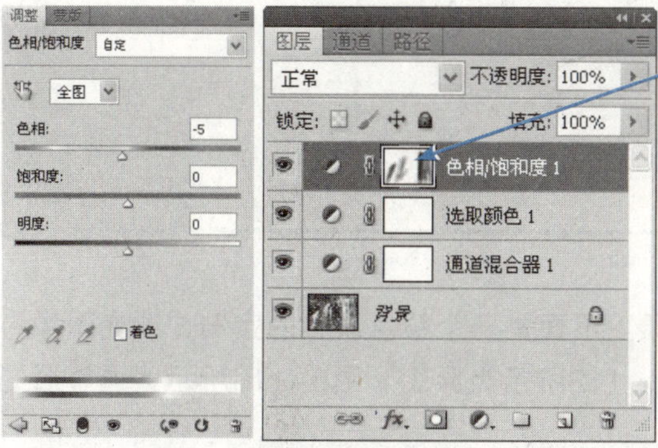

图6-106

图6-107

5 单击图层调板中的按钮，在弹出的列表中选择【色彩平衡】命令，切换到【调整】调板，选择“高光”单选钮，然后设置参数如图6-108所示，得到图像的效果，如图6-109所示。

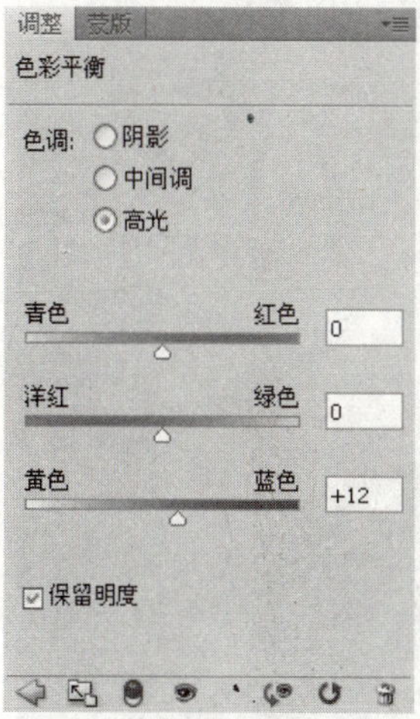

图6-108

图6-109

6 切换到图层调板，在【图层】调板中会显示所添加的调整图层，如图6-100所示；单击某个调整图层，会在【调整】调板中显示对应的参数，如图6-111所示。可以通过【调整】调板来修改,也可以通过调整图层的蒙版选项来修改图像。

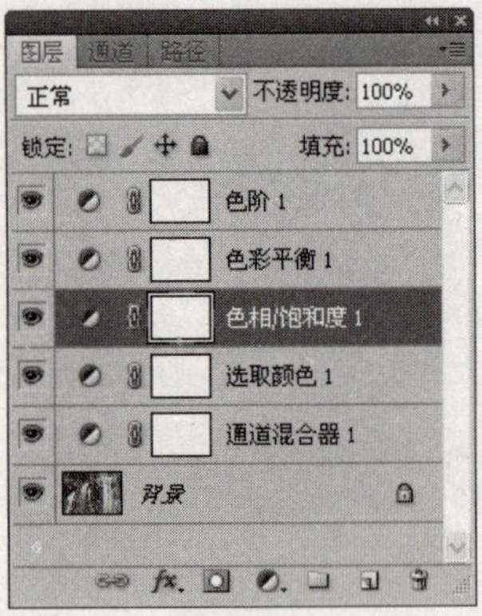

图6-110

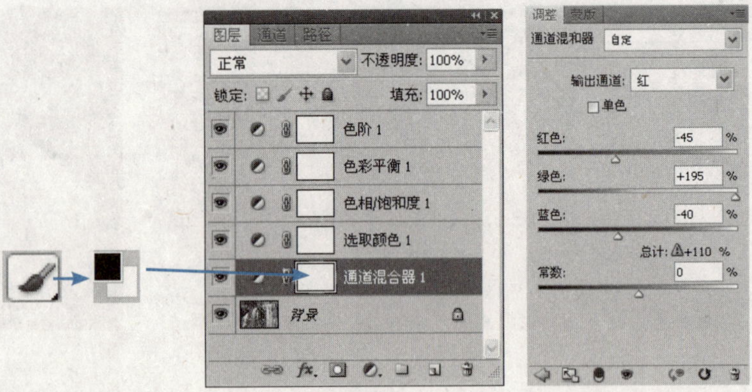

图6-111

6.4 颜色调整综合案例

颜色调整命令可以调整出漂亮唯美的图像效果。下面是一个颜色调整的案例，改变图像中的主色调，将图像调整成蓝色清爽的效果，如图6-112所示为原图。图6-113所示为调整后的效果。

图6-112

图6-113

1 执行【文件】→【打开】命令，打开光盘目录下的“素材\第6章\女孩.jpg”，如图6-114所示。执行【图像】→【模式】→【CMYK颜色】命令，将图片转变成CMYK颜色模式，如图6-115所示。

图6-114

图6-115

2 单击【图层】调板中的 按钮，在弹出的菜单中选择【通道混合器】命令，在【调整】调板中修改参数，如图6-116所示，得到图像效果如图6-117所示。

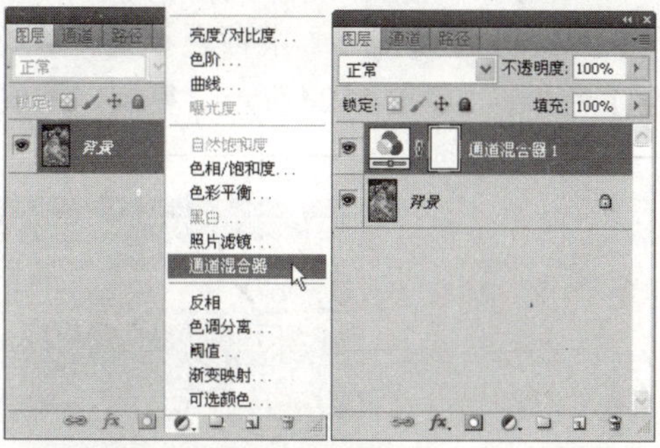

图6-116

图6-117

3 将“通道混合器”图层设置为“柔光”模式，如图6-118所示。选择工具箱中的“画笔工具”，激活通道混合器中的蒙版，将前景色设置为黑色，涂抹照片中的人物部分，人物显示原有的颜色，如图6-119所示。

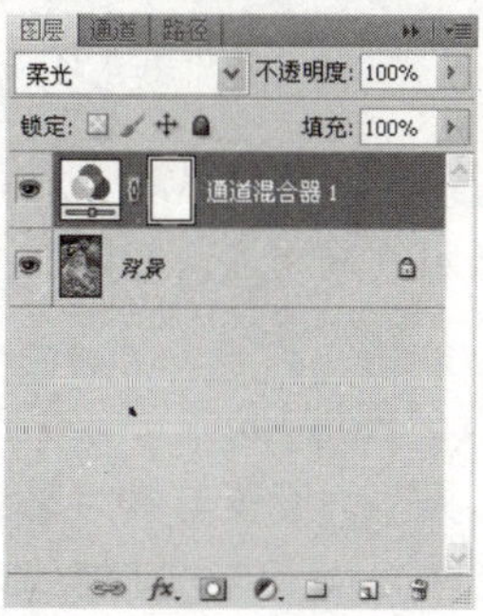

图6-118

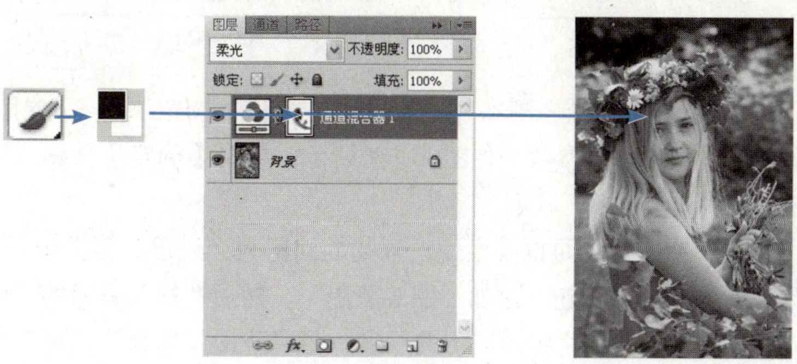

图6-119

4 选择“背景”图层，然后选择工具箱的“污点修复画笔工具”，将图片中人物的胳膊上和鼻子上的黑点修掉，如图6-120所示。

5 单击图层调板中的 按钮，在弹出的菜单中选择【色彩平衡】命令，调整【色彩平衡】参数，如图6-121所示，然后激活蒙版，选择“画笔工具”，对人物进行涂抹，得到图像效果，如图6-122所示。

图6-120

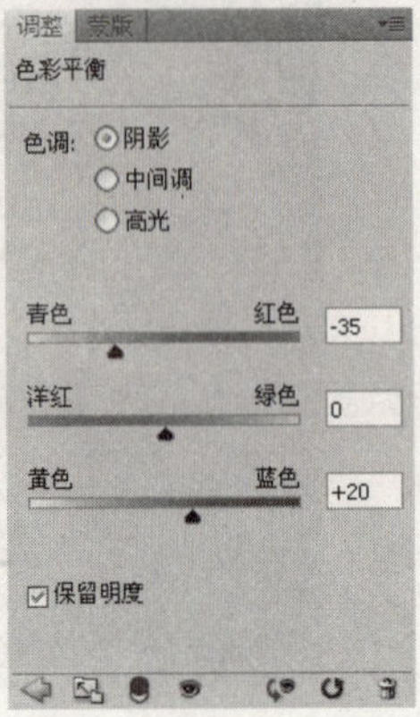

图6-121

图6-122

6 选择“色彩平衡”调整图层，按快捷键Ctrl+Shift+Alt+E盖印图层，生成一个新的“图层1”，如图6-123所示。

7 选择“图层1”，执行【图像】→【模式】→【CMYK颜色】命令，将颜色模式转换成“RGB颜色”模式。在弹出的对话框中单击【不拼合】命令，如图6-124所示。复制“图层1”，生成“图层1副本”，如图6-125所示。

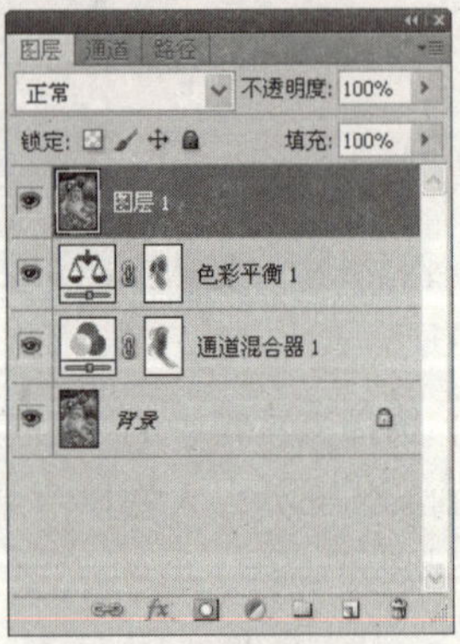

图6-123

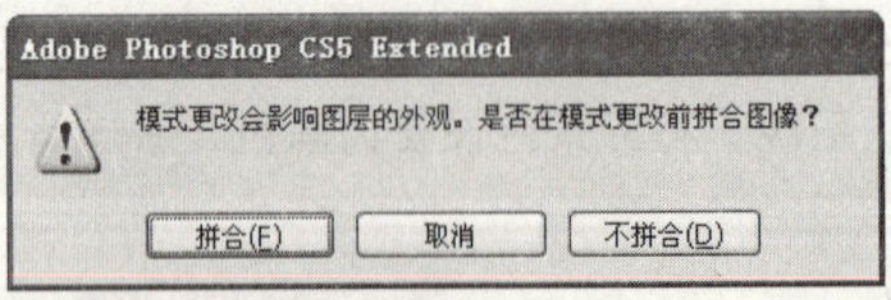

图6-124

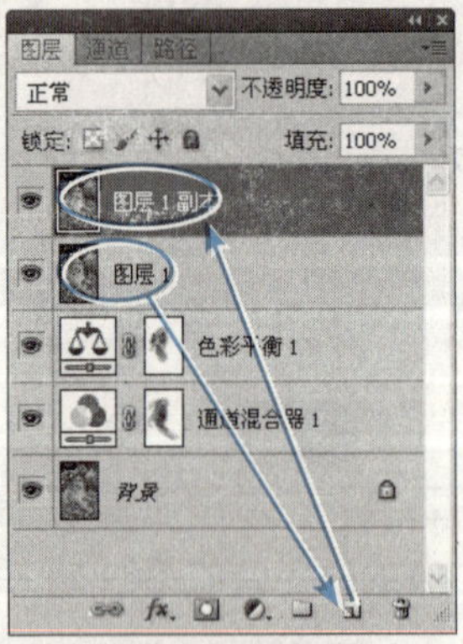

图6-125

8 选择“图层1副本”，执行【滤镜】→【渲染】→【光照效果】命令,在弹出的【光照效果】对话框中调整参数，如图6-126所示。单击【确定】按钮，完成光照效果添加，如图6-127所示。

9 在图像中可以观察到，人物的面部曝光过度，需要修正。选择“图层1副本”，单击图层调板下方的 按钮，添加“图层蒙版”，然后选择工具箱的“画笔工具”，设置前景为黑色，调整画笔工具选项栏中的“不透明度”和“流量”的数值，在人物的面部涂抹，降低面部的曝光度，图像效果如图6-128所示。

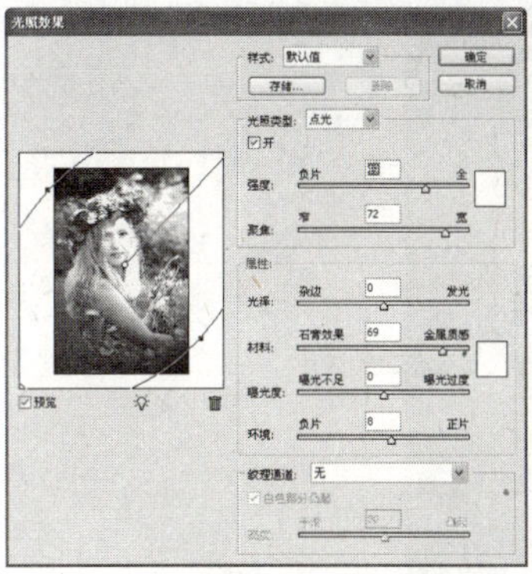

图6-126

图6-127

图6-128

10 单击图层调板中的按钮，创建一个新的图层，选择工具箱中的“渐变工具”，设置渐变类型为“径向渐变”，渐变方式为“中密度灰”渐变，如图6-129所示。得到图像效果，如图6-130所示。

11 为“图层2”添加图层蒙版，选择工具箱中的“画笔工具”，对人物的面部进行涂抹，将面部全部显示，如图6-131所示。

图6-129

图6-130

图6-131

12 单击图层调板中的按钮，在弹出的菜单中选择【色阶】命令，调整参数，如图6-132所示。选择工具箱中的“画笔工具”，涂抹人物面部过亮的部分，按快捷键Ctrl+Shift+Alt+E盖印图层，生成一个新的图层为“图层3”，如图6-133所示。

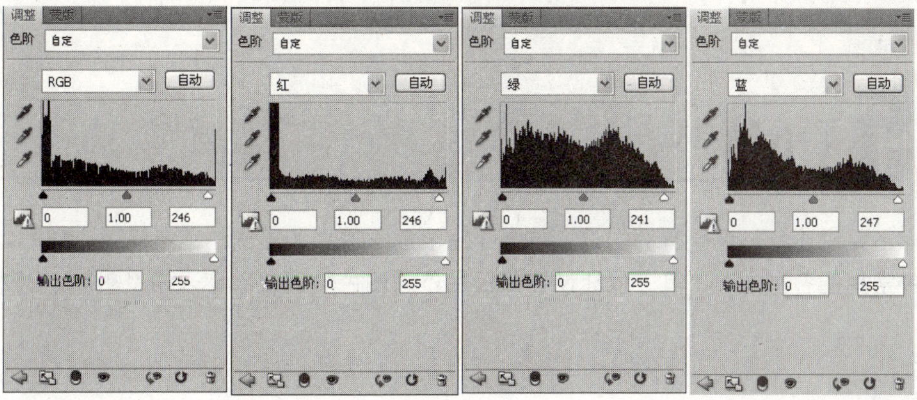

图6-132

图6-133

13 图片调整完成，可以看到图片的整体色调变成偏冷色的清爽色调，如图6-134所示。

图6-134

6.5 小结

本章主要讲述色彩调整有关知识，首先介绍了色彩原理和基本的色彩知识，然后介绍了色彩调整中常用的各种调节工具，能让设计师使用不同的色彩调整命令来调整图片，以达到印刷要求。

滤镜基础

滤镜库

智能滤镜

风格化滤镜组

画笔描边滤镜组

模糊滤镜组

扭曲滤镜组

锐化滤镜组

素描滤镜组

素描滤镜组

像素化滤镜组

渲染滤镜组

艺术效果滤镜组

杂色组滤镜

其他组滤镜

7

第7章 滤镜

编者心得

滤镜是Photoshop中最具有吸引力的功能之一，是用来美化图像的，通过对图像中像素的修改实现各种特殊的画面效果，能帮助设计师做出更多更好的作品。

7.1 滤镜基础

滤镜是Photoshop中很强大的功能之一，它就像是一位站在舞台上的魔术师，可以把一张普通图片变成视觉冲击力很强的艺术品。滤镜能够制作多种特殊效果，这一章我们将详细讲解各种滤镜的使用方法和每个滤镜的特点。

7.1.1 什么是滤镜

滤镜原来是一种摄影器材，它是安装在照相机前面用来改变照片的拍摄方式的一种器材，用来产生特殊的拍摄效果。

而Photoshop滤镜是一种插件模块，用来操作图像中的像素。在Photoshop中，滤镜可分为两种，一种是内部滤镜，也就是安装Photoshop时自带的滤镜，另外一种是外挂的滤镜，它是由其他厂商开发的滤镜，需要另外安装的。滤镜是通过改变像素的位置或者颜色来生成各种特殊效果。图7-1为应用【马赛克拼贴】、【彩色铅笔】滤镜处理后的图像。

马赛克拼贴　　彩色铅笔

图7-1

Photoshop所有的滤镜都在【滤镜】菜单中，其中【镜头校正】、【液化】、【消失点】是特殊的滤镜，被单独列出，其他的滤镜则都根据各自主要功能和实现的最终效果被放置在不同的滤镜组中,有的滤镜组被放在滤镜库中，如图7-2所示。

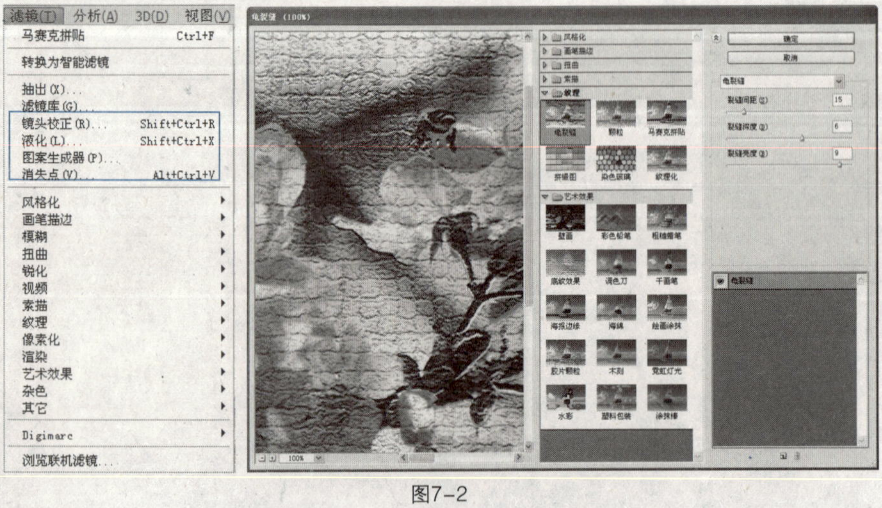

图7-2

7.1.2 滤镜的主要用途

在Photoshop中，滤镜主要有两钟用途。一种用来实现图像的特效，如可以制作素描、纹理、像素化、风格化等一些特殊的效果。这种类型的滤镜数量最多，基本上是通过【滤镜库】来应用和管理的。另一种用于图像文件的编辑，如提高图像清晰度、让图像变得模糊、减少图像中的杂色等，这些滤镜放置在【模糊】、【锐化】、【杂色】等滤镜组中。

另外，【液化】、【消失点】、【镜头校正】中滤镜比较特殊，它们功能比较强大，有着独特的操作方法，像是独立的软件，所以不放在其他分组里面，而是被单独放置出来，如图7-3所示。

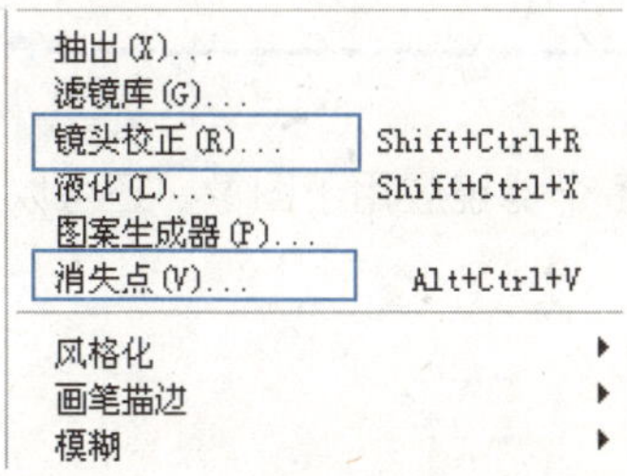

图7-3

提示

Photoshop为用户提供了一个广阔的平台，用户可以将第三方的滤镜插件安装到Photoshop中，这些滤镜也称之为外挂滤镜。它不仅能更快更好地完成一些图像的特效，也更好地实现了内置滤镜无法实现的效果。外挂滤镜安装方法与安装程序的方法大致相同，具体方法参见第1章【滤镜】。

7.1.3 滤镜的使用方法

1. 使用滤镜处理图像时，首先应该选择图层，并且保持图层为可见状态。

2. 如果在图像中创建了选区，滤镜只能处理选区内的图像；如果没有创建选区，则处理整个图层上的图像，如图7-4所示。

图7-4

3. 滤镜可以处理图层蒙版和通道、快速蒙版。

4. 滤镜是以像素为单位进行计算的，运用同一个滤镜，不同的分辨率和大小的图像，所得到的效果也会不同。

提 示

（1）只有【云彩】滤镜可以应用在没有图像的区域，其他的滤镜都必须应用在含有像素的区域，否则不能正常使用，外挂滤镜除外。

（2）在【滤镜】菜单下，有些滤镜命令会显示为灰色，表示该滤镜不能被正常使用，造成这种问题的原因主要是图像模式不正确。在Photoshop中，有的滤镜不支持CMYK模式，却全部支持RGB模式。位图和索引模式的图像不支持任何滤镜效果。如果对位图、索引和CMYK模式的图像加载滤镜命令，首先要将其转换成RGB模式，再用滤镜处理。

7.2 滤镜库

滤镜库是一个集合了多种滤镜效果的对话框，它可以将一个或多个滤镜应用于图像，还可以使用对话框中的其他滤镜来代替原有的滤镜。

7.2.1 滤镜库概述

执行【滤镜】→【滤镜库】命令，弹出【滤镜库】对话框，如图7-5所示。

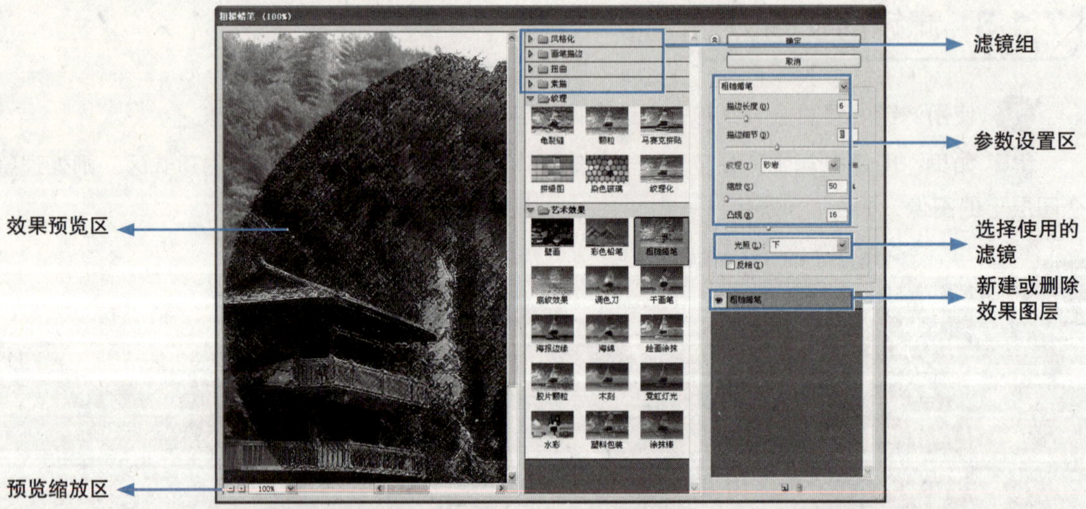

图7-5

- 效果预览区：用来查看图像生成的滤镜效果。
- 滤镜组：用来存放和管理各种不同的风格的滤镜。
- 参数设置：用来调节滤镜的显示效果。
- 选择并使用的滤镜：显示已经使用过的滤镜。当使用了过多的滤镜时，会在对话框中一一列出，我们可以单击滤镜前边的图标，来实现滤镜的显示与隐藏。
- 新建、删除效果图层：用来新建或者是删除滤镜效果图层。
- 预览缩放区：用来放大或者缩小效果预览区的的图像显示比例。

提　示

在【滤镜】对话框中按住Alt键，单击【取消】按钮会变成【复位】按钮，单击该按钮可以将滤镜参数恢复到最初状态。

7.2.2　实战——用滤镜库制作马赛克拼贴风景图片

1 执行【文件】→【打开】命令，打开光盘目录下的“素材\第7章\照片112.jpg”，并为图像复制“背景副本”图层，如图7-6所示。

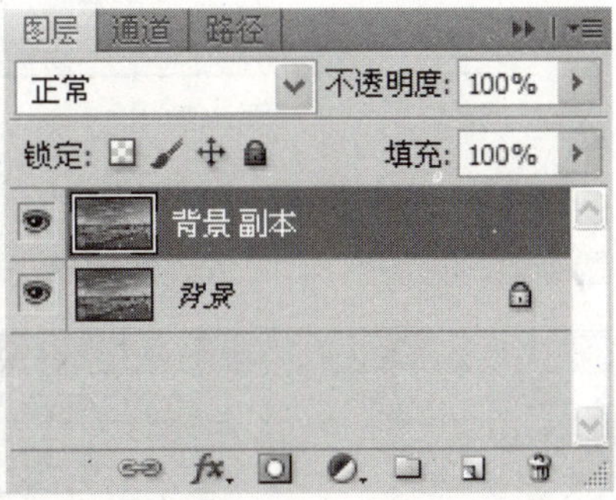

图7-6

2 选择“背景副本”图层，执行【滤镜】→【素描】→【半调图案】命令，在弹出的对话框中设置参数，如图7-7所示，单击【确定】按钮，将图层模式设置为“正片叠底”，效果如图7-8所示。

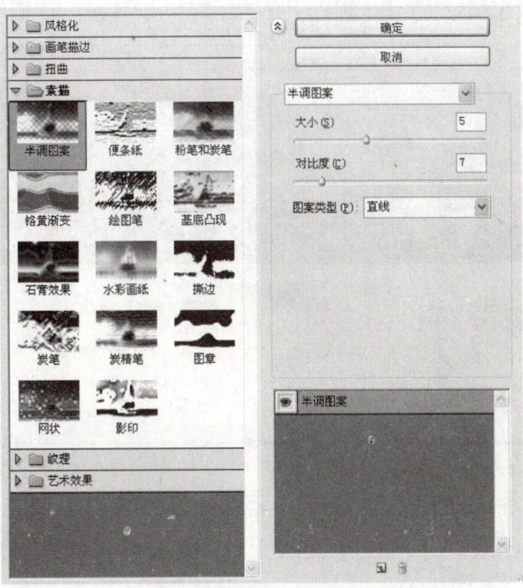

图7-7

图7-8

3 为图像添加一个模拟太阳光照效果。执行【滤镜】→【渲染】→【镜头光晕】命令，弹出【镜头光照】对话框，在对话框中设置参数，如图7-9所示。设置完毕单击【确定】按钮，效果如图7-10所示。

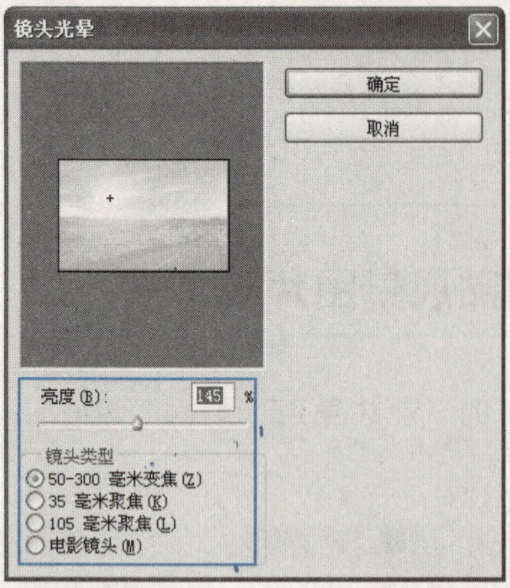

图7-9

图7-10

4 执行【滤镜】→【纹理】→【马赛克拼贴】命令，在弹出的【马赛克拼贴】对话框中设置参数，如图7-11所示，然后单击【确定】按钮，最终效果如图7-12所示。

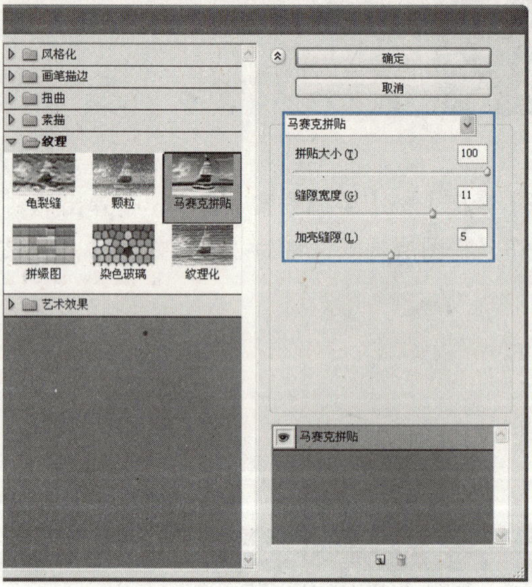

图7-11

图7-12

7.3 智能滤镜

智能滤镜是Photoshop CS3版本中开始出现的功能，智能滤镜是一种非破坏性滤镜，可以达到与普通滤镜完全相同的效果，但它是作为图层效果出现在【图层】面板上的，因此不会改变图像中的任何像素，并且可以随时修改参数，或者删除。

7.3.1 什么是智能滤镜

普通滤镜是通过改变图像像素来创建特效的，这种实现方法会修改像素导致最后的图像无法恢复；智能滤镜是一种非破坏性滤镜，不修改图像中的任何像素，但可以实现和普通滤镜一样的效果。

7.3.2 智能滤镜与普通滤镜的区别

在Photoshop中，智能滤镜是一种非破坏性滤镜，它将滤镜效果应用于智能对象上，不会破坏对象的原始数据。图7-13为应用智能滤镜实现的效果，观察图层面板可以看到它与普通滤镜的不同。

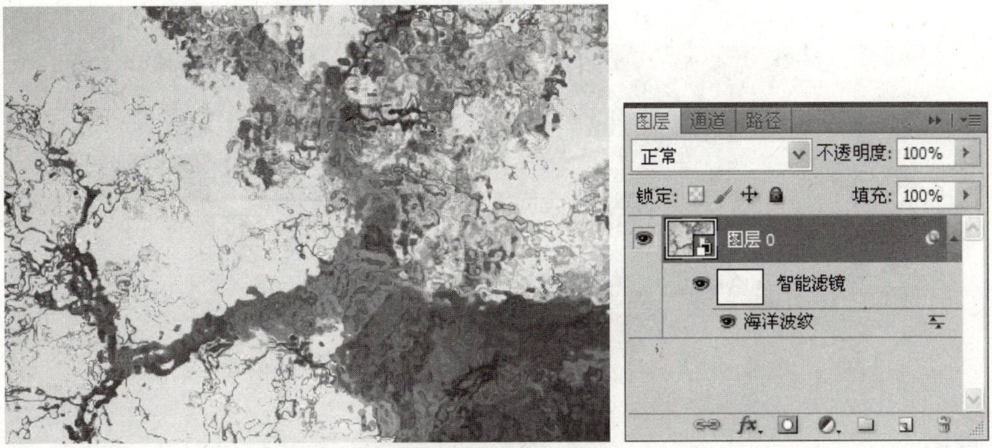

图7-13

智能滤镜包含一个图层样式的滤镜列表，单击智能滤镜前面的眼睛图标，可以将滤镜效果隐藏，也可以将滤镜效果删除。将滤镜效果删除后，恢复原始的图像，如图7-14所示。

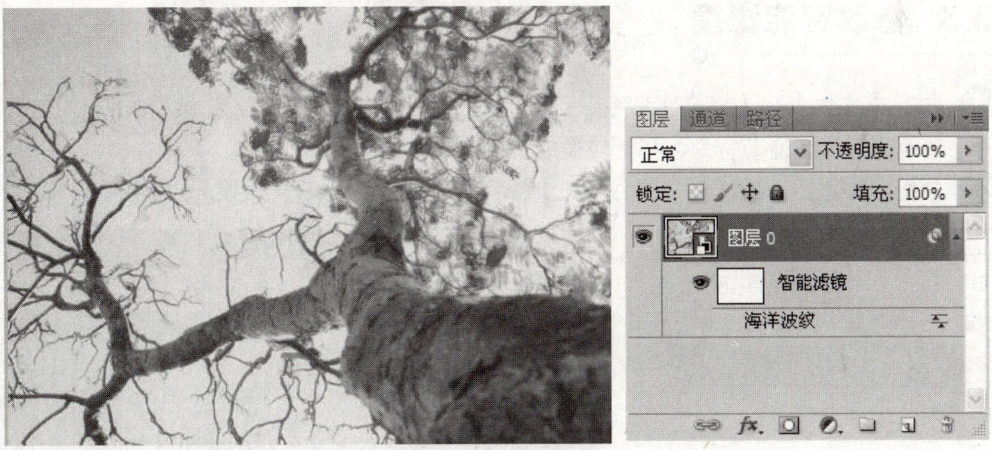

图7-14

普通滤镜则是通过修改图像的像素来实现其效果的，当加载滤镜后，会修改原来的图像信息，如图7-15、图7-16所示。一旦将文件保存关闭后，图像就无法恢复到原始状态。

图7-15

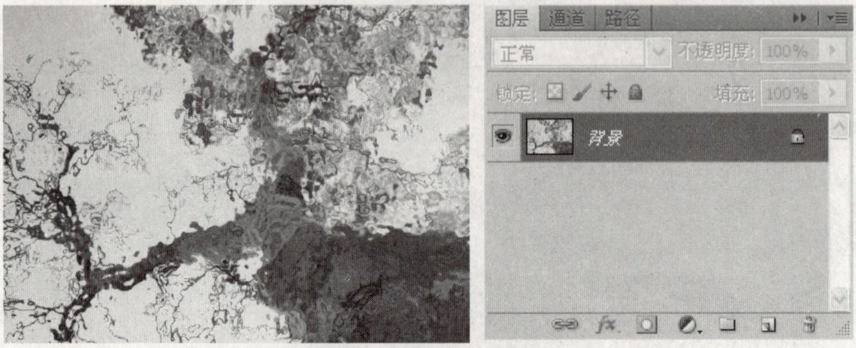

图7-16

提 示

在滤镜菜单中，除了【液化】和【消失点】之外，其他滤镜都可以作为智能滤镜使用，其中也包括支持智能滤镜的外挂滤镜。

7.3.3 修改智能滤镜

1 执行【文件】→【打开】命令，打开光盘目录下的“素材\第7章\黄昏02”，执行【滤镜】→【转换为智能滤镜】命令，将其转换成智能滤镜，如图7-17所示。

2 执行【滤镜】→【纹理】→【纹理化】命令，为图片添加纹理化效果，效果如图7-18所示。

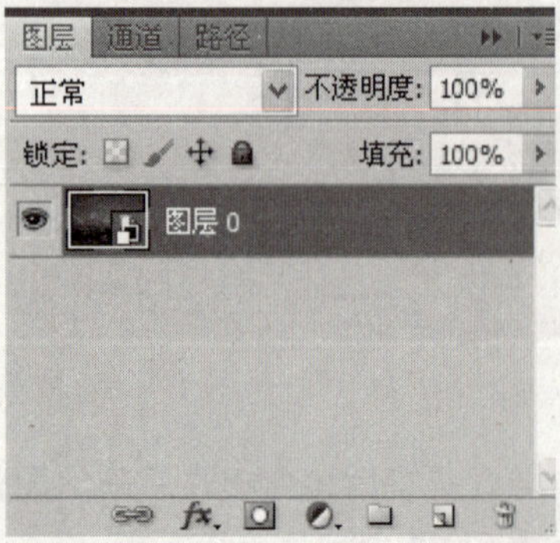

图7-17

图7-18

3 双击【纹理化】智能滤镜，如图7-19所示，重新弹出【滤镜库】对话框，修改滤镜的参数，将【纹理】修改为【砖形】，修改“缩放”数值为200，“凸现”数值为6，单击【确定】按钮，可以更换滤镜效果，如图7-20所示。

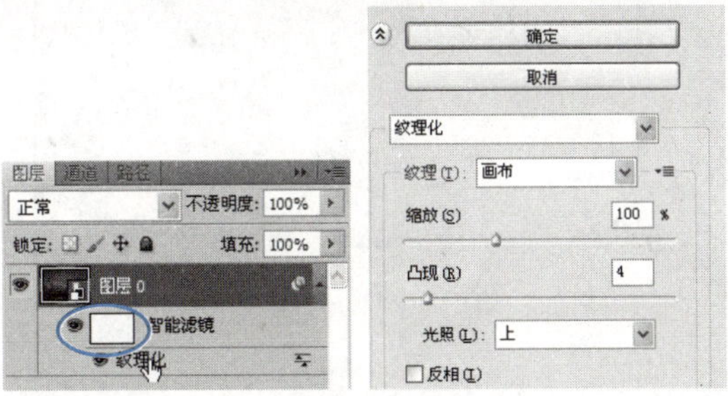

图7-19

图7-20

提 示

如果，选择的当前图层对象为智能对象，则可以直接对其应用滤镜，而不用再将其转换成智能滤镜。

7.4 风格化滤镜组

风格化滤镜组一共包括9种滤镜，它们可以置换像素、查找并增加图像的对比度，从而产生绘画和印象派效果。

7.4.1 查找边缘

【查找边缘】滤镜能自动识别图像对比度变化强烈的边界，将低反差边界变暗，高反差边界变亮，其他的区域在两者之间，硬朗的边缘变成清晰地线条，柔和的边缘变粗，形成一个轮廓，如图7-21所示。

图7-21

7.4.2 等高线

用于勾勒图像的轮廓，它使用封闭的曲线把图像中色界差值相同的区域勾勒出来。效果如图7-22、图7-23所示。

图7-22

图7-23

7.4.3 风

该滤镜通过增加一些水平线，来模拟风的效果，如图7-24、图7-25所示。该滤镜只在水平方向起作用，如果要向其他方向产生效果，需要先旋转图片的方向。

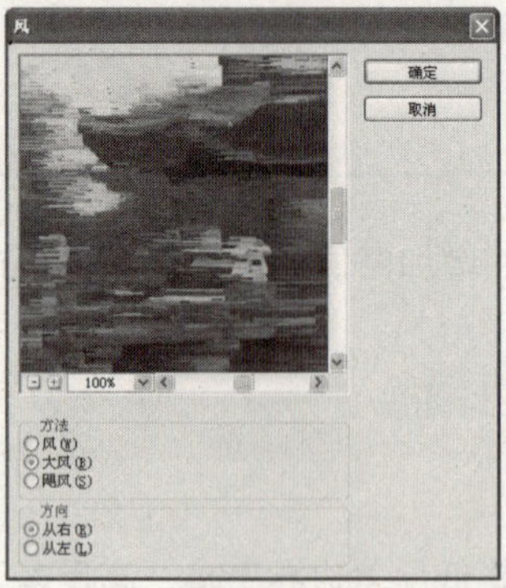

图7-24

图7-25

7.4.4 浮雕效果

该滤镜可以通过勾画图像或选区的轮廓、降低周围颜色值来生成凹凸的浮雕效果，如图7-26、图7-27所示。

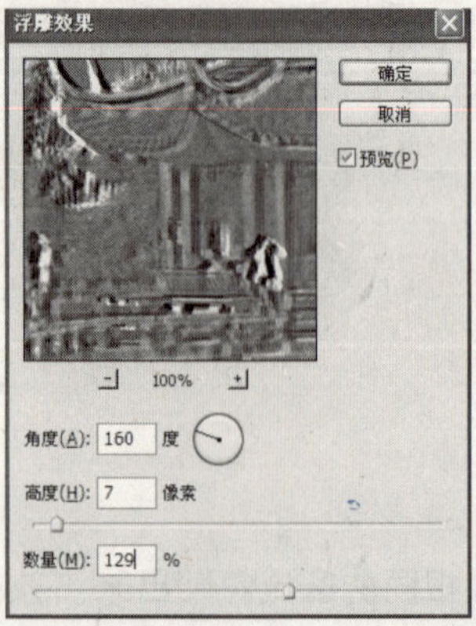

图7-26

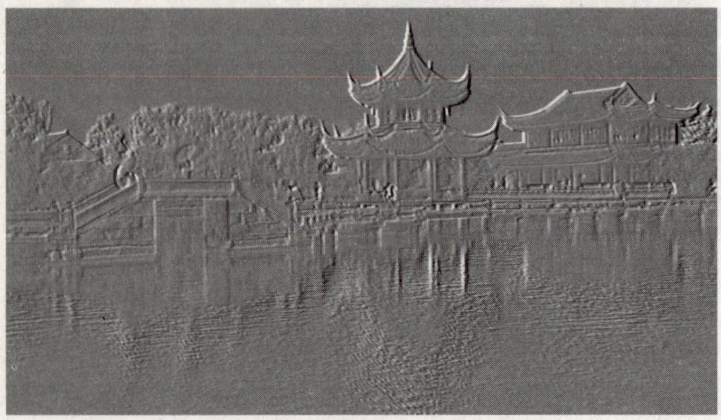

图7-27

7.4.5 扩散

该滤镜可以使图像中相邻的像素按规定的方式移动，使图像扩散，从而产生一种类似于透过磨砂玻璃观察对象时的模糊效果，如图7-28、图7-29所示。

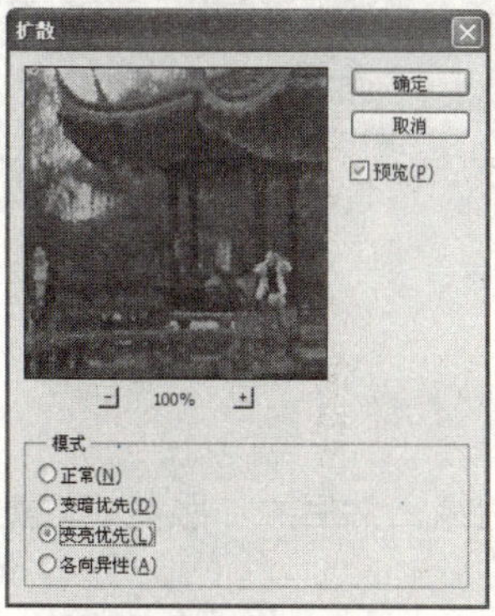

图7-28

图7-29

7.4.6 拼贴

该滤镜可以根据指定的数值将图像分成为块状，并保留原来的位置，而产生不规则的拼凑图像效果，如图7-30、图7-31所示。

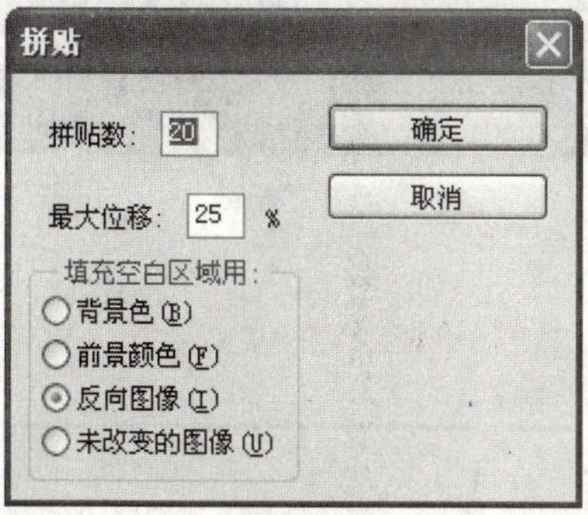

图7-30

图7-31

7.4.7 曝光过度

该滤镜可以混合正片和负片图像，模拟出摄影中增加光线强度而产生过度曝光的效果，如图7-32所示。

图7-32

7.4.8 凸出

该滤镜可以将图像分成一系列大小相同的、有机重叠放置的立方体或锥形体，来产生特殊的三维效果，如图7-33、图7-34所示。

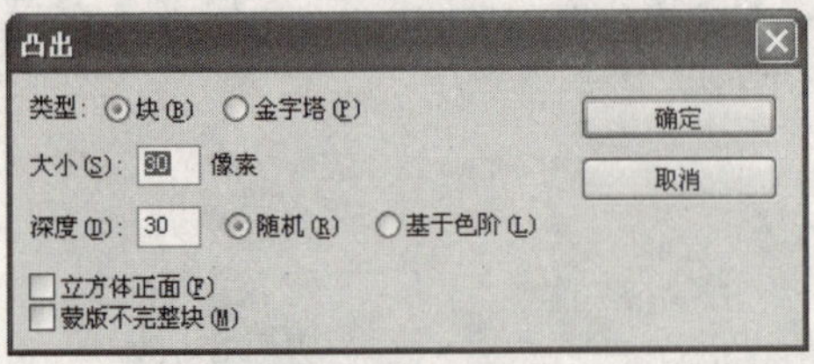

图7-33

图7-34

7.4.9 照亮边缘

该滤镜可以检查图像中颜色变化较大的区域，表示颜色的边缘，然后添加跟霓虹灯类似的灯光，如图7-35、图7-36所示。

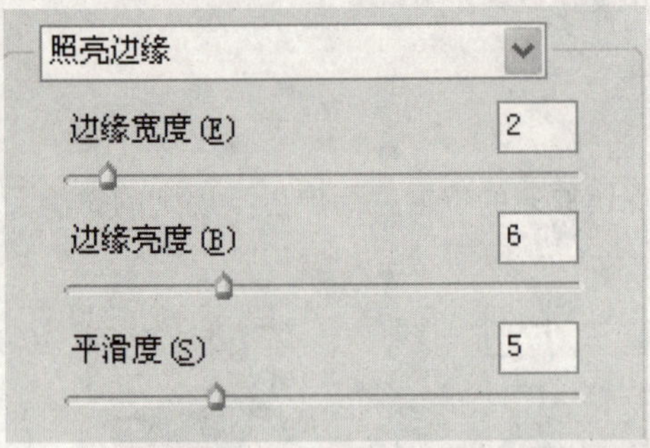

图7-35

图7-36

7.5 画笔描边滤镜组

画笔描边滤镜组中含有8种滤镜，这些滤镜只能应用于GRB模式，不能应用于CMYK、LAB模式。它们通过应用不同的画笔和油墨勾画图像产生绘画效果，其中有的滤镜则可以添加颗粒、杂色等一些其他的纹理，如图7-37所示。

图7-37

在画笔描边的滤镜组的8个滤镜中，可以通过调节每个滤镜的参数值来获得8种图像效果，如图7-38、图7-39、图7-40所示。

【成角的线条】滤镜效果

【墨水轮廓】滤镜效果

【喷溅】滤镜效果

图7-38

【喷色描边】滤镜效果

【强化的边缘】滤镜效果

【深色线条】滤镜效果

图7-39

【烟灰墨】滤镜效果

【阴影线】滤镜效果

图7-40

7.6 模糊滤镜组

模糊滤镜组共11种滤镜，如图7-41所示。它们可以削弱图像像素之间的对比度并能柔化图像，从而使图像产生模糊地效果。在去除图像中的杂色时，会用到此类滤镜。

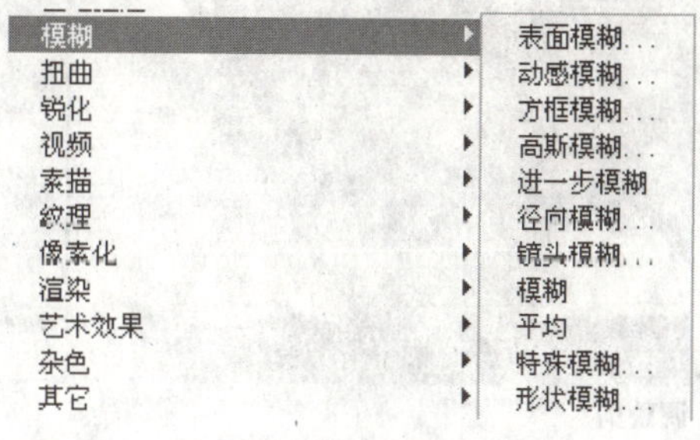

图7-41

7.6.1 表面模糊

该滤镜能够在模糊图像的同时保留图像边缘，用来消除杂色，可以用来为人物图像进行磨皮，以达到很好的效果，如图7-42所示。

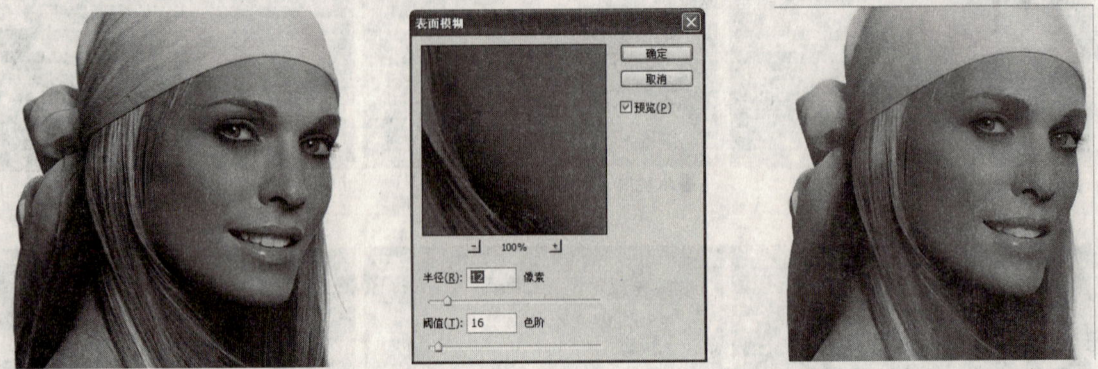

调整前　　调整后

图7-42

7.6.2 动感模糊

该滤镜需要沿着指定的方向，指定的强度来模糊图像，产生的效果可以用来表现对象的速度感，如图7-43所示。

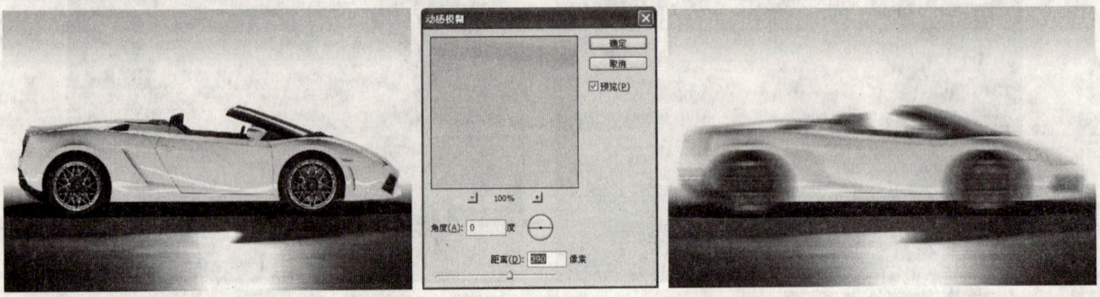

图7-43

7.6.3 方框模糊

该滤镜用图像相邻像素之间的颜色平均值来模糊图像，产生类似于方块状的模糊效果，图7-44所示。

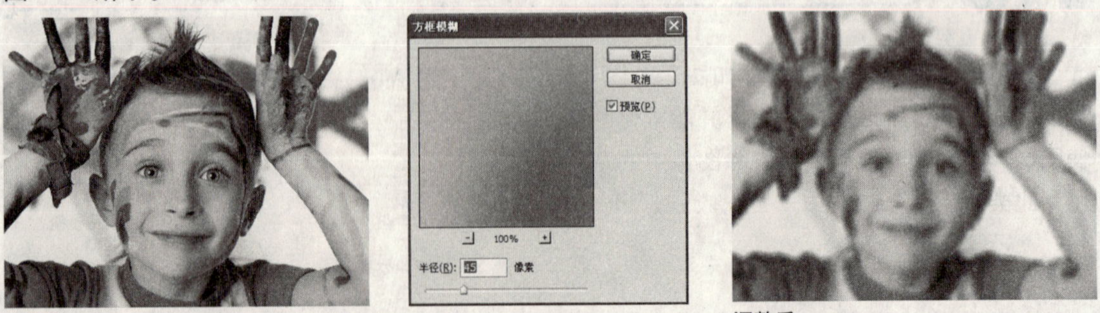

调整前　　调整后

图7-44

7.6.4 高斯模糊

该滤镜为【模糊滤镜】组中最常用的滤镜，常用于为照片创造景深，以此来突出拍摄的主体。执行【滤镜】→【模糊】→【高斯模糊】命令,可以通过设置【半径】参数或者是拖曳滑块来设置模糊程度，单击预览图像下面的【减】、【加】可以调节整个预览区的区域，得到图像效果如图7-45所示。

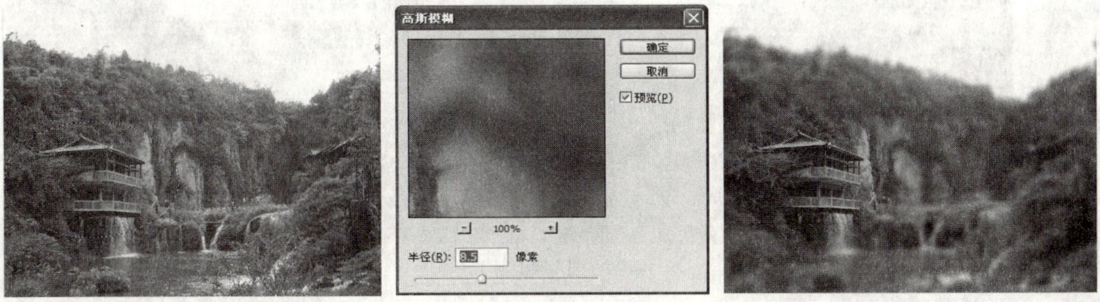

图7-45

7.6.5 径向模糊

该滤镜可以用来模拟相机的移动和旋转所产生的模糊效果，产生的是一种柔化模糊效果，如图7-46所示。

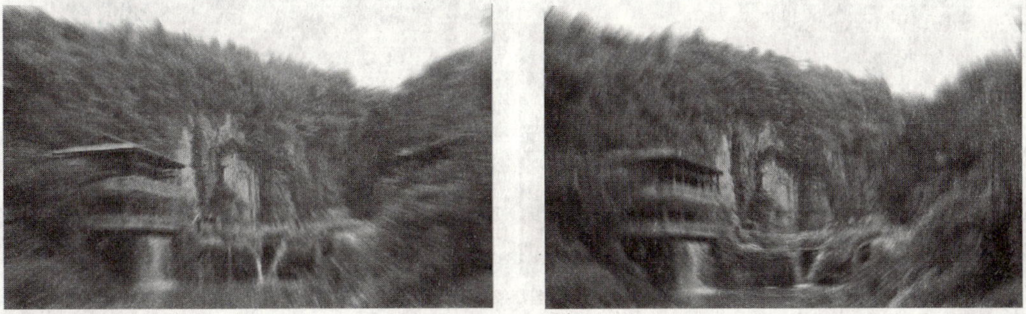

"缩放"径向模糊 "旋转"径向模糊

图7-46

提 示

在【径向模糊】选项中，可以单击点定义为模糊的原点，原点的位置不同，模糊的中心也不同，如图7-47所示。

图7-47

766 镜头模糊

该滤镜可以向图像中添加模糊产生景深效果，让图片中的一些对象在焦点内，另一些则变得模糊，效果如图7-48所示。

图7-48

767 平均

该滤镜无对话框，用来查找图像的平均颜色，然后以该颜色填充图像，创建平滑的外观，如图7-49所示。

图7-49

768 特殊模糊

【特殊模糊】滤镜提供了半径、阈值和模糊品质等选项的设置，可以精确地模糊图像如图7-50、图7-51所示。产生的效果，如图7-52所示。

图7-50

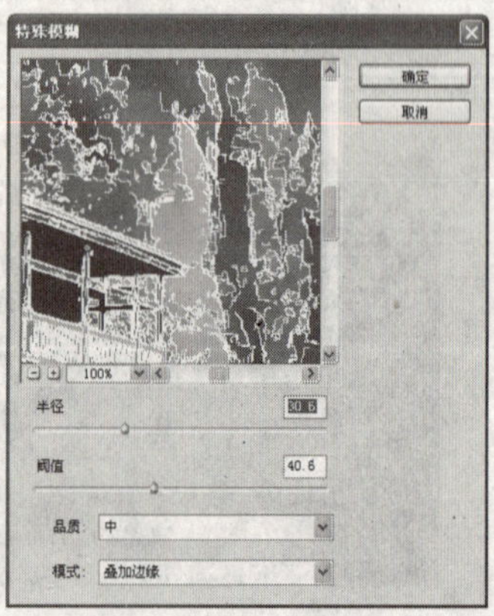

图7-51

正常　　仅限边缘　　叠化边缘

图7-52

7.6.8 形状模糊

【形状模糊】滤镜可以使用软件中带有的形状来创建特殊的效果，如图7-53所示。

图7-53

7.7 扭曲滤镜组

扭曲滤镜组中一共包含13种滤镜，它用来产生各种扭曲效果，制造扭曲效果不仅仅是为了好玩，而是在现实生活中一些自然现象的需要。

7.7.1 波浪、波纹

【波浪】滤镜与【波纹】滤镜的工作方式是相同的，用来创建波状起伏的图案，生成波浪与波纹效果，如图7-54所示。

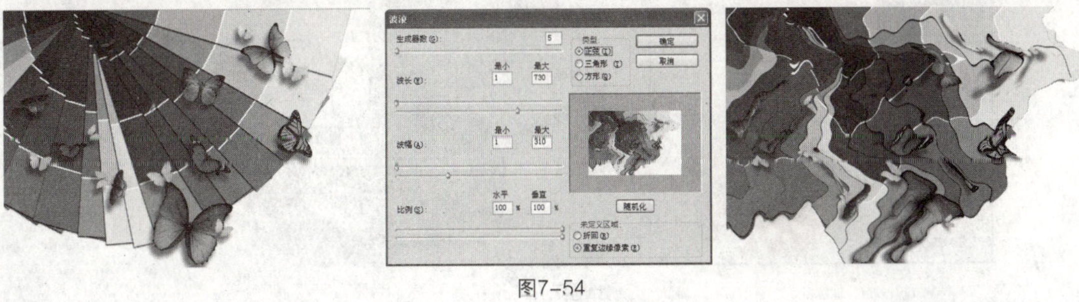

图7-54

772 玻璃

该滤镜可以用来制作小的纹理，让图像效果看起来像是透过不同类型的玻璃观察的，如图7-55所示。

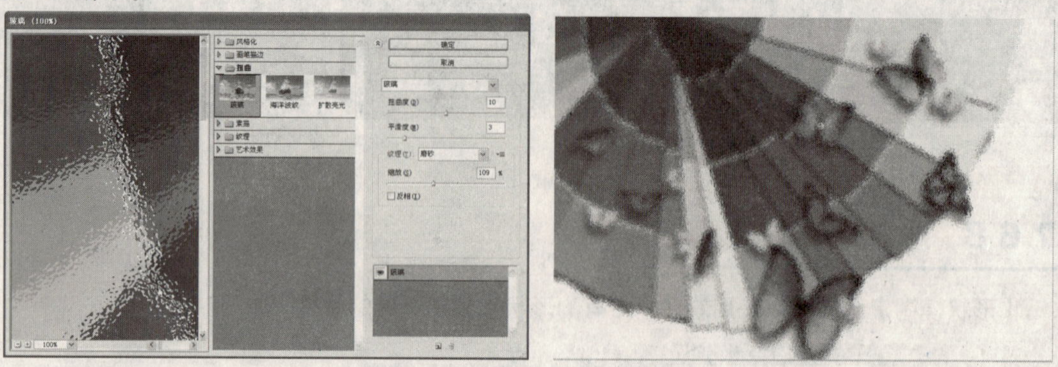

图7-55

773 挤压

该滤镜可以将整个图像或者选区内的对象向外或者向内挤压，如图7-56所示。

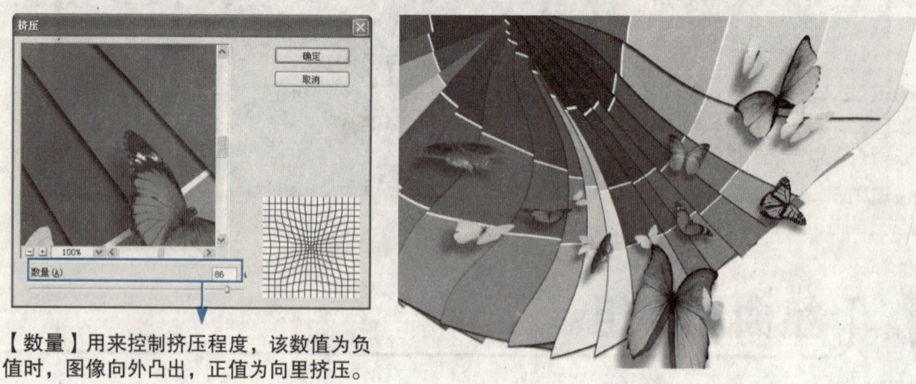

【数量】用来控制挤压程度，该数值为负值时，图像向外凸出，正值为向里挤压。

图7-56

774 极坐标

该滤镜可以将图像从平面坐标转换为极坐标，或者是从极坐标转换成平面坐标，效果如图7-57所示。

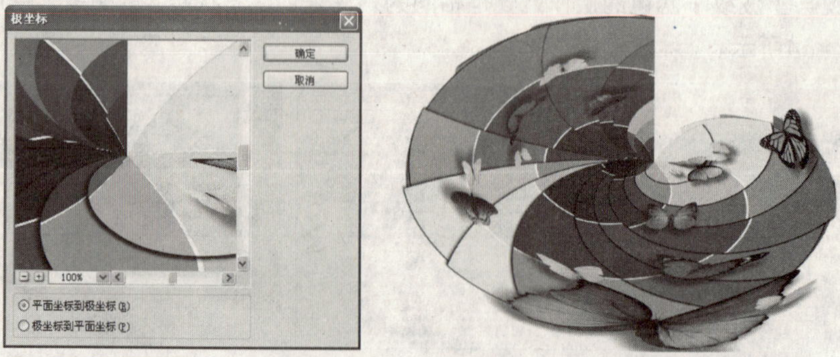

图7-57

7.7.5 切变

【切变】滤镜可以按照用户设定的曲线来扭曲图像。打开【切变】对话框在曲线上单击可以添加控制点，通过拖曳控制点来改变曲线的形状即可扭曲图像，如图7-58所示。

图7-58

7.7.6 水波

【水波】滤镜可以创建波纹用来模拟水的波纹，在图像中产生类似于水波纹的效果，如图7-59所示。

图7-59

7.7.7 旋转扭曲

该滤镜可以产生让图像沿着中心点旋转的扭曲效果，旋转围绕图像的中心进行，中心旋转的程度大于边缘，如图7-60所示。

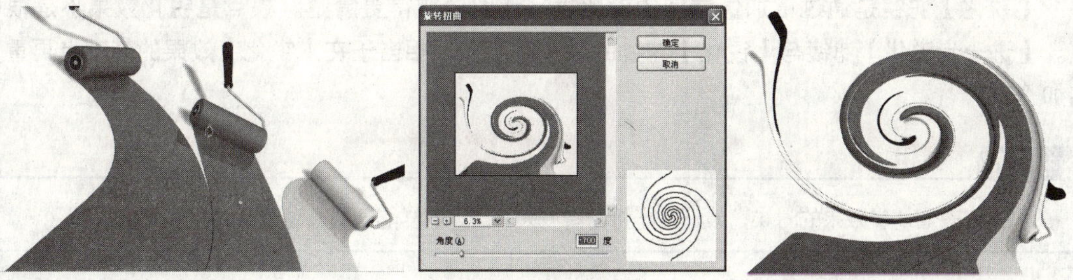

图7-60

提 示

在【旋转扭曲】滤镜中，通过改变“数值”的大小可以改变图像的扭曲度和扭曲方向。当时数值越大，扭曲度越高；当时数值为正值时候，向顺时针方向扭曲，当为负值的时候像逆时针方向扭曲。

7.8 锐化滤镜组

【锐化】滤镜组中一共有5种滤镜，它们通过增强相邻像素之间的对比度，来使图像变得清晰。

7 8 1 USM锐化

【USM锐化】滤镜只能锐化图像的边缘，然后保留总体的平滑度，在【USM锐化】对话中，提供了选项，如图7-61所示。

图7-61

- “数量”：用来调节锐化效果的强度，该数值越高，锐化效果越明显。
- “半径”：用来设置锐化的范围。
- “阈值”：用来设置相邻像素之间的差值范围，该数值越高被锐化的像素越少。

提 示

在锐化图像的时候，Photoshop会提高相邻两种颜色交界处的对比度，使它们的边缘更明显，看上去更清楚，从而实现锐化的效果。

7 8 2 锐化、进 步锐化

【锐化】滤镜是通过增加像素间的对比度来让图像变得更清楚。缺点是锐化效果不是很明显。【进一步锐化】滤镜与【锐化】滤镜的效果差不多，相当于在【锐化】效果的基础上再重复增加几次。

提 示

我们在查看滤镜效果的时候，最好是能将窗口放大一倍，这样能够更好地查看锐化的预览效果。

7 8 3 智能锐化

【智能锐化】与【USM锐化】效果基本相似，它有比较独特的锐化选项，可以选择锐化的运算方式等，如图7-62所示。

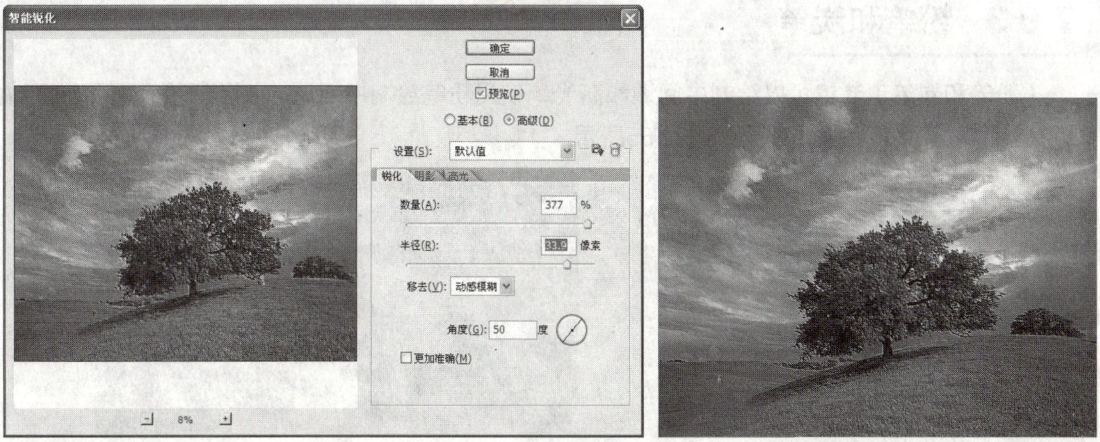

图7-62

7.9 素描滤镜组

在【素描】滤镜中，一共包含了14个子滤镜，它们主要通过添加纹理到图像的方式来实现图像的效果。在该组滤镜中，常常模拟素描和速写等一些艺术效果来实现图像的素描和其他效果，在【素描】滤镜组中，大部分滤镜在绘制图像时，需要使用前景色和背景色，因此设置不同的前景色和背景色，可以得到不同的效果。

7.9.1 半调图案

【半调图案】滤镜可以保持连续色调范围的同时，模拟出半调网屏的图像效果，如图7-63所示。

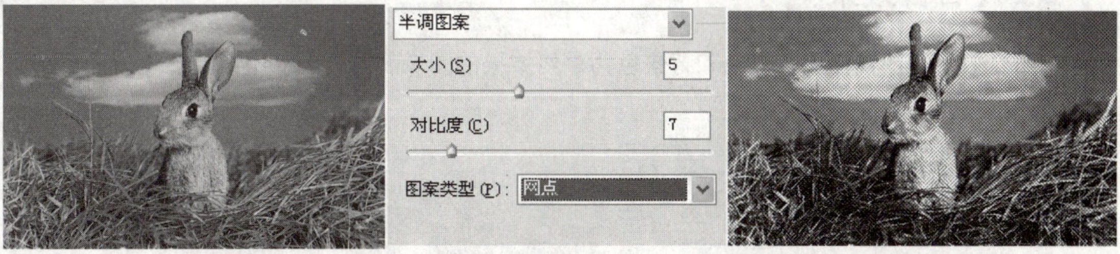

图7-63

7.9.2 便条纸

【便条纸】滤镜可以简化图像，得到类似于手工制作的图像效果，如图7-64所示。

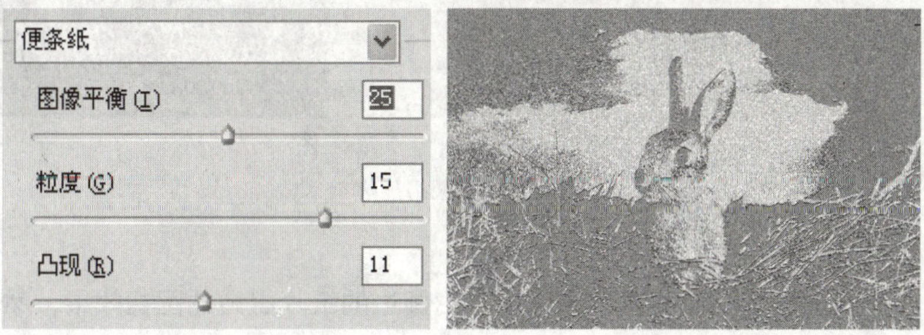

图7-64

793 粉笔和炭笔

【粉笔和炭笔】滤镜可以绘制中间调和高光，使用粉笔绘制中间调的灰色背景，而阴影区域则用黑色的炭笔线条替换，效果如图7-65所示。

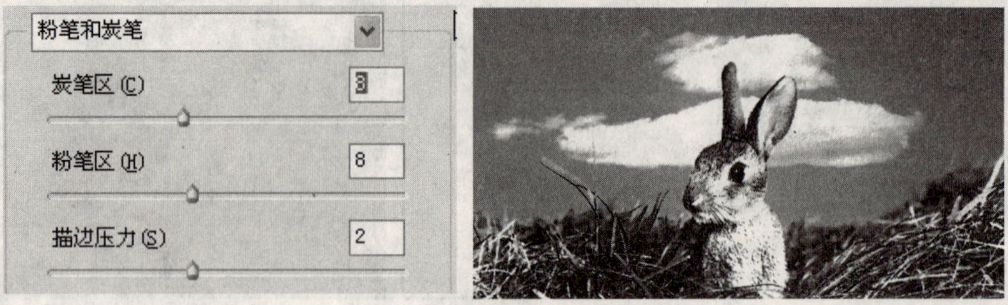

图7-65

794 水彩画纸

【水彩画纸】滤镜类似于利用有污点的画像在潮湿的纤维纸上涂抹，使颜色流动并混合的效果，如图7-66所示。

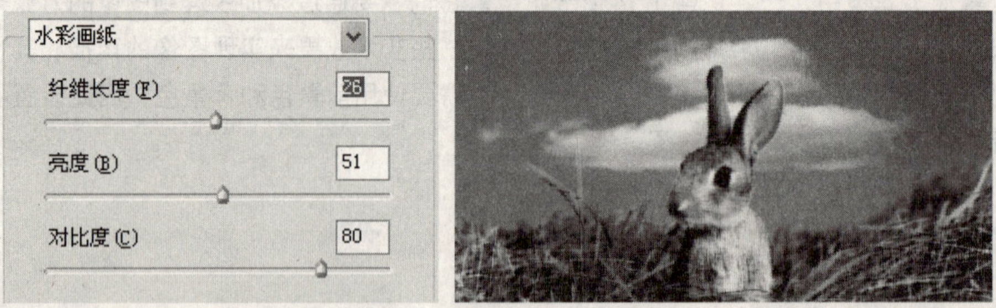

图7-66

795 石膏效果

【石膏效果】滤镜使用前景色和背景色为最终效果的图像着色，图像中黑暗的地方凸起，亮的地方凹下去，如图7-67所示。

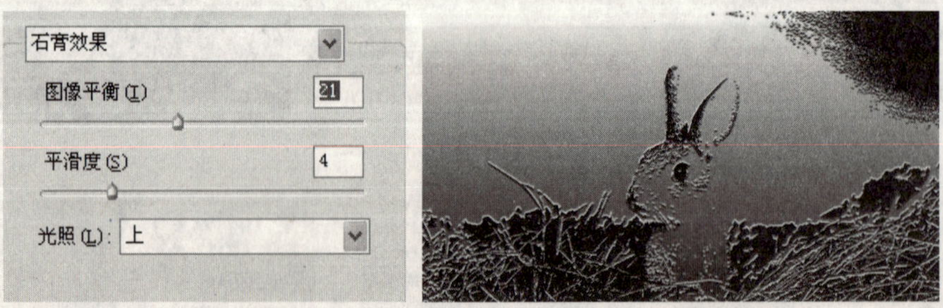

图7-67

796 撕边

【撕边】滤镜就是使图像产生由撕边的纸片组成的图像效果，然后使用前景色和背景色为图像着色，如图7-68所示。

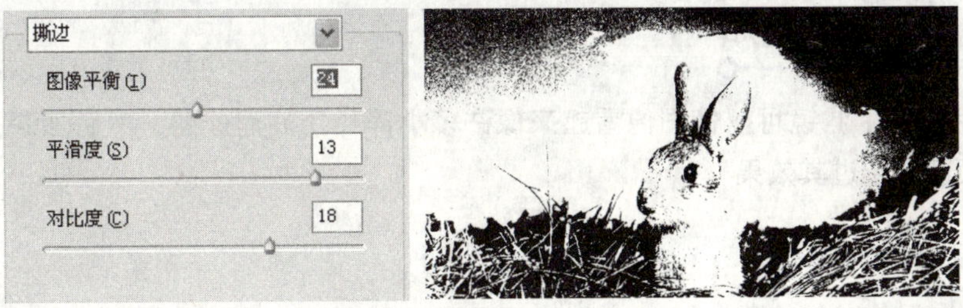

图7-68

7.9.7 素描滤镜组其他效果

在【素描】滤镜组中还有炭笔、图章等一些其他的滤镜效果，在此用最终的实例效果为大家展示【素描】滤镜组中其他滤镜，如图7-69、图7-70所示。

炭笔效果　　炭精笔效果　　图章效果

图7-69

网状效果　　影印效果　　基底凸现效果

图7-70

7.10 纹理滤镜组

【纹理】滤镜组可以用来模拟物质的质感或外观效果，或者用来添加一种器质的外观，在纹理滤镜组中共包含6种滤镜。

7.10.1 龟裂缝

【龟裂缝】滤镜似将图像绘制到一个凸现的石膏表面，然后生成精细的网状龟裂缝，该滤镜可以用来创建浮雕效果，7-71所示。

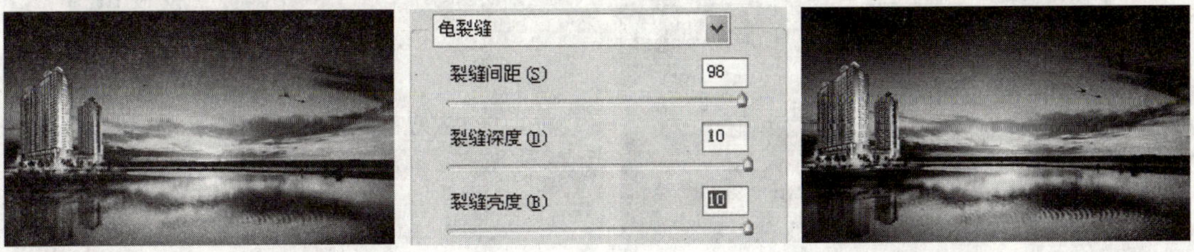

图7-71

7.10.2 马赛克拼贴

【马赛克拼贴】滤镜可以使图像看起来像许多小碎片拼贴而成的，然后加深拼贴缝隙的颜色，本章前面已介绍过其效果。

7.10.3 染色玻璃

【染色玻璃】滤镜可以将图像重新绘制为相邻的单元格图像，色块之间的间隙用前景色来填充，图像效果看起来像彩色玻璃，如图7-72所示。

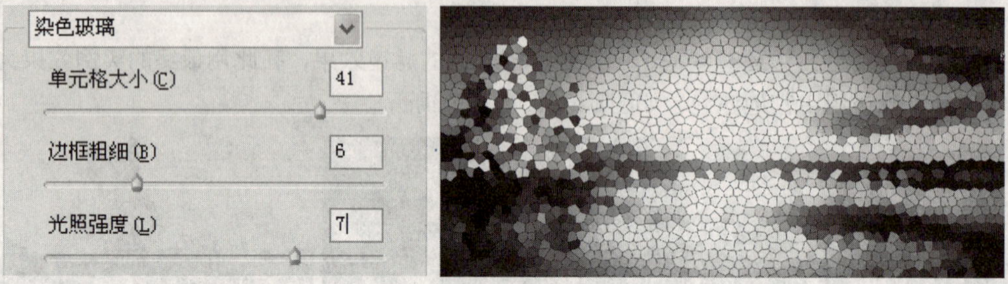

图7-72

7.10.4 纹理化

【纹理化】滤镜可以生成各种纹理，让图像产生质感，效果如图7-73所示。可供用户选择的纹理有【砖形】、【粗麻布】、【画布】和【砂岩】。

砖形效果　　粗麻布效果

图7-73

7.10.5 纹理滤镜组其他效果

在【纹理】滤镜组中还包括【颗粒】和【拼缀图】滤镜，用来实现图像纹理效果，如图7-74所示。

图7-74

7.11 像素化滤镜组

【像素化】滤镜可以用于创建彩块、点状、晶格、和马赛克等效果，在【像素化】滤镜组中一共包含7种滤镜。

7.11.1 彩色半调

该滤镜可以让图像变成网点状效果，如图7–75所示。

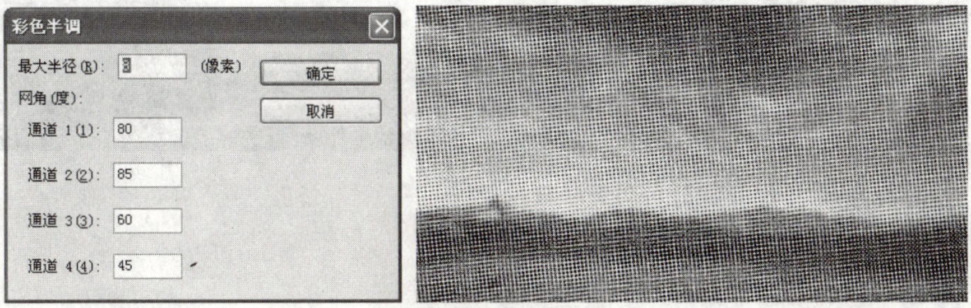

图7–75

7.11.2 晶格化

【晶格化】滤镜可以使图像中的相近元素集中到多边形的色块中，产生颜色类似于色块的颗粒效果，如图7–76所示。

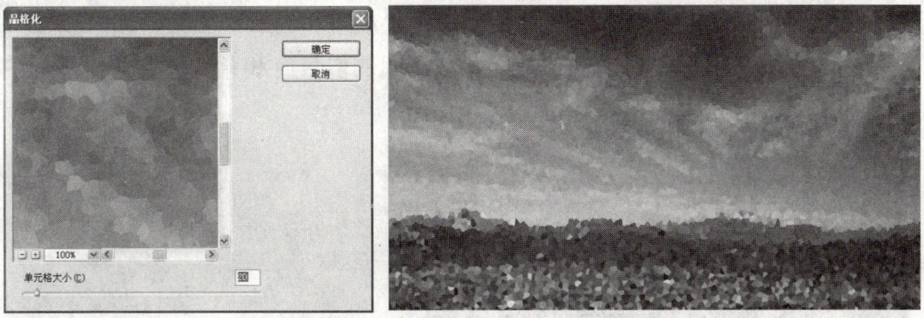

图7–76

7.11.3 马赛克

【马赛克】滤镜可以使像素结成正方形的颜色块，再给颜色块应用平均的颜色，以此来创建马赛克的效果，如图7–77所示。

图7–77

7.11.4 铜板雕刻

【铜板雕刻】滤镜似在图像中堆积产生各种不规则的直线、曲线和斑点，让图像产生金属的效果，如图7-78所示。

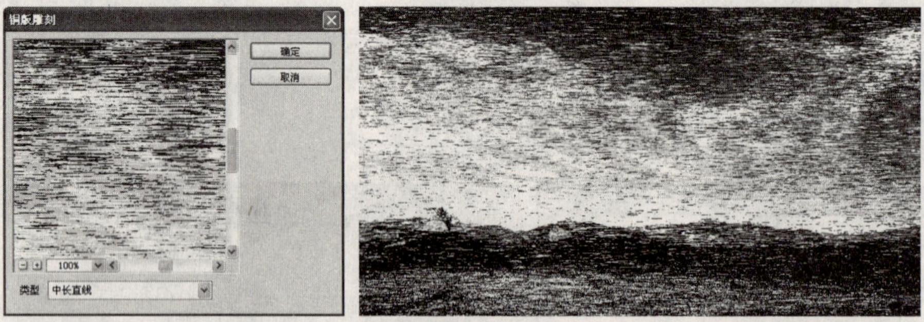

图7-78

7.12 渲染滤镜组

【渲染】滤镜组共有5种滤镜，这些滤镜可以创建三维图形、云彩图案和光照效果等，是比较重要的滤镜工具。

7.12.1 云彩

【云彩】滤镜可以根据前景色和背景色之间随机生成柔和的云彩图案，如果按住Alt键，执行【云彩】命令则会生成色彩更加鲜明的云彩图案。不同的前景色和背景色会产生不同的云彩效果效果，如图7-79所示。

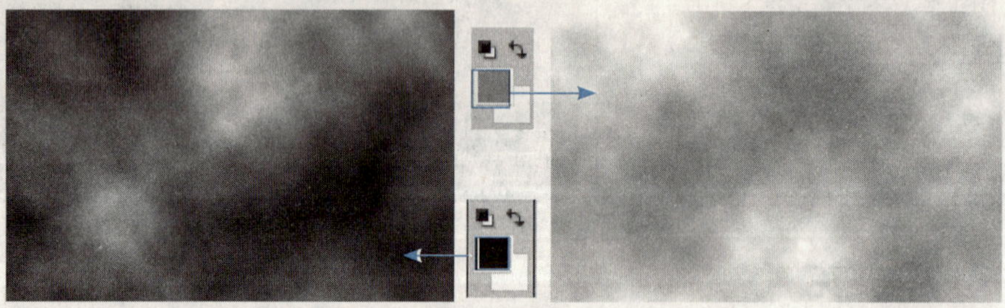

图7-79

7.12.2 分层云彩

【分层云彩】滤镜可以将云彩和现有的图像相互混合，其方式与【差值】混合模式的方式相同，如图7-80所示，在【云彩】滤镜效果上添加【分层云彩】效果。

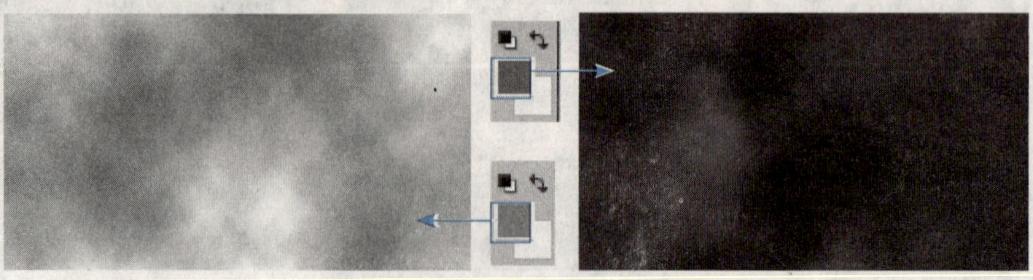

图7-80

7.12.3 光照效果

【光照效果】是Photoshop中一个功能强大的灯光效果滤镜，其中包括3种光照类型、4套光照属性和17种光照样式，如图7-81所示。可以在RGB图像上产生很多光照效果。

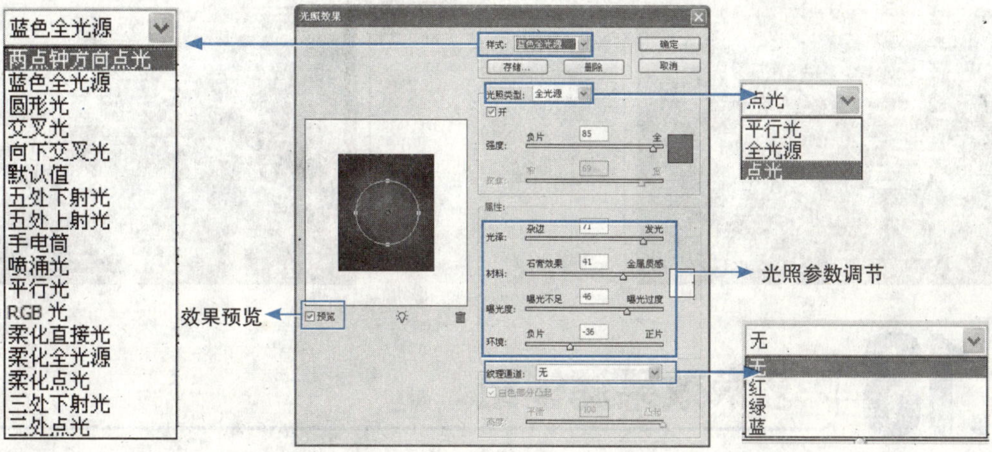

图7-81

在【光照效果】滤镜中，我们将分别选取2种不同的光照样式、灯光类型和光照属性，通过实例来表现光照效果滤镜，如图7-82、图7-83所示。

原图　手电筒　柔化点光　点光源

图7-82

全光源　光照属性原图　光照属性修改

图7-83

7.12.4 镜头光晕

【镜头光晕】滤镜可以模拟光照折射到摄像机的效果，表现玻璃和金属的反光；也可以用来增强灯光的效果，如图7-84所示。

图7-84

7.13 艺术效果滤镜组

艺术效果滤镜组可以将普通的图像创建成具有绘画风格和绘画技巧的艺术效果，并且具有传统的自然介质生成的模拟效果，一共包含15种滤镜。其中包括油画、铅笔画、粉笔画等各种不同的艺术效果。在此将通过加载滤镜后图片的最终效果来介绍其中一部分滤镜，如图7-85、图7-86、图7-87所示。

图7-85

图7-86

图7-87

7.14 杂色组滤镜

杂色滤镜组中共有5个滤镜，它们可以用来添加或者去除杂色，还能够随机分布色阶的像素，来创建纹理。

7.14.1 减少杂色与添加杂色

【减少杂色】滤镜可以应用于整个图像，以减少图像中的杂色。

【添加杂色】滤镜可以用来随机的为图像添加其他像素，模拟高速胶片上拍摄出的效果，同时也可以用来减少羽化选区或者渐变区域的条纹，也可以在一张空白的图像中创建随机的杂点，制作成杂文或者其他的纹理，如图7-88所示。

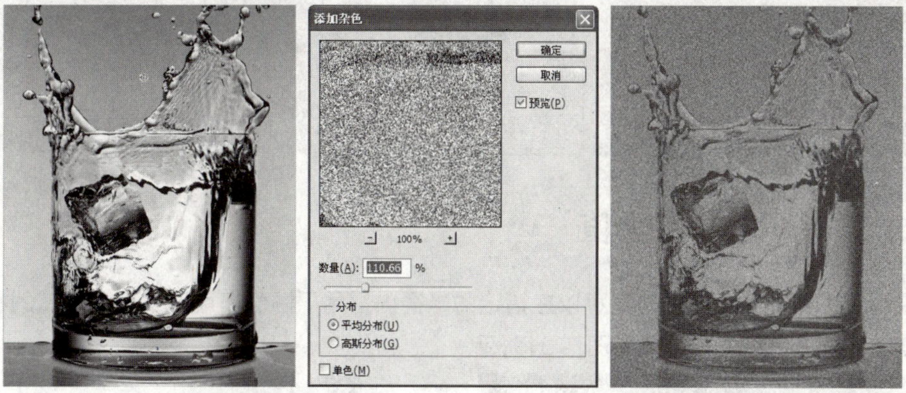

图7-88

7.14.2 蒙尘与划痕

【蒙尘与划痕】滤镜通过改变相异的像素来减少杂色，该滤镜对去除图像中的杂点和折痕特别有效果。如图7-89所示为该滤镜处理图像的效果。

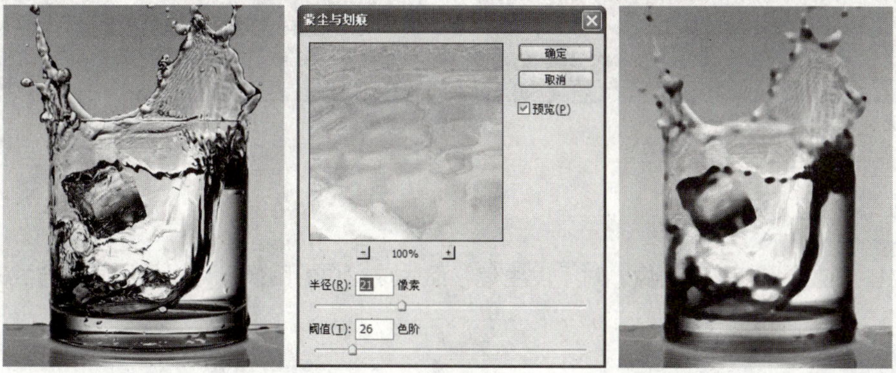

图7-89

7.14.3 中间色

【中间值】滤镜是通过减少混合选区中像素的亮度来减少图像中的杂色的，该滤镜可以查找亮度相近的像素，去除相邻像素之间差异太大的像素。

7.15 其他组滤镜

其他组滤镜中，一共包含5种滤镜，有允许自定义的滤镜，也有修改蒙版和选区的滤镜。

7.15.1 高保留反差

【高保留反差】滤镜可以在有强烈的色彩转变的地方，按照指定的半径保留细节，效果如图7-90所示。

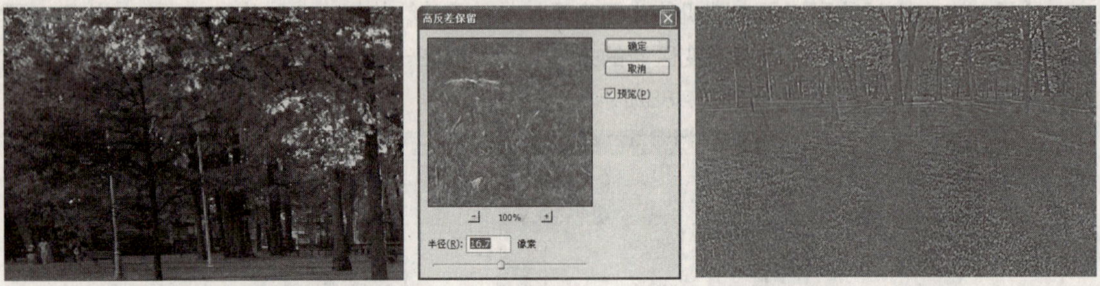

图7-90

7.15.2 最小值与最大值

【最小值】与【最大值】滤镜可以在指定的半径内，用周围像素最低或者是最高的亮度值来替换掉当前的像素亮度值。效果如图7-91所示。

最小值　　**最大值**

图7-91

7.15.3 位移

【位移】滤镜用来移动图像，对于发生偏移而生成空白的图像，可以用不同的方式来填充。

7.16 小结

在Photoshop中，滤镜的功能是一个非常强大的功能，可以实现许多五彩缤纷的画面效果，同时也可以用来编辑和处理图像，使图像变得更加的绚丽多彩，更有吸引力。

8

第8章

陷阱分析

编者心得

印刷中的露白是一个大问题，也很容易忽视，如何正确地处理带有文字的图片，保证设计稿不出问题，是每一个设计师应该知道的。

8.1 陷印与镂空

在设计一个印刷品时，经常会遇到印刷露白的问题，这通常不是印刷错误，而是在设计过程中没有做好陷印，本节将对这类问题进行介绍。

8.1.1 基本概念

压印（叠印）：一个色块叠印在另一个色块上，印刷机通过黄、品红、青、黑的叠印来还原颜色，红色是由品红和黄叠印而成的，如图8-1所示。

图8-1

套印：指多色印刷时，要求各色版图案印刷时重叠套准。

下面以一个由青、品红、黄组成的图像为例进行说明。四色印刷机有四个机组，分别控制青、品红、黄、黑，当纸张经过印刷青色的机组时，被印上了青色，如图8-2所示；当纸张经过印刷品红色机组时，被印上了品红色，如图8-3所示；当纸张经过印刷黄色的机组时，被印上了黄色，这三个颜色因为没有重叠在一起，所以不是“叠印”，而被称为“套印”，如图8-4所示。

图8-2

图8-3

图8-4

图8-4所示的情况，在印刷行业内被称为“严套”或者“死套”，就是说每个颜色都没有任何偏差，要做到“死套”，对印刷机的套印精度要求非常苛刻，并且印刷师傅需要很长的时间才能够调整合适。在实际生产过程中，由于制版和印刷过程很难达到100%精确，因而会出现漏白边或颜色重叠的现象，这样会严重影响印刷品的质量，如图8-5所示。

图8-5

陷印：也叫补漏白，是一种专业的印刷技术，用于弥补色版之间因套印不准引起的缺陷。

利用软件在不同色版交界的部位，扩大或缩小一定的边界，使两个色版之间产生一个极小的重叠，达到覆盖白边的目的。

一般来说，在两种以上色彩差异较大的色块相接时，就需要进行陷印处理（如相邻的青色块和品红色块），如果两个相邻色块都含有某一种相同的颜色成分，而且其他颜色成分差异也很小，就没有必要陷印了。

挖空：挖空就是保留当两个颜色重叠时，为了忠实反映上层颜色而将下层颜色挖空。如果不挖空，直接叠印，那么青色和黄色将叠印成绿色，如图8-6所示。

图8-6

如果将青色中重叠的部分挖空，那么，中间的黄色将保持不变，如图8-7所示。

图8-7

8.1.2 在Photoshop中制作陷印

根据材料、颜色的不同，陷印的方式也有所不同。下面将针对Photoshop陷印处理进行详细的讲解。

1. 陷印的基本原则

陷印遵循由浅入深的原则。

通过内缩和外延使相邻色块进行叠印，某一色块尺寸不变，另一色块尺寸改变，叠印部分的颜色将自动形成并取决于暗色调的色块。颜色的内缩和外延的方向取决于该颜色的亮暗。色块的内缩和外延有一个规律：从亮色延伸到暗色，即由浅入深。

较亮的前景色重叠在较暗的背景上时，前景对象延伸到了背景中；较暗的前景对象重叠在较亮的背景上时，则背景颜色延伸到前景对象。

2. 陷印值

在有两种颜色交接的地方进行陷印设置时，其前景（背景）的收缩或扩张，挖空的程度都被称做陷印值。为了避免连接处的露白，陷印值应该比印刷机四色套准精度略大，由于各种彩色印刷品采用的印刷工艺及纸张、印刷机械的精度不尽相同，印刷品越精密，套准精度越高，陷印值越低。下面列举了一些典型的陷印值。

印刷方式	承印材料	网点线数（LPI）	陷印值（mm）
单张纸胶印	铜版纸	175	0.05
单张纸胶印	胶版纸	150	0.08
滚筒胶印	铜版纸	150	0.10
滚筒胶印	新闻纸	100	0.20
柔性印刷	有光材料	133	0.15
柔性印刷	新闻纸	100	0.20
柔性印刷	瓦楞纸	150	0.25
丝网印刷	纸和纺织品	100	0.15
凹版印刷	薄膜材料	150	0.08

3. 典型陷印案例分析

（1）相邻色块的处理。这是最明显也是最常见的陷印实例，在制作时要遵循由浅入深的原则。

（2）细小的文字和细线。细小的文字和细线尽量不要使用复合颜色，最好使用单一颜色，以便和底色压印，因为陷印会导致细小的文字边缘有一定程度的模糊，甚至会全部或部分地被覆盖。

（3）图像或渐变上叠加单色文字。由于背景颜色的亮度变化会改变陷印的方向，建议在软件中使用自动陷印，软件会选择最好的陷印方式。

（4）陷印制作。拼合图层后，执行【图像】→【陷印】命令，在弹出的对话框中设置相应的数值，即可实现自动陷印，如图8-8所示。

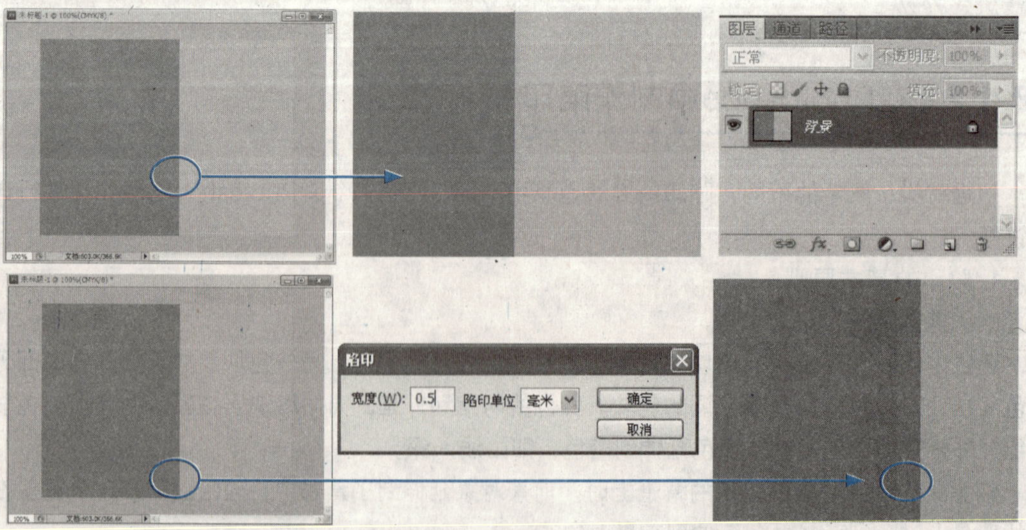

图8-8

8.2 文字陷阱

虽然Photoshop提供了文字功能，但是在Photoshop中进行大量的文字排版是错误的，本节将介绍如何正确地在Photoshop中使用文字功能。

8.2.1 四色文字陷阱

当文字在Photoshop中被存储为JPG、TIFF格式时，将会被删格化，变为图像，不仅无法再次编辑，而且会降低文字的品质。如果较小的文字包含了多种颜色，很容易产生套印不准而导致文字很模糊的问题。

在设计过程中初学者经常用默认的黑色来设定黑色文字的颜色，这是导致四色黑文字出错的最常见的原因。

错误做法如下：

（1）在工具箱中单击默认前景色和背景色按钮，然后在工具箱中选择文字工具，录入文字“你好”，如图8-9所示。

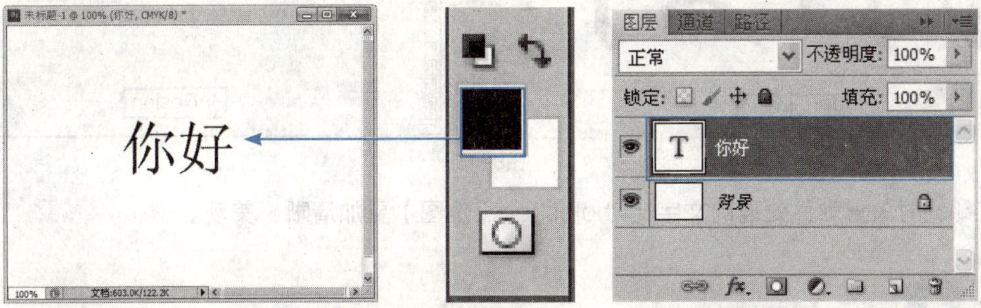

图8-9

（2）打开通道调板，可以看到在青、洋红、黄、黑四个通道中都有相应的颜色信息，说明该文字是四色文字，如图8-10所示。如果是较小的文字，很容易发生套印不准。

（3）Photoshop默认的黑色，是一个四色的黑，单击前景色按钮弹出【拾色器】对话框，可以看到，默认黑色的数值为“C=64，M=53，Y=51，K=97”，如图8-11所示。

（4）所以在制作印刷品时，设定颜色要慎用默认的黑色，正确地做法应该是，在拾色器中设定颜色数值或在颜色调板中输入CMYK数值来确定颜色，如图8-12所示。

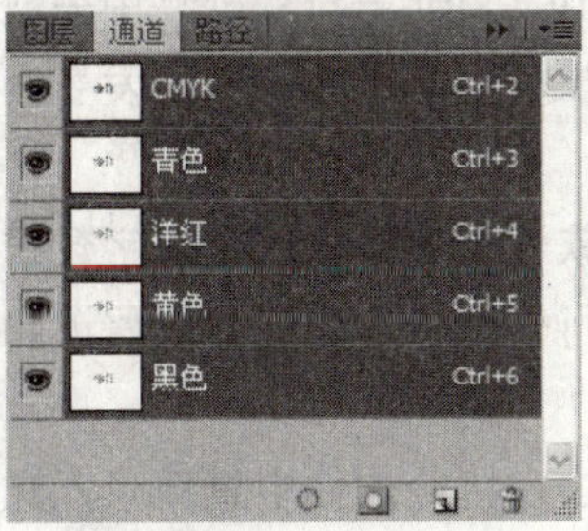

图8-10

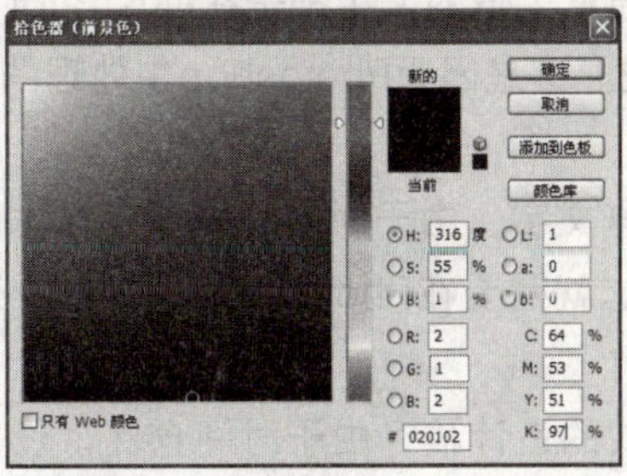

图8-11

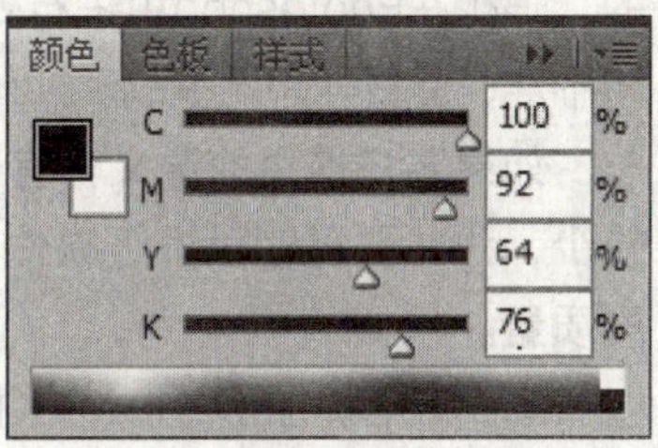

图8-12

8.2.2 段落文字陷阱

Photoshop中大段的文字，不仅修改不方便，而且Photoshop的文字功能不支持大多数中文排版功能，如标点积压、段落样式、复合字体等，排出来的文字很不美观。所以，大量的文字排版工作不要在Photoshop中进行，而应用Illustrator、InDesign等软件来完成。

8.2.3 像素文字和矢量文字的区别

由于Photoshop是图像处理软件，所以在Photoshop中处理的文字具有像素图的特点，是由像素点组成的，而在InDesign等排版软件中，文字具有矢量图的特征，如图8-13所示。

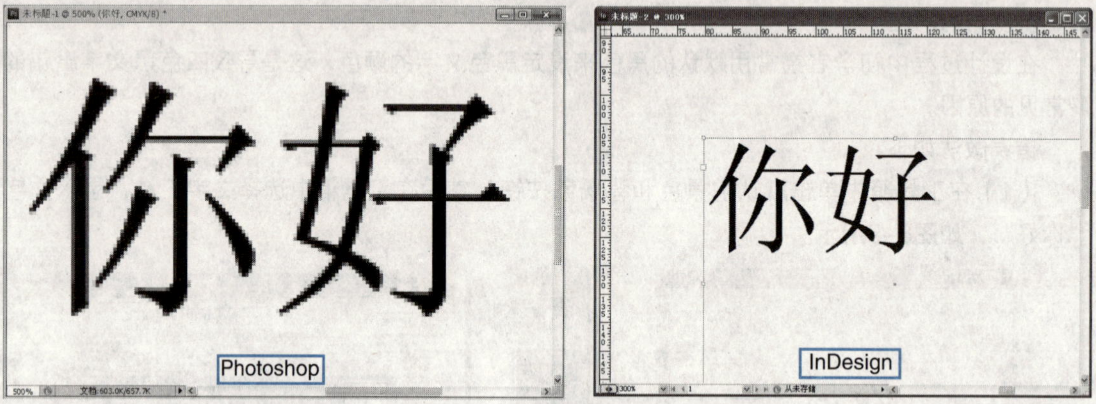

图8-13

在印刷时矢量软件处理的文字比Photoshop（位图）更加清晰、美观。

8.3 文字陷阱

在处理一些带有文字的图片时，经常会发生各种问题，本节将针对常见的两种情况进行讲解。

8.3.1 包含文字的TIFF图的处理

如果设计作品要用于印刷，通常大量的文字都是在Illustrator、InDesign等排版软件中完成的，很少在Photoshop中进行处理。这是因为Photoshop中处理的小文字，容易在印刷时发生套印不准、漏白等印刷事故。

如果客户提供的源文件有一些文字，由于时间紧来不及在排版软件重新录入或者文字数量较少，没必要再使用排版软件，这就需要在Photoshop中对文字进行一些特殊处理，以保证印刷质量。

本例是客户提供的CMYK模式的设计稿，由于时间仓促，没办法在排版软件中重新录入文字，这就需要设计师在Photoshop中进行处理，如图8-14所示。

❶ 打开Photoshop软件，执行【文件】→【打开】命令，打开光盘目录下的“素材\第9章\国画.psd”文件。执行【窗口】→【图层】命令打开图层调板，如图8-15所示。

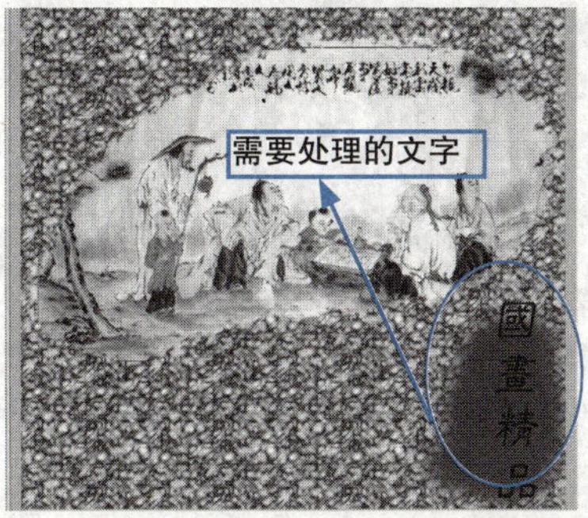

图8-14

图8-15

❷ 在图层调板上双击文字层的缩览图，选中所有文字，如图8-16所示。

图8-16

❸ 执行【窗口】→【字符】命令，打开【字符】调板，单击【字符】调板中“颜色”选项右侧的色块，在弹出的【拾色器】中查看当前文字的颜色数值，如图8-17所示，可以看到文字的颜色为四色黑。查看后单击【确定】按钮。

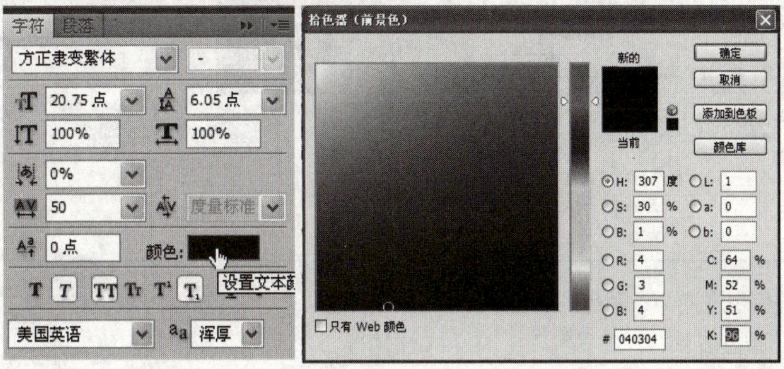

图8-17

❹ 执行【窗口】→【通道】命令，打开【通道】调板，观察这些文字在四色通道中的信息，如图8-18所示。可以看到，在C、M、Y、K四个通道中都有文字信息，这就意味着这些文字是由CMYK叠印成的四色黑的，再打开字符调板确认字符大小为20.75点。如果使用四色叠印的话，很容易发生印刷事故，导致文字不清楚。

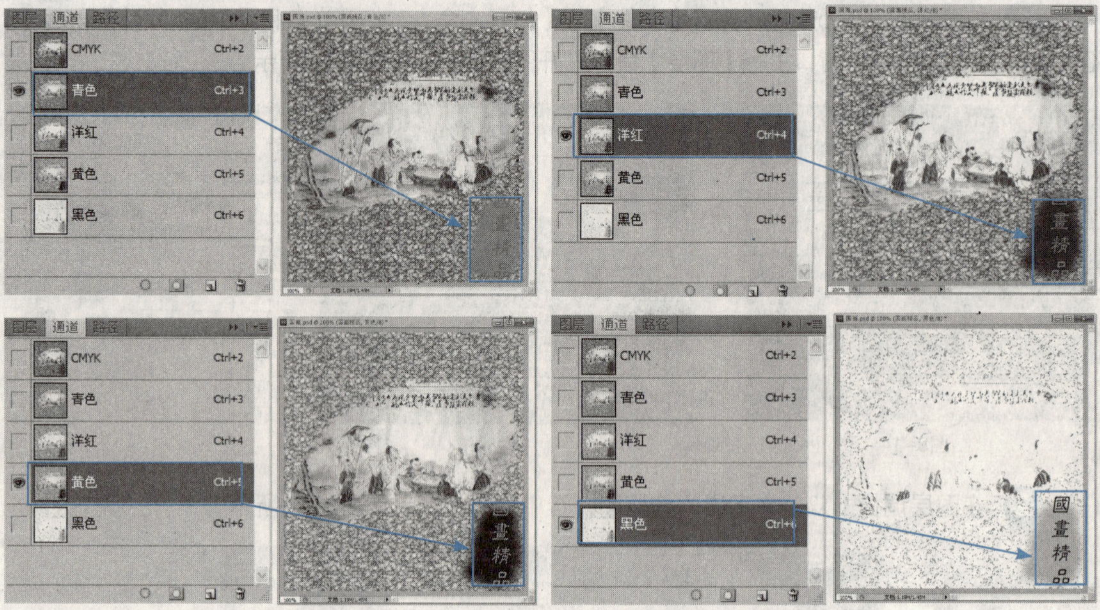

图 8–18

5 打开字符调板，单击【字符】调板中“颜色”选项右侧的色块，在弹出的【拾色器】对话框中设置CMYK颜色数值为“C=0，M=0，Y=0，K=100”，如图8–19所示。设置完成后单击【确定】按钮。这样文字变成了单色黑，很好地避免由于小文字带来的印刷事故。

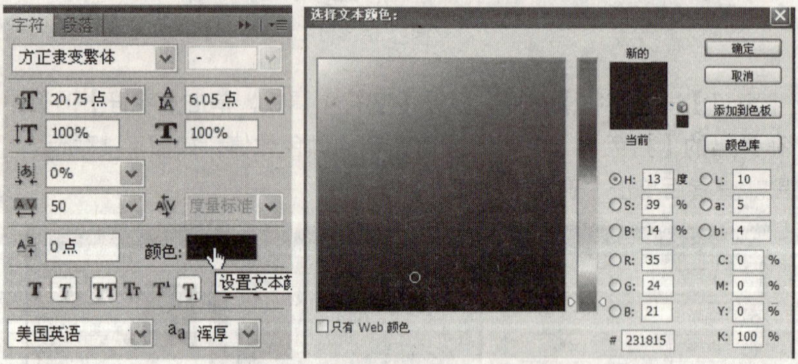

图 8–19

提 示

在CMYK的颜色通道中，黑色的部分表示100%的颜色信息，白色的部分表示0%的信息，灰色的部分表示0%～100%的颜色信息。

6 打开【通道】调板，再次观察这些文字在四色通道中的信息，如图8–20所示。可以看到，在C、M、Y、K四个通道中只有黑通道中有文字信息，而其他通道中文字所在的位置，没有颜色信息，即被文字“挖空”了，在印刷时，这种情况又容易发生套印不准导致漏白的印刷事故。

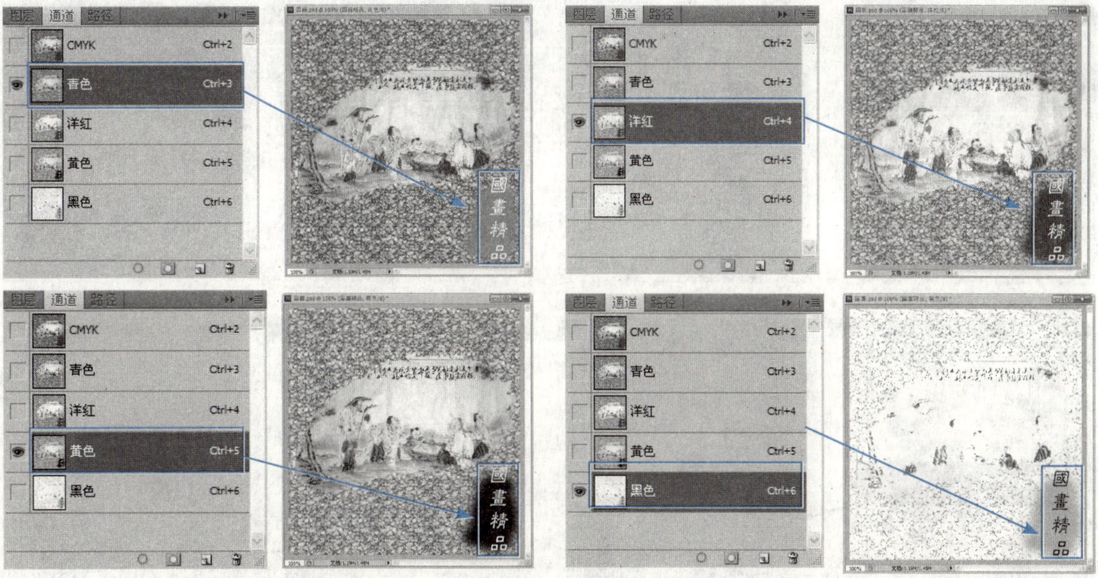

图8-20

7 打开图层调板，单击文字层，将其混合模式设置为“正片叠底”，如图8-21所示。在图像上看不到任何变化，这是因为，当对黑色设置正片叠底后，无论黑色的下方图层是什么颜色，得到的结果都是黑色。

图8-21

提 示

> 在印刷过程中，任何颜色和黑色混合得到的都是黑色。
>
> 在实际工作过程中，难以避免在Photoshop中处理一些文字，很多设计师都会遇到在Photoshop处理文字造成印刷事故，如露白、套印不准，本例利用“正片叠底”处理黑色的小文字，很好地避免这样的印刷事故。

8 打开【通道】调板，再次观察这些文字在四色通道中的信息，如图8-22所示。可以看到，在C、M、Y、K四个通道中，C、M、Y三个通道都没有文字的痕迹，只有在K通道中有文字。说明其他的颜色通道没有被文字“挖空”，在实际印刷过程中，经过此种方法处理后的黑色文字直接覆盖在了其他颜色之上，不会产生印刷事故。

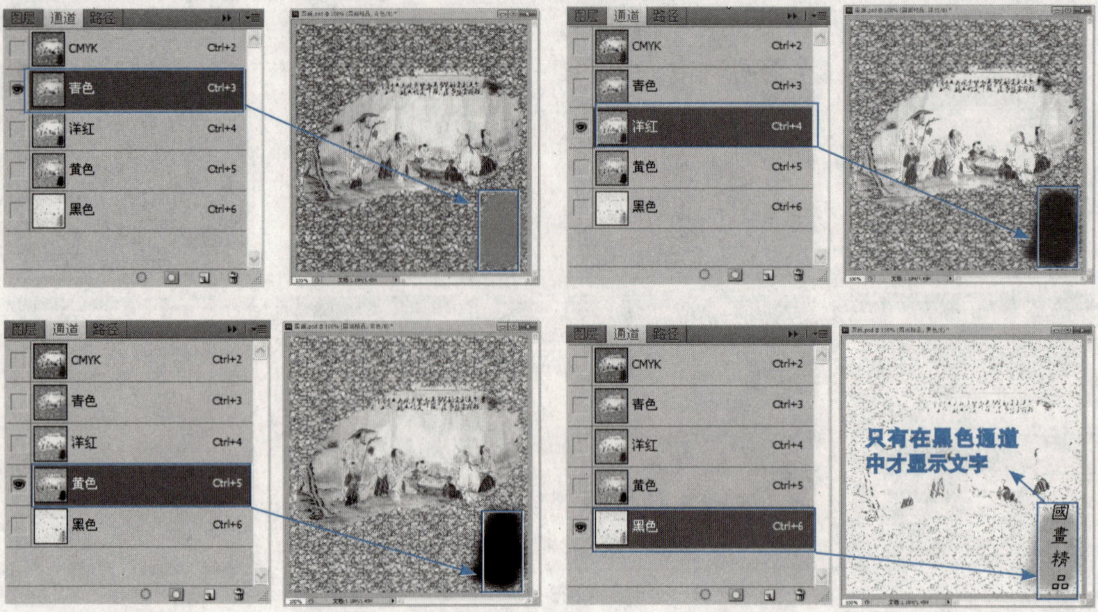

图8-22

8.3.2 电脑屏幕截图的处理

电脑截屏的文字不可能都在图像上一一擦掉，只需要在Photoshop软件中进行颜色转换即可使文字清晰，操作方法如下。

1. 打开一张RGB颜色模式的截屏图，如图8-23所示。

2. 执行【编辑】→【颜色设置】命令，打开【颜色设置】对话框，在工作空间的CMYK选项中，选择“自定CMYK...”选项，如图8-24所示。

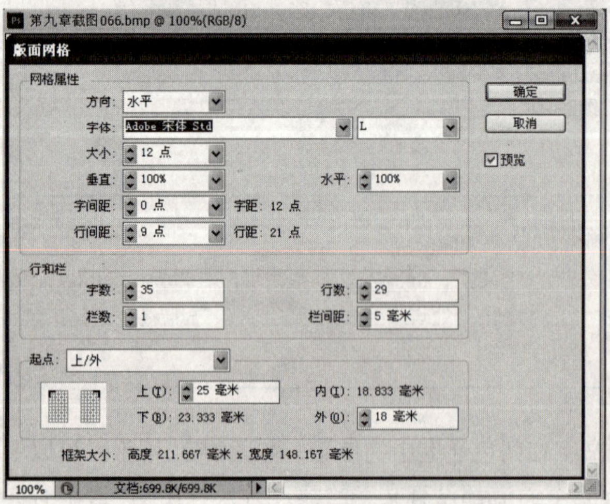

图8-23

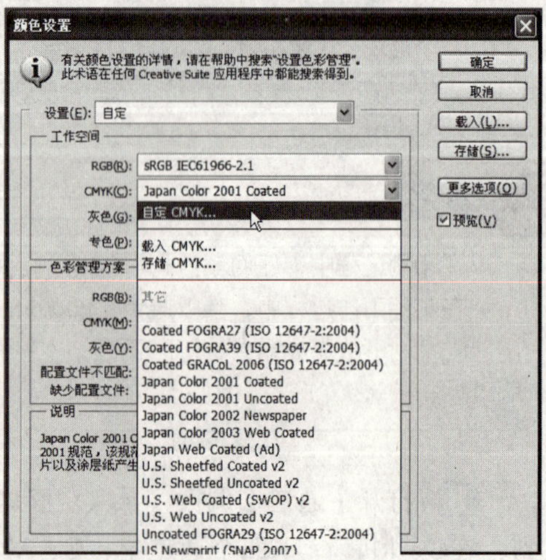

图8-24

3. 在弹出的菜单中，选择“黑版产生”为“最大值”，如图8-25所示。

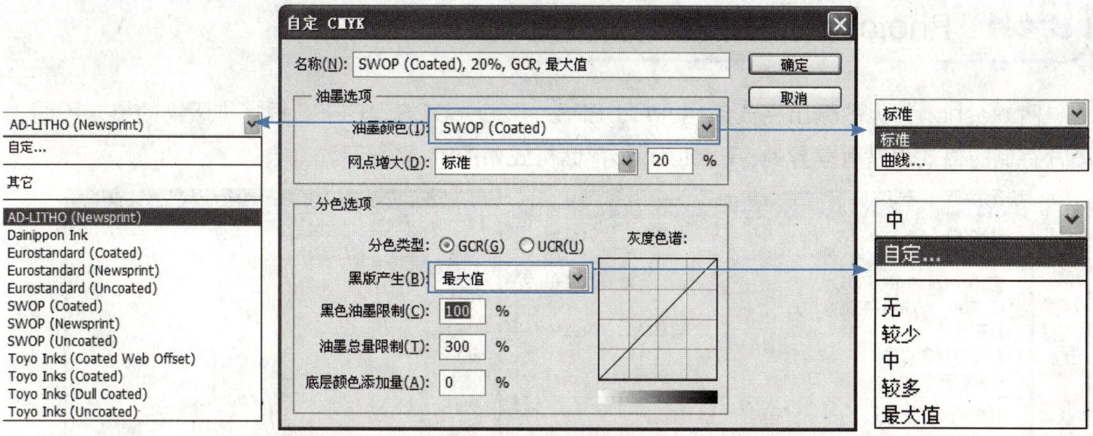

图8-25

4 设置完成后，执行【图像】→【模式】→【CMYK颜色】命令，将图像转换为CMYK模式，如图8-26所示。可以看到，面板上的文字信息基本上都集中到了黑通道中，避免了四色小字的问题，这样截屏的文字就更加清晰了。

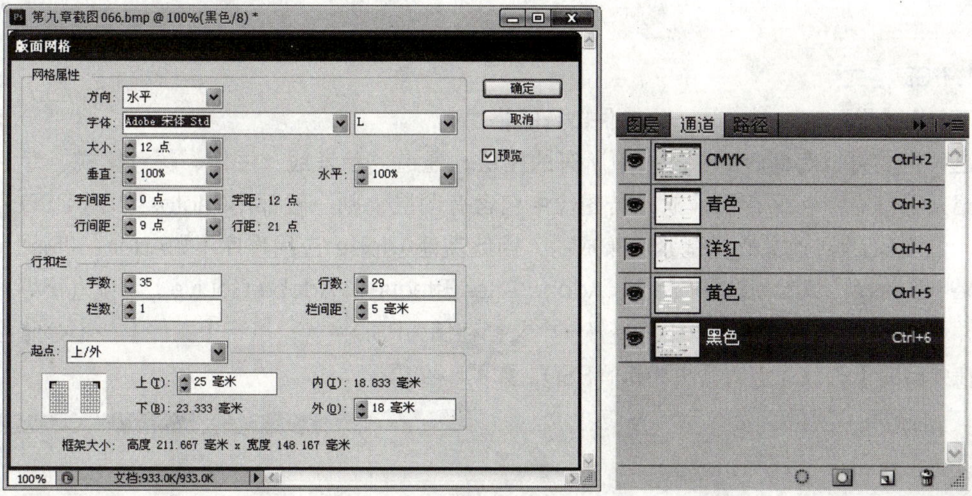

图8-26

提 示

为了方便观察设计效果，在Photoshop中制作了一些文字，而这些文字通常需要在排版软件中重新录入，才能更好地避免印刷事故，保证文字的清晰度。

8.4 正确的输出

在平面设计中，photoshop处理的图片主要用于植入到排版软件中进行编排。制作符合印刷要求的photoshop输出文件就是很重要的问题，也是尤为主要的工作。

8.4.1 Photoshop的常用输出格式

Photoshop常见的输出格式包括JPG、EPS、PSD、DCS、TIFF，根据排版物的要求不同，图片存储的格式也是有差异的，Photoshop存储格式如图8-27所示。

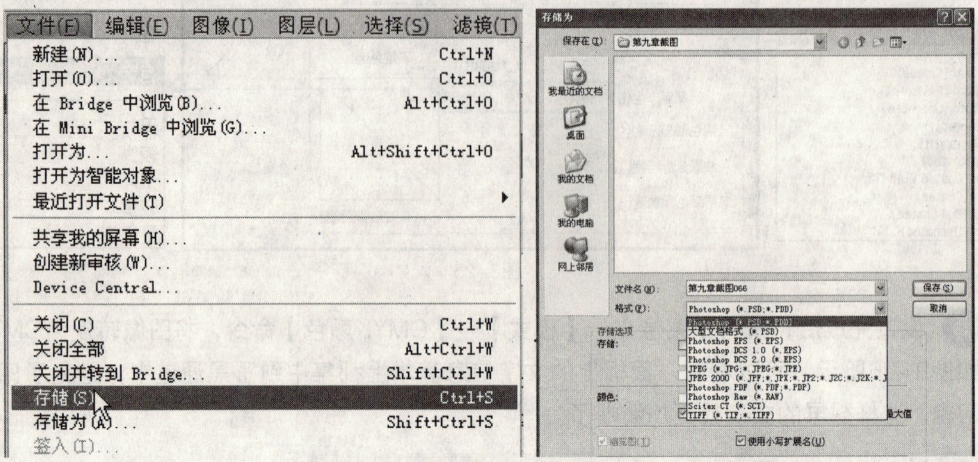

图8-27

1. PSD格式

PSD格式是Adobe Photoshop软件自身的格式。

这种格式可以存储Photoshop中所有的图层，通道、参考线、注解、颜色模式、专色、蒙版、路径等信息。在保存图像时，若图像中包含有图层，则一般都用Photoshop（PSD）格式保存。由于Adobe 产品之间是紧密集成的，因此其他Adobe 应用程序（如Adobe Illustrator、Adobe InDesign、Adobe Premiere、Adobe After Effects 和 Adobe GoLive）可以直接导入PSD文件并保留许多 Photoshop 功能。要将一个文档存储为PSD格式，执行【文件】→【存储为】命令，在弹出的【存储为】对话框中选择PSD，如图8-28所示。

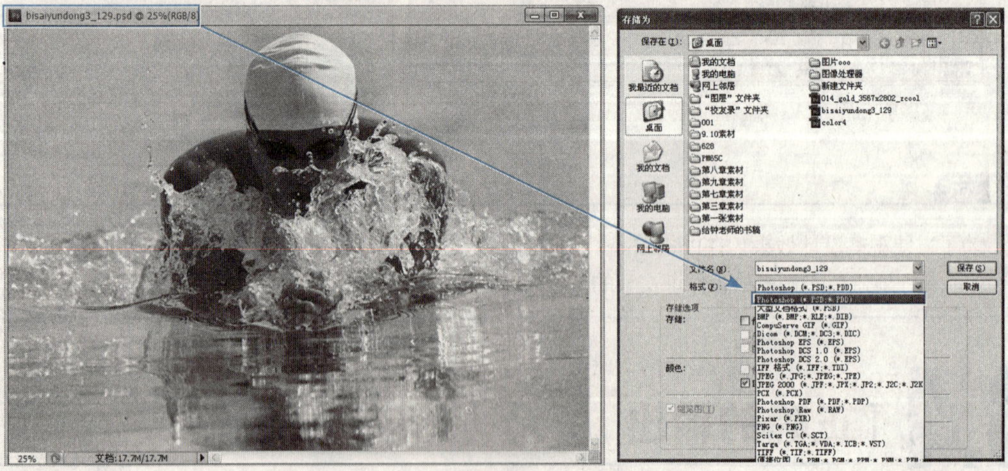

图8-28

PSD格式无法保存历史记录、快照等临时信息，这些信息会在文件关闭时被删除。另外Photoshop无法保存超过2G的PSD格式文件。

使用建议：如果制作的图像包含多个图层、通道、蒙版等Photoshop特有功能，并且还需要较多的调整和修改，建议使用PSD格式。

优点：由于PSD文件保留所有原图像数据信息，因而修改起来较为方便。

缺点：不支持超过2G的大文件。并且，文件大小要比TIFF等格式大。

2. PSB格式

大型文档格式（PSB）是支持任何像素大小和任何文件大小的文档。 全部 Photoshop 功能在 PSB 文件中都会保留。要将一个文档存储为PSB格式，执行【文件】→【存储为】命令，在弹出的【存储为】对话框中选择PSB，如图8-29所示。

提 示

只有Photoshop CS以上的版本才支持PSB文件。

优点：支持超过2G的大文档，保留全部Photoshop功能。

缺点：文件过大，存储较慢，复制文件不方便。

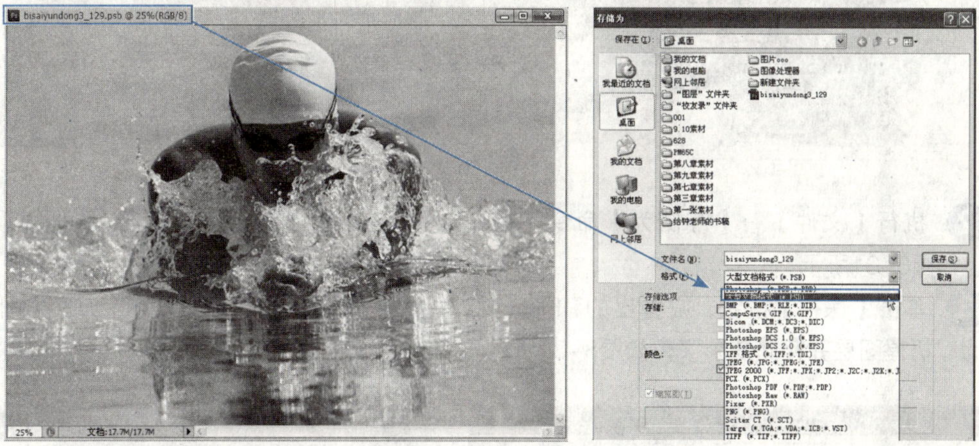

图8-29

3. TIFF格式

TIFF的英文全名是Tagged Image File Format（标记图像文件格式）。它是一种无损压缩格式，TIFF格式便于应用程序之间和计算机平台之间的图像数据交换。因此，TIFF格式是应用非常广泛的一种图像格式，可以在许多图像软件和平台之间转换。TIFF格式支持RGB、CMYK和灰度3种颜色模式外，还具有支持使用通道、图层和裁切路径的功能，它可以将图像中裁切路径以外的部分在置入到排版软件中（如PageMaker、InDesign）时变为透明。TIFF最大支持4G的大文档。执行【文件】→【存储为】命令，在弹出的【存储为】对话框中选择TIFF。

提 示

在保存TIFF格式时可以选择用LZW压缩保存的图像文件。LZW是一种无损压缩格式，可以减小TIFF图片的大小并不破坏图片的质量。

优点：与PSD、PSB文件相比，TIFF支持大多数Photoshop功能，如通道、图层、路径等，并且文件较小；与JPG相比，TIFF能够更好地保留图像的细节，支持图层、通道等Photoshop优点.。

缺点：对Photoshop功能的支持不如PSD、PSB完美，如TIFF虽然可以存储图层，但在InDesign中无法控制图层的显示/隐藏，TIFF比JPG文件大。

4. 存储合格的TIFF格式图片

如果在Photoshop中制作好许多图层图像，且无须保留透明部分，可以存储为合并图层的TIFF格式，再置入到InDesign等软件中应用，操作方法如下：

① 打开Photoshop软件，执行【文件】→【打开】命令，打开光盘目录下的“素材\第9章\花鸟.psd”文件，如图8-30所示。

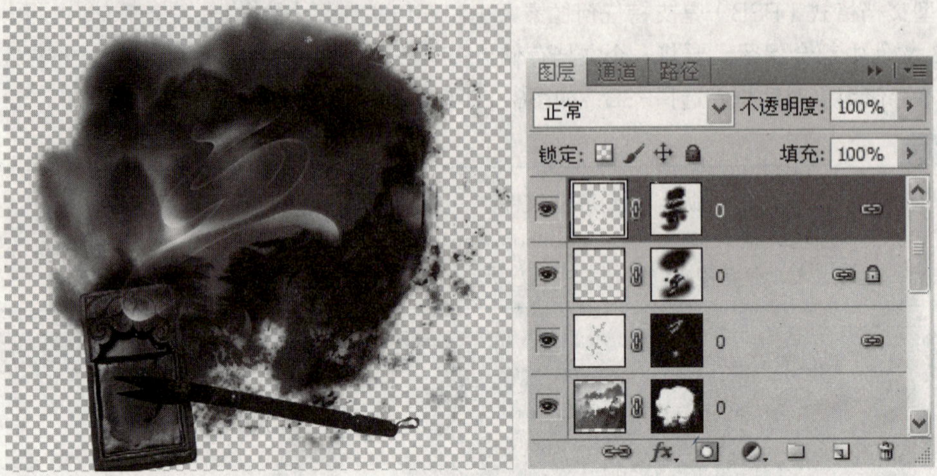

图8-30

② 执行【文件】→【存储为】命令，在弹出的【存储为】对话框中，选择“格式”为TIFF，如图8-31所示。

③ 单击【保存】按钮，在弹出的TIFF选项对话框中设置【图像压缩】为LZW，【图层压缩】为“扔掉图层并存储复制”，如图8-32所示。

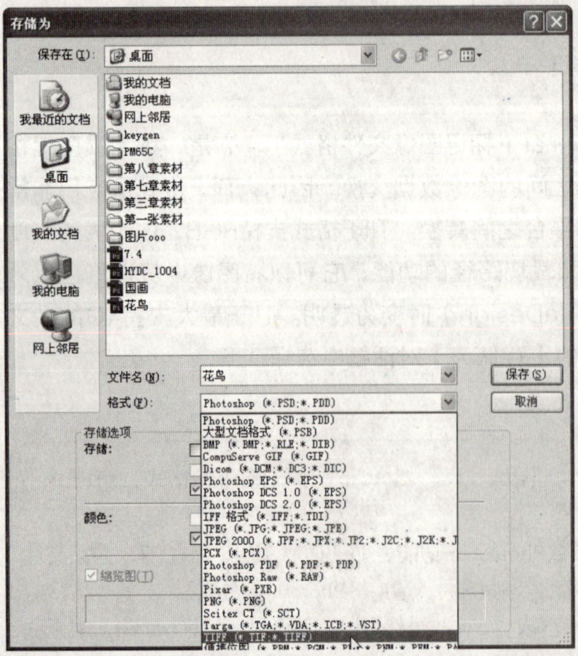

图8-31

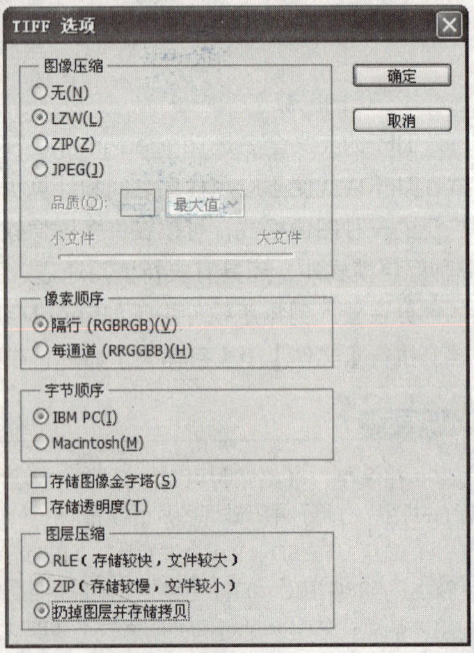

图8-32

4 存储后，所有图层合并，透明部分自动添加为白色，如图8-33所示。

图8-33

提 示

TIFF可以使用LZW无损压缩，大大减少了图像体积。使用建议：使用LZW压缩的TIFF格式作为大多数图像的保存格式，既可以保证图像质量，又可以很好地减小文件量。但是尺寸非常大的图片建议不要使用TIFF格式进行存储，有可能导致图像变形，建议使用EPS格式。

5. JPEG格式

JPEG的英文全名是Jont Picture Expert Group（联合图像专家组），它是一种有损压缩格式。此格式的图像通常用于图像预览和一些超文本文档中（HTML文档）。JPEG格式的最大特色就是文件比较小，可以进行高倍率的压缩，是目前所有格式中压缩率最高的格式之一，如图8-34所示。但是JPEG格式在压缩保存的过程中会以失量最小的方式丢掉一些肉眼不易察觉的数据。因而保存的图像与原图有所差别，没有原图的质量好，因此印刷品最好不要用此图像格式。

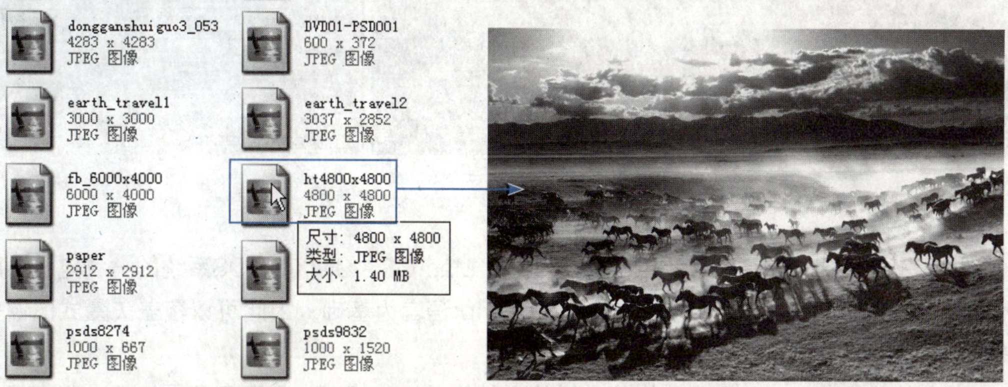

图8-34

JPEG格式支持CMYK、RGB和灰度的颜色模式，但不支持Alpha通道。将一个图像另存为JPEG的图像格式时，会打开JPEG Options对话框，从中可以选择图像的品质和压缩比例，通常情况下选择“最大”来压缩图像，其产生的图像品质与原来图像的质量差别不大，但文件大小会减少很多。

优点：文件小、存储快、方便复制。

缺点：图片质量较差，不适合用于高档印刷品。

提 示

大多数数码相片都是JPG格式，可以用于印刷吗？

虽然JPG格式为有损压缩格式，但是数码相机拍摄得到的JPG图片如果没有在电脑上经过过大的有损压缩处理，通常是可以用于印刷的。判断一幅图片符合不符合印刷要求，应该从图片的分辨率、清晰度、平滑度三个方面进行考察。

6. EPS格式

EPS(Encapsulated PostScript)是处理图像工作中的最重要格式，它在Mac和PC环境下的图形和版面设计中广泛使用，用在PostScript输出设备上打印前面已经讲解。几乎每个绘画程序及大多数页面布局程序都允许保存EPS文档。在Photoshop中，尺寸很大的图像建议使用EPS格式进行存储。

7. DCS格式

DCS是Quark开发的一个EPS格式的变种，称为Desk Color Separation(DCS)。

在支持这种格式的QuarkXPress、PageMaker和其他应用软件上工作，DCS便于分色打印，如图8-35所示。而Photoshop在使用DCS格式时，必须转换成CMYK四色模式。

图8-35

8. PDF格式

PDF格式是Adobe公司开发的用于Windows、Mac OS、UNIX和DOS系统的一种电子出版软件的文档格式，适用于不同的平台。它以PostScript语言为基础，因此可以覆盖矢量式图像各个点阵图像，并支持超链接。

PDF文件是由Adobe Acrobat软件生成的文件格式，该格式文件存有多页信息，其中包含图形文件的查找和导航功能，如图8-36所示。因此，使用该软件不需要排版或图像软件即可获得图文混排的版面。由于该格式支持超文本链接，因此是网络下载经常使用的文件。

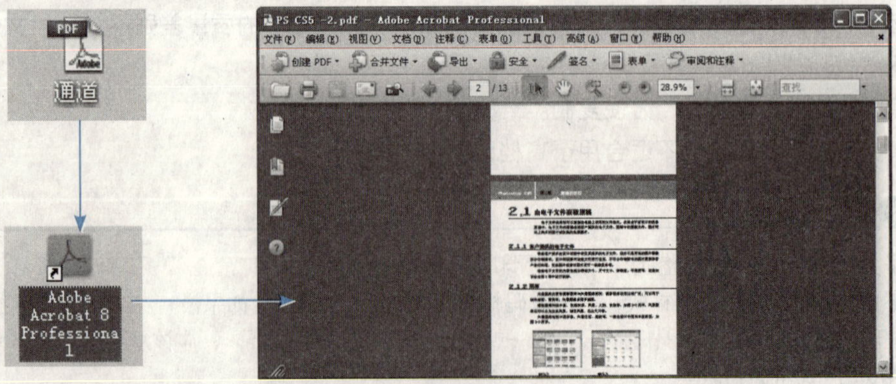

图8-36

PDF格式支持RGB、索引颜色、CMYK、灰度、位图和Lab颜色模式，并支持通道、图层等数据信息。并且PDF格式还支持JPEG和ZIP的压缩格式（位图颜色模式不支持ZIP压缩格式保存），保存时会出现对话框，从中可以选择压缩方式，当选择JPEG压缩时，还可以选择不同的压缩比例来控制图像品质。若选中Save Transparency（保存透明）复选框，则可以保存图像透明的属性。

优点：适用不同的平台、文件小、支持多种Photoshop功能。

缺点：在PDF存储选项设置上没有Illustrator、InDesign功能完善。

9. BMP格式

BMP文件格式是一种Windows或OS2标准的位图式图像文件格式，它支持RGB、索引颜色、灰度和位图样式模式，但不支持Alpha通道。该文件格式还可以支持1～24位的格式，其中对于4～8位的图像，使用Run Length Encodlng（RLE.运行长度编码）压缩方案，这种压缩方案不会损失数据，是一种非常稳定的格式。BMP格式不支持CMYK模式的图像，如图8-37所示。

优点：无损压缩图片。

缺点：不支持CMYK模式，无法用于印刷。

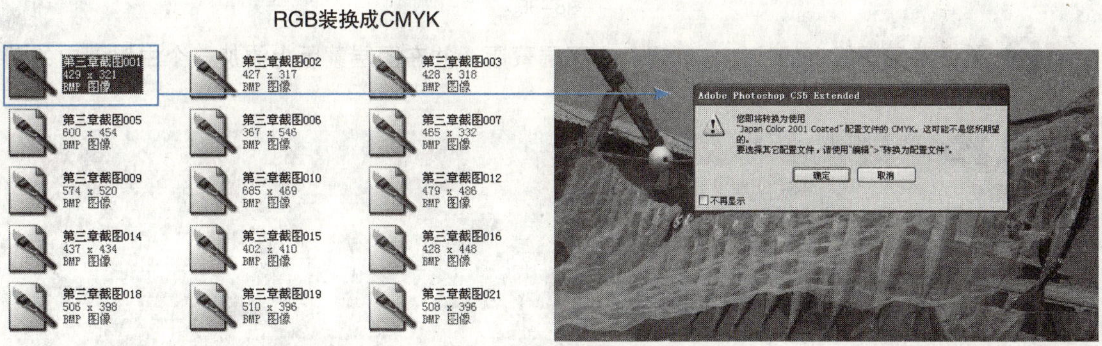

图8-37

8.4.2 输出常见问题及注意事项

本节将重点介绍在输出过程中经常遇到的问题，正确的输出方法，以及在输出时要注意的一些事项。

1. PSD和TIFF格式的选择

PSD和TIFF格式对Photoshop和InDesign的支持是最强大的，可以包含路径、通道、图层、蒙版等Photoshop特有功能，并且能正确地导入到InDesign中进行排版。

如果机器配置较高，磁盘空间足够大，可以使用PSD格式进行存储，这样能加快打开图片的速度，并且可以避免文件损坏。

由于，PSD格式占用磁盘空间较大，如果需要占用较少的磁盘空间，可以选择LZW压缩的TIFF作为存储格式。

2. 格式转换问题

在处理图片的过程中，尽量避免过多的图像格式转换，因为每一次图像格式转换都会造成一定的颜色损失。

3. 剪贴路径

剪贴路径可以遮挡画面中不需要显示的部分，经常用于排版软件中的文本绕排。

4. 透明度

Photoshop可以将带有透明度的图像置入到InDesign中进行使用，操作步骤如下：

❶ 打开任意一幅图像，双击背景层，将背景层转换为普通图层，如图8-38所示。

图8-38

❷ 单击图层调板上的按钮，创建一个图层蒙版，并在图层蒙版上添加一个由黑到白的渐变，如图8-39所示。

图8-39

❸ 执行【文件】→【存储为】命令，将图像存储为PSD格式。

❹ 在InDesign中置入图片可以看到，有蒙版的部分显示出了背景色，如图8-40所示。

图8-40

提 示

Photoshop中制作的专色及Alpha通道都可以在InDesign中正确地显示和使用。

5. 排版软件中缩放、旋转图像

在排版过程中，经常会使用缩放图片、旋转图片等功能，但是，这样经常会导致出版物文件损坏，建议较大比例的缩放和旋转图像工作在Photoshop中进行。

6. 文字问题

尽量不要在Photoshop中处理大量的文字和过小的文字，这样不仅会给编辑文字带来很多不必要的麻烦，而且容易导致印刷错误。文字尽量在矢量软件、排版软件中完成，如Illustrator、InDesign。

7. 矢量文件删格化

如果电脑中没有安装AI（Illustrator）、PDF等包含矢量信息的软件，可以通过Photoshop将这些文件转换为JPG格式进行查看，如图8-41所示，将AI或PDF文件拖曳到Photoshop或在Photoshop中直接打开，在弹出的导入对话框中，根据需要设置尺寸和分辨率。

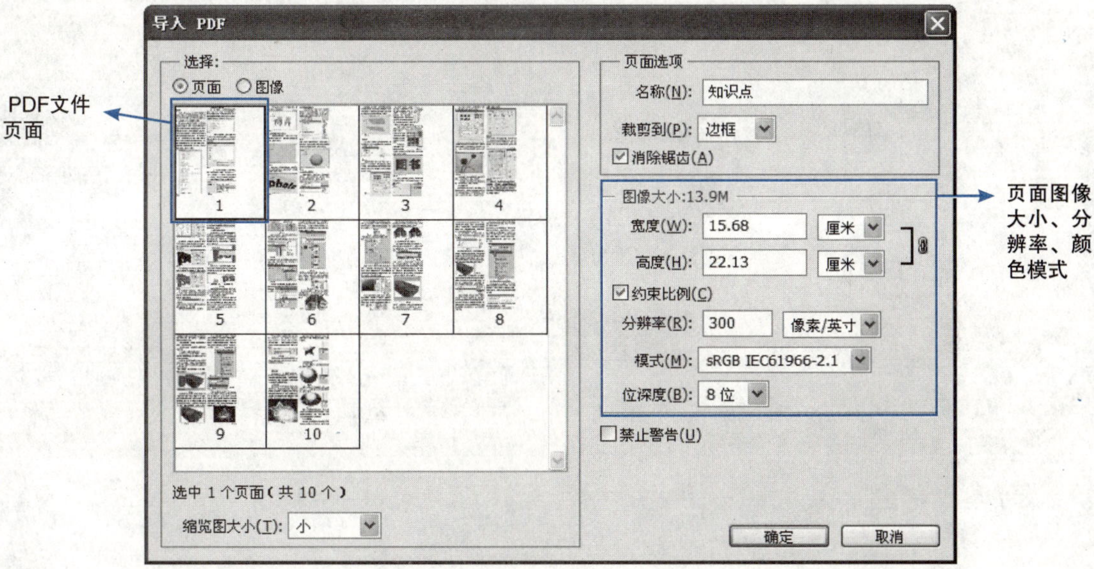

图8-41

8.5 小结

本章主要讲解了各种容易出现错误的地方，以及如何选择正确的输出格式，如何制作符合印刷要求的Photoshop输出文件，帮助读者解决了各种输出过程中经常遇到的问题，把好Photoshop的最后一关。

8.6 习题

1. 填空题

（1）Photoshop常用输出格式中，对其他Adobe应用程序支持最好的格式是（　　）。

（2）在PC平台和MAC平台都可以正常打开的图片格式包括（　　）（　　）（　　）。

（3）（　　）格式的图片不支持CMYK颜色模式，无法用于印刷。

2. 问答题

在处理图片的过程中，多次的图像格式转换对图片质量是否有影响?

快捷键的运用

动作和批处理功能的运用

脚本处理器

滚动所有窗口的应用

9

第9章

提高效率

编者心得

如何提高工作效率是每一位设计师都在思考的事情，巧妙地利用Photoshop的快捷键和其他的命令来提高工作效率可以让你在短时间内，做出更多更好的作品。

9.1 快捷键的运用

Photoshop为常用的工具和菜单命令定义了键盘快捷键。设计师可以通过选择快捷键调出相应的工具或菜单命令。

9.1.1 快捷键的用法

Photoshop的快捷键分为两种。

第一种是键盘快捷键，直接单击即可调出相应的工具或命令，对于工具栏中的工具将鼠标停留在某一工具上数秒，即可显示出该工具的快捷键。对于菜单命令，选择一个菜单，在菜单命令右侧显示其快捷键，单击键盘上相应的按键即可弹出该命令。

1 执行【文件】命令，在弹出的文件菜单中可以看到，【打开】命令的快捷键Ctrl+O，如图9-1所示。

2 再次执行【文件】命令，关闭文件菜单，按快捷键Ctrl+O，即可直接弹出【打开】对话框，如图9-2所示。

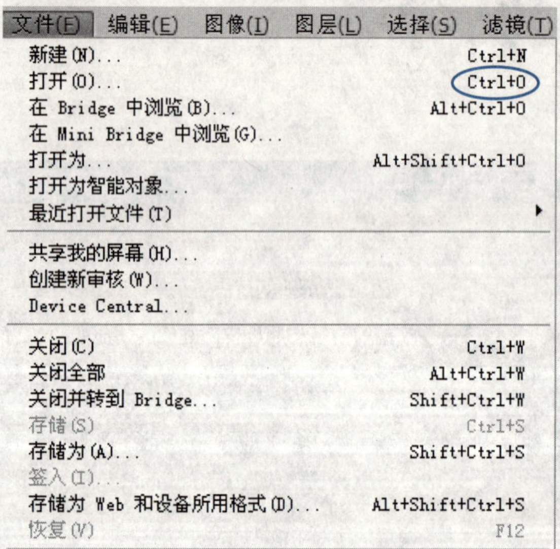

图9-1

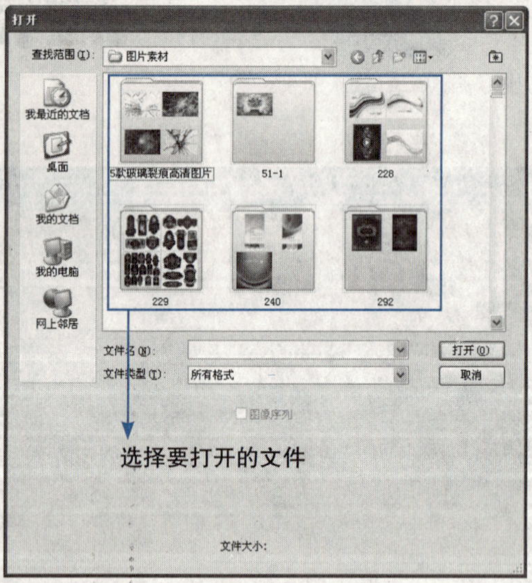

图9-2

第二种是菜单快捷键，通过顺次单击键盘按键实现的快捷键，操作方法如下：

1 执行【文件】命令，在弹出的文件菜单中可以看到，【打开】的右侧有个O，如图9-3所示。

2 再次执行【文件】命令，关闭文件菜单。顺次单击键盘上的Alt键、F键、O键即可弹出打开对话框。

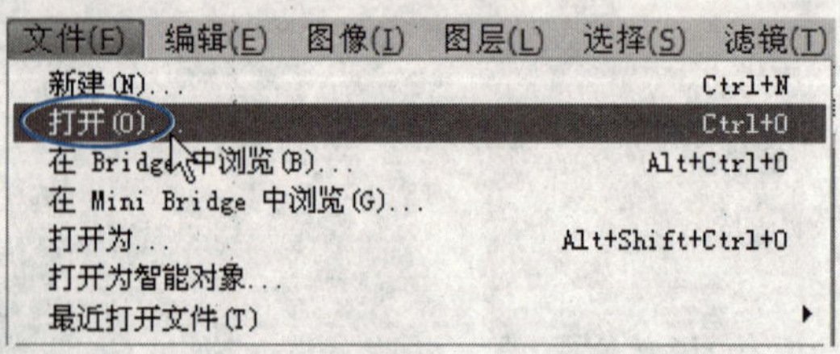

图9-3

9.1.2 定义快捷键

设计师可以通过记忆常用工具、菜单命令的快捷键来提高自己的工作效率，另外Photoshop CS5支持用户自定义快捷键，下面将进行详细的讲解。

❶ 执行【编辑】→【键盘快捷键】命令，弹出【键盘快捷键和菜单】对话框，包括键盘快捷键和菜单快捷键两种，如图9-4所示。找到需要进行设置的工具或菜单命令，并设置一个符合自己工作习惯的快捷键即可。

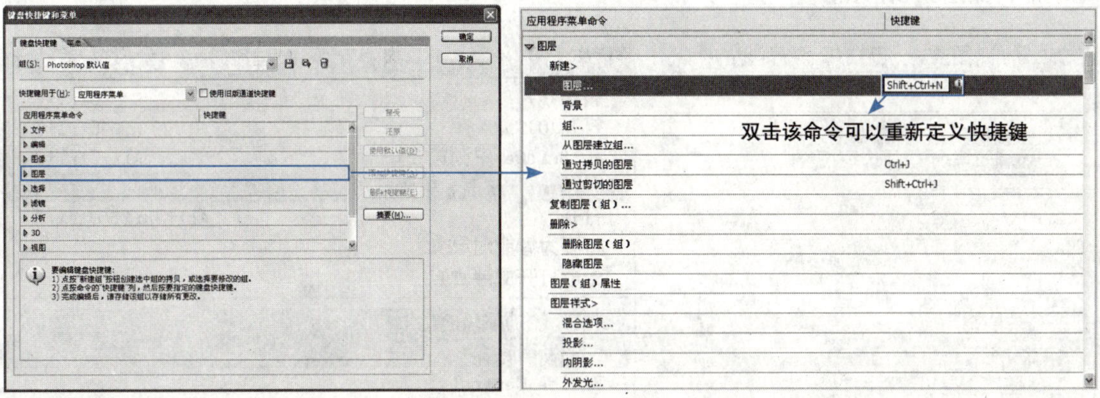

图9-4

❷ 单击【文件】左侧的三角形按钮，将展开文件菜单目录树，显示的命令与文件菜单一一对应，如图9-5所示。

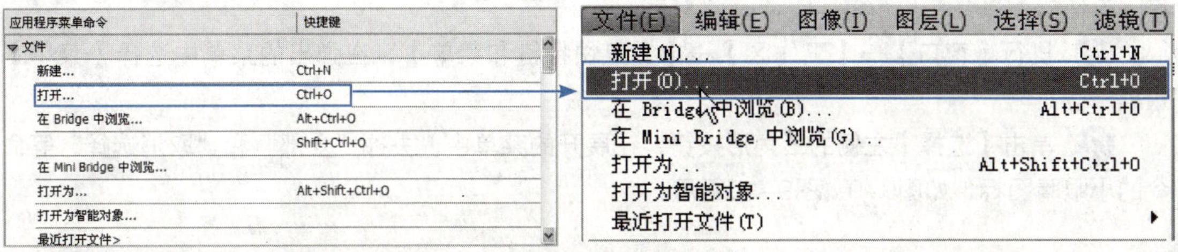

图9-5

❸ 在展开的目录树中，单击【新建】，当按快捷键Ctrl+N出现光标后，按F1键，即可将【新建】命令的菜单快捷键设置为F1，如图9-6、图9-7所示。

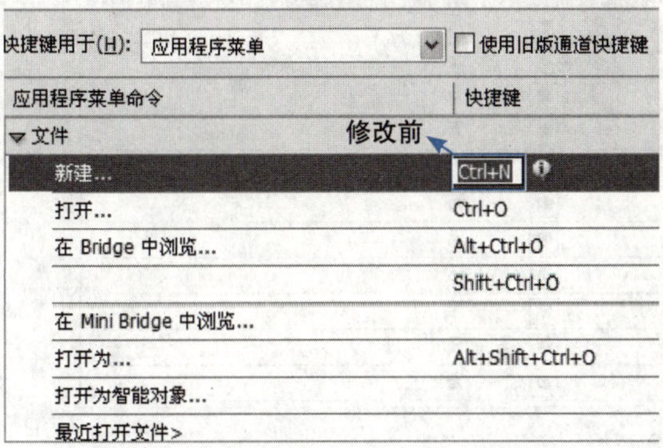

图9-6

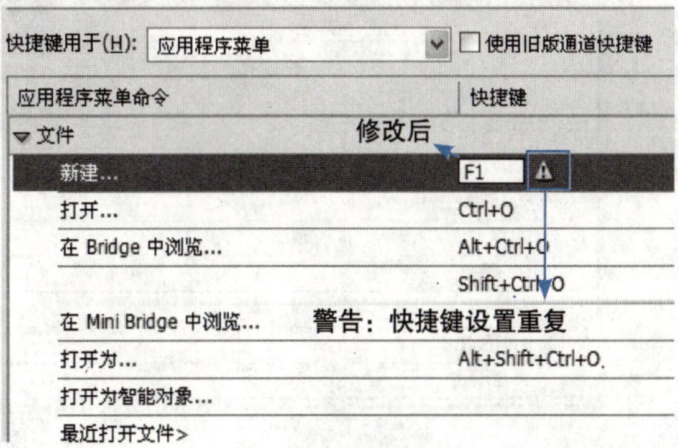

图9-7

913 突出显示菜单

Photoshop 提供的强大快捷键功能，不仅能手动为工具或菜单命令设置快捷键，还可以个性化显示菜单命令。制作网页可以使用Web设计风格的菜单显示模式，调整图像色彩可以用颜色和色调校正模式等，下面进行详细的介绍。

Photoshop CS5的新功能。

执行【窗口】→【工作区】→【CS5新功能】，可以在菜单中突出显示Photoshop CS5的新增功能，如图9-8所示。

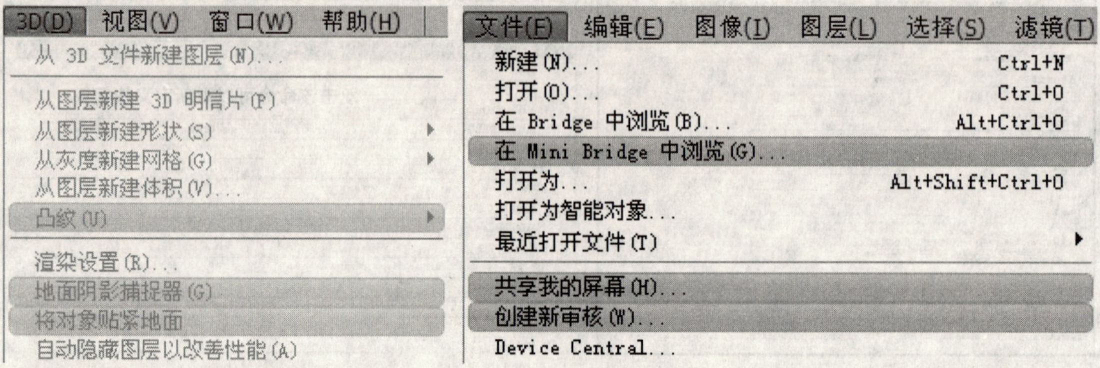

图9-8

用户还可以以3D、设计、动感等多种风格来显示菜单。另外，用户可以根据需要自定义菜单，操作如下。

1 执行【窗口】→【工作区】→【键盘快捷键和菜单】，在弹出的菜单中选择【菜单】选项卡。

2 单击【选择】左侧的三角形按钮，在展开的菜单中，去掉“全部”和“取消选择”等命令的小眼睛图标，如图9-9、图9-10所示。

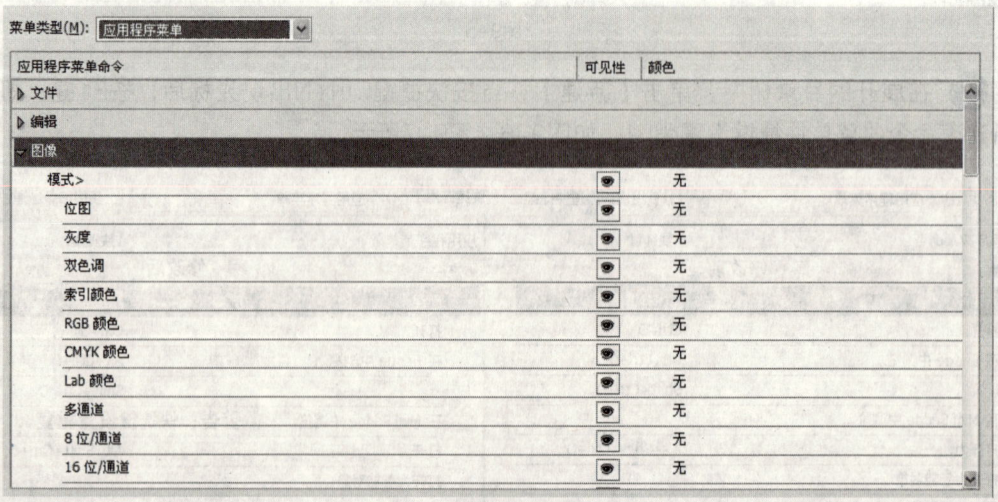

图9-9

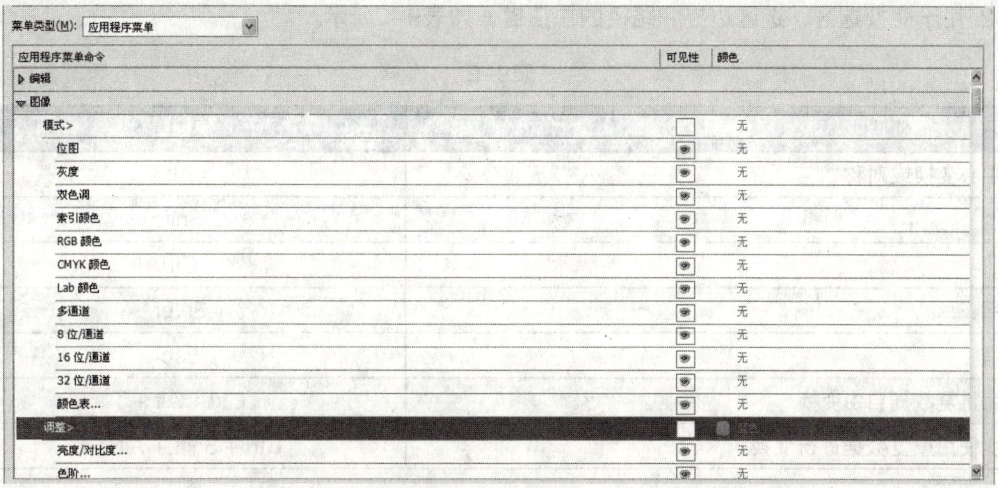

图9-10

③ 单击【确定】按钮，打开【选择】菜单，可以看到，选择菜单内的命令减少，如图9-11所示。

④ 如果需要显示隐藏命令，选择【显示所有菜单项目】即可，如图9-12所示。

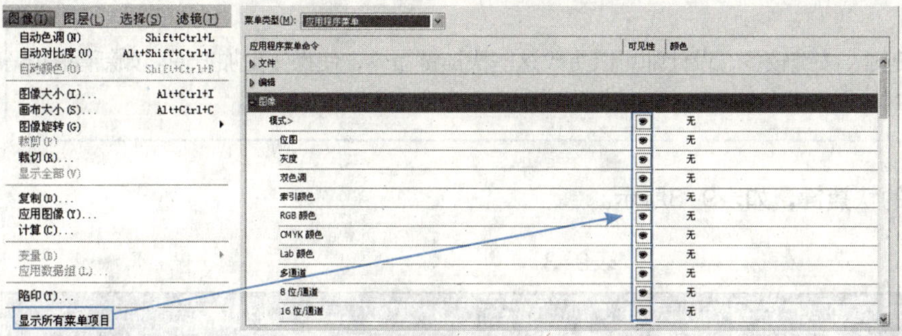

图9-11

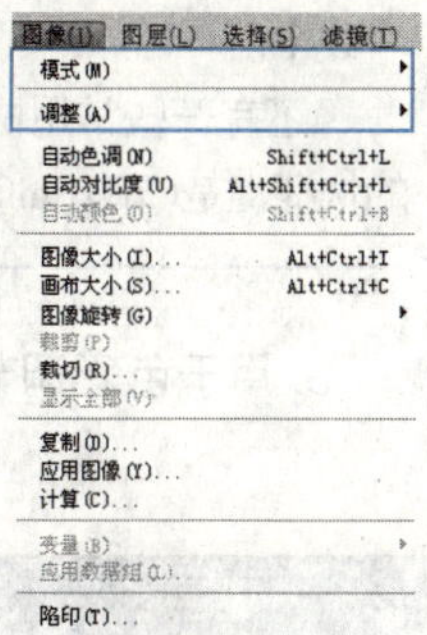

图9-12

9.1.4 常用快捷键整理

下面是Photoshop在平面设计中常用到的快捷键。

1. 用于查看图像的快捷键，如表9-1所示。

表9-1

命令	快捷键
循环切换打开的文档	Ctrl + Tab
“标准”模式和“快速蒙版”模式之间切换	Q
标准屏幕模式、全屏模式和带有菜单栏的全屏模式切换	F
放大100%	双击放大镜
将图像限制在窗口中	双击抓手工具
图像大小	Ctrl+Alt+I
画布大小	Ctrl+Alt+C

2. 用于变换选区、选区边界和路径的快捷键，如表9-2所示。

表9-2

命令	快捷键
从中心变换或对称	Alt
限制	Shift
扭曲	Ctrl
应用	Enter
取消	Esc
使用重复数据自由变换	Ctrl + Alt + T
再次使用重复数据进行变换	Ctrl + Shift + Alt + T

提 示

优化快捷键的命令

有一些常用到的命令，但是未被设置快捷键，设计师可以根据自己的工作习惯对这些命令进行设定。如【窗口】→【历史调板】；【图像】→【裁切】；【图像】→【裁剪】；【视图】→【新建参考线】。

还有一些常用快捷键，按键较多，设计师可以更改这些快捷键命令，使操作更加方便。如新建图层的快捷键是Ctrl+Shift+N，用户可以设置较少的按键来实现这个命令。

3. 用于色彩调节的快捷键，如表9-3所示。

表9-3

命令	快捷键
曲线	Ctrl+M
色阶	Ctrl+L
色相/饱和度	Ctrl+U
去色	Ctrl+Shift+U
色彩平衡	Ctrl+B
反向	Ctrl+I

4. 用于调板的快捷键，如表9-4所示。

表9-4

命令	快捷键
图层	F7
信息	F8
颜色	F6

9.1.5 快捷键的应用

在工作中，如果换到别的电脑或是重新安装了软件，再把自己的快捷键设置一遍会非常繁琐。设计师可以将自己设定好的菜单和快捷键导出为一个文件，存储在U盘或Internet网上，在其他的工作环境中载入自己的设置进行工作。

9.2 动作和批处理功能的运用

Photoshop有强大的自动化处理功能，设计师可以将一系列重复操作制作成为【动作】，在对图像进行调整的过程中，只要单击这些动作即可完成这一系列的操作或通过执行【文件】→【自动】→【批处理】命令，让成百上千张图片自动完成指定的动作。熟悉语言的设计师还可以自己设定脚本。

9.2.1 动作

动作可以帮助设计师完成一系列重复操作，下面列出几个常用动作的制作方法，设计师可以根据自己的工作需要，创建更多的动作。

1. 图像分辨率和颜色模式

印刷通常需要图片分辨率为300像素/英寸，颜色模式为CMYK，但大多数数码相机拍摄出来的分辨率都是72像素/英寸，如果都要手动完成更改，将浪费很多时间，用Photoshop将能够很好地解决这个问题，操作步骤如下。

① 打开一幅数码相片，并执行【窗口】→【动作】命令，打开动作调板，如图9-13所示。

图9-13

② 在动作调板中单击创建新组按钮，创建一个新的组，如图9-14所示。

③ 选中【组1】然后单击新建动作按钮，创建一个新的动作，并命名为“分辨率300”如图9-15所示。

图9-14

图9-15

4 执行【图像】→【图像大小】命令，在弹出的【图像大小】对话框中，去掉对【重定图像像素】的勾选，并设置“分辨率”为300，如图9-16所示，完成后单击【确定】按钮。

5 执行【图像】→【模式】→【CMYK颜色】命令。

6 单击动作调板上的 按钮，结束录制动作，这样一个动作就制作完成了，如图9-17所示。

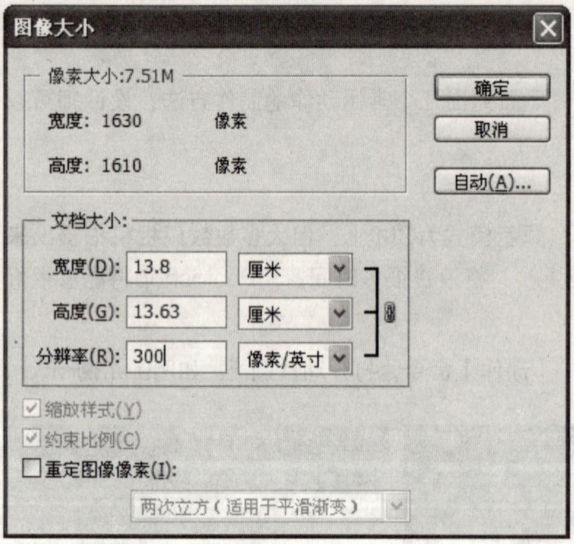

图9-16

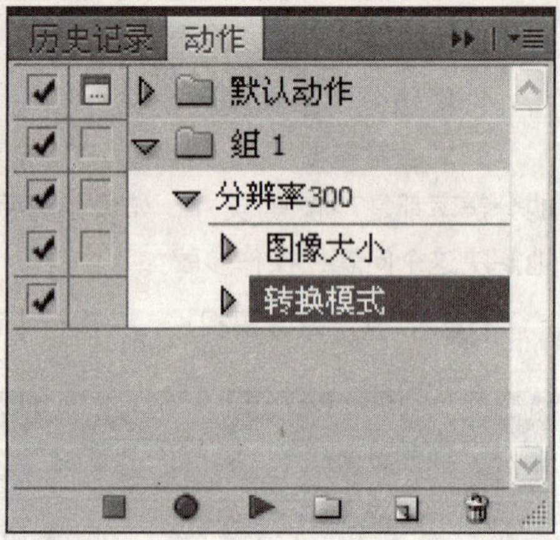

图9-17

提 示

可以将常用的旋转命令如“水平翻转”、“垂直翻转”以及各种角度的旋转都制作成动作，并设定相应的快捷键。双击一个动作，在弹出的对话框中选择一个功能键即可，如图9-18所示。

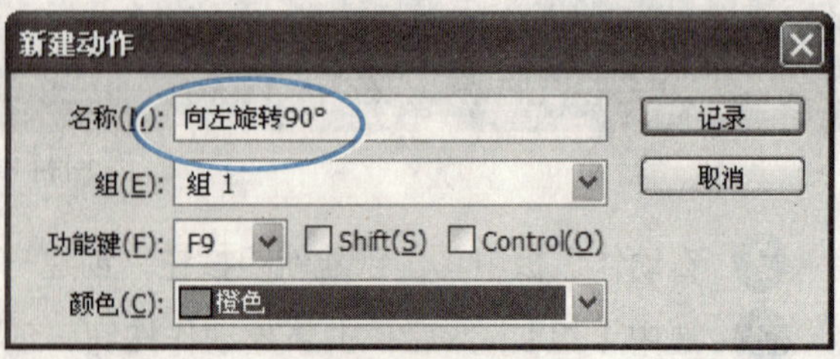

图9-18

9.2.2 批处理

如果有大量的图片需要重复执行某一动作，可以用Photoshop的批处理功能完成。操作方法如下：

❶ 执行【文件】→【自动】→【批处理】命令，弹出【批处理】对话框，如图9-19所示。

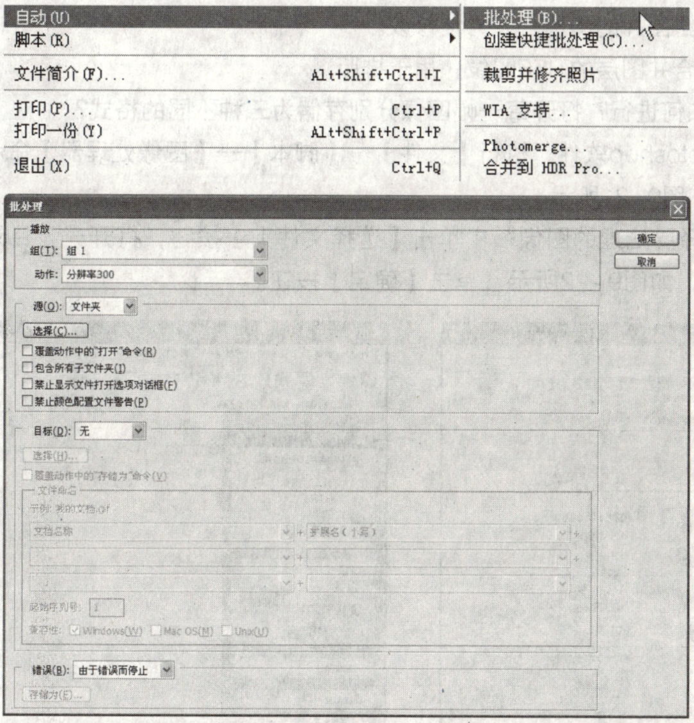

图9-19

❷ 在“组”选项中选择“组1”，在“动作选项”中选择“自定义灰度到RGB”，在“源”选项中选择“文件夹”，并在“选取”选项中找到要批处理的文件夹。

❸ 在“目标”选项中，指定批处理后图像的存储位置。设定完成后，单击【确定】按钮，所有的图片就会自动完成指定的动作，如图9-20所示。

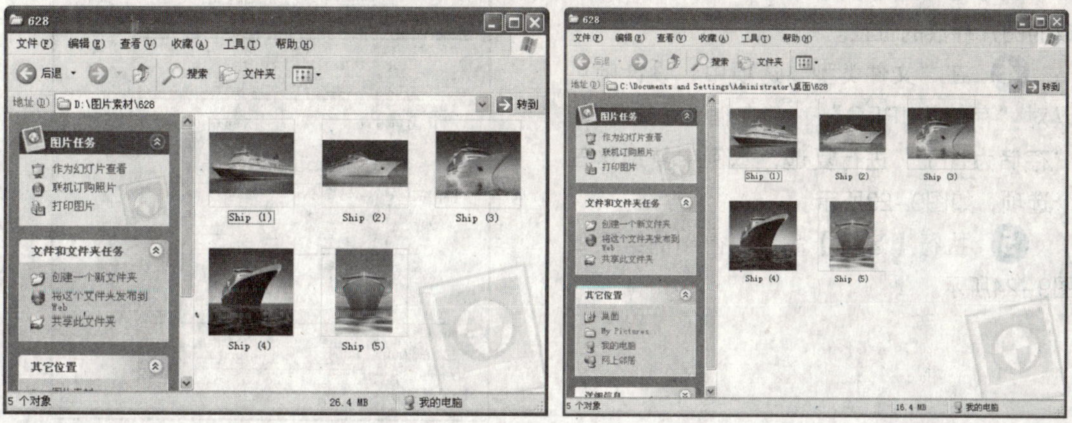

图9-20

9.3 脚本处理器

当一组图片到了设计师手中要进行以下三项工作：

（1）转换为可以上传到公司网站的JPG图像。

（2）保存这组图片的图层，以方便修改。

（3）存储为合并图层的TIFF图像，用于排版。

这样的工作如何进行？打开每一幅图像分别存储为三种不同的格式？

1 打开Photoshop软件，执行【文件】→【脚本】→【图像处理器】命令，弹出【图像处理器】对话框，如图9-21所示。

2 在“选择要处理的图像”中单击【选择文件夹】按钮，打开光盘目录下的“素材\第9章\图像处理器”，如图9-22所示，单击【确定】按钮。

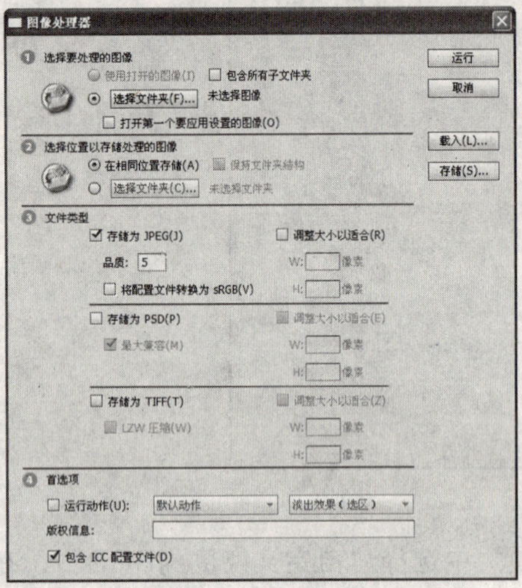

图9-21

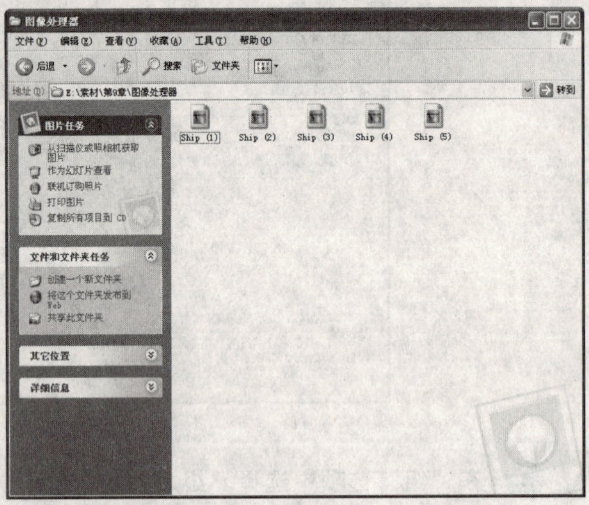

图9-22

3 在“选择位置以存储处理的图像”中单击【选择文件夹】按钮，选择要处理完成的图片存放的位置。

4 在“文件类型”选项中，设计师可以对“存储为JPEG”、“存储为PSD”、“存储为TIFF”进行复选，本例中复选这三个选项，如图9-23所示。

5 执行【运行】命令，得到的结果如图9-24所示。

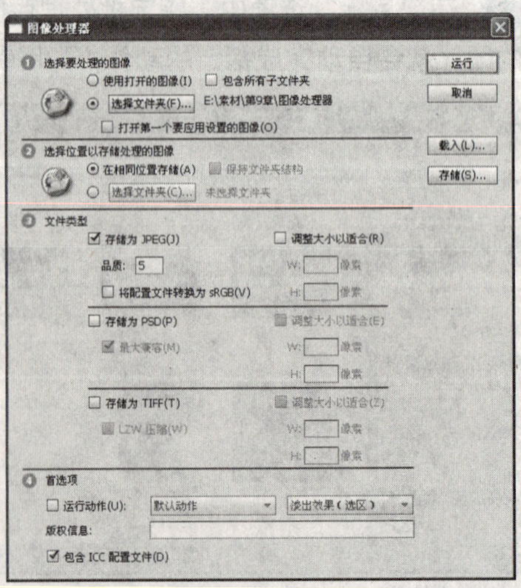

图9-23

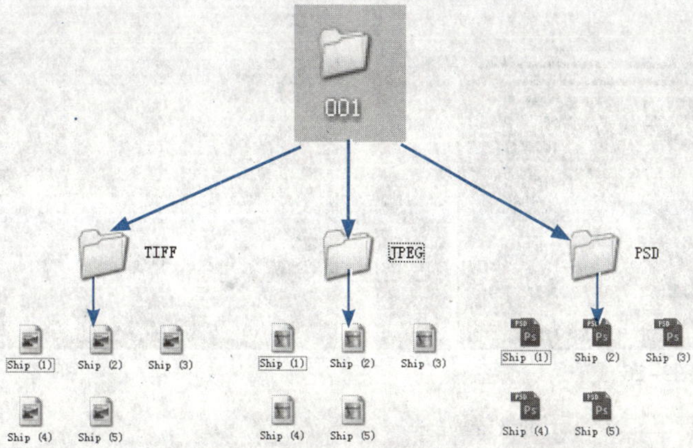

图9-24

9.4 滚动所有窗口的应用

在使用Photoshop调图时经常要对比原图和调整后的效果。在工具箱中选择抓手工具，如果不勾选“滚动所有窗口”，需要手动调整其他图片的位置；如果选择了“滚动所有窗口”，当移动其中一个图像时，其他图像也会发生相应的移动，使调图工作更加轻松。另外组合使用【窗口】→【排列】菜单下的匹配类命令，能够更加便捷地完成工作。

❶ 打开Photoshop软件，执行【文件】→【打开】命令，打开光盘目录下的“素材\第9章\玻璃”，如图9-25所示。

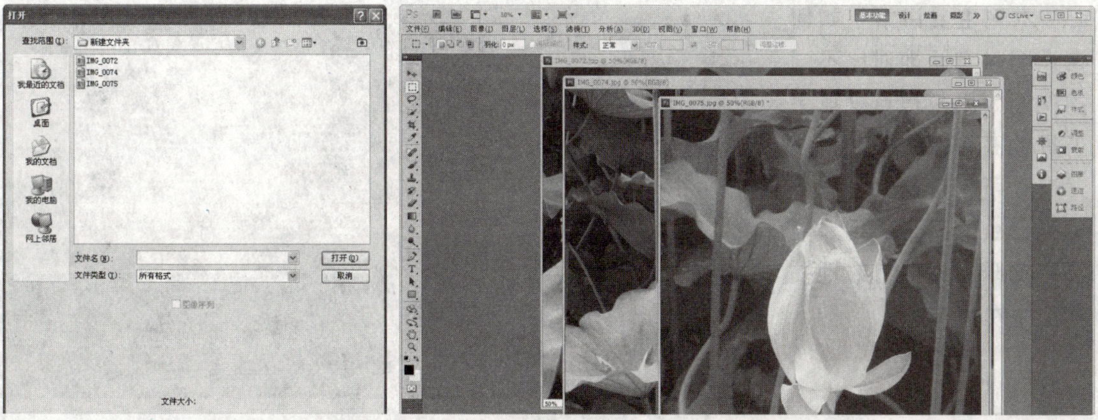

图9-25

❷ 在工具箱中选择【抓手工具】，在控制调板中勾选【滚动所有窗口】复选框，如图9-26所示。

❸ 执行【窗口】→【排列】→【水平平铺】命令，结果如图9-27所示。

❹ 在工具箱中选择【抓手工具】，在任意一幅图像上拖曳鼠标，其他两幅图像都会自动匹配其位置，方便设计师观察效果，如图9-28所示。

❺ 在工具箱中选择【放大镜工具】，在“素材1.jpg”上单击，局部放大选中的素材进行对比观察，如图9-29所示。

图9-26

图9-27

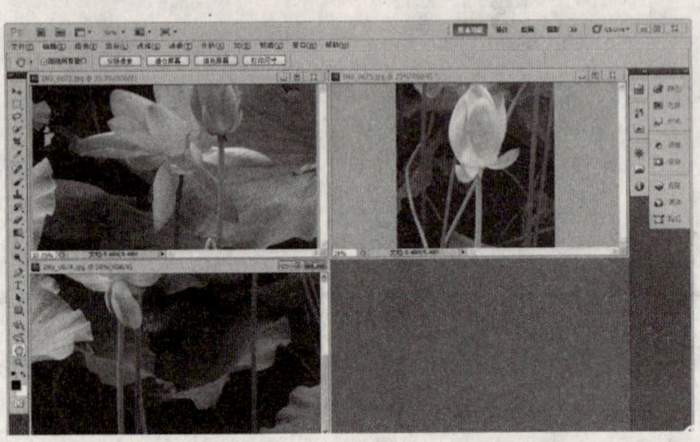

图9-28

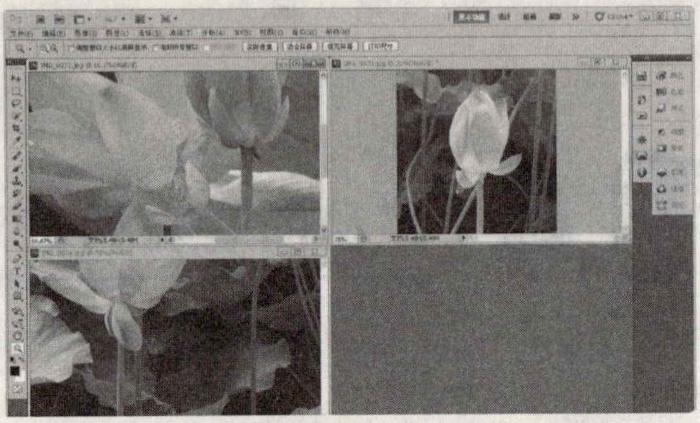

图9-29

6 执行【窗口】→【排列】→【匹配缩放】命令，其他两个图像会自动匹配到刚才放大素材的缩放比例，再执行【窗口】→【排列】→【匹配位置】命令，其他两个图像会自动匹配到刚才放大素材的位置，如图9-30所示。这样设计师就能够更加方便地对比调图效果了。

本例主要讲解了如何在调图时方便地对比不同的调图效果，重点是抓手工具的高级运用技巧——“滚动所有窗口”，以及排列命令的配合使用。能够在实际工作中有效地提高工作效率。

图9-30

9.5 小结

本章讲解了使用Photoshop快捷键来提高工作效率的途径和运用Photoshop进行自动化处理的强大功能，让设计师将一系列重复的操作制作成为【动作】来提高工作效率。

10 第10章 实战案例

10.1 设计制作台历封面

本章使用多种功能制作台历封面，案例中人物使用滤镜功能制作，花朵用到了通道和蒙版等，如图10-1所示。

图10-1

10.1.1 任务分析

向人体表面覆盖文字，可以使用滤镜功能的【置换】命令，从而很好地实现效果。覆盖制作燃绕的花朵，可以先利用通道将火焰抠选出来，然后再利用蒙版控制显示/隐藏效果，最后可以通过调整混合模式，使花朵看起来更加美观。

10.1.2 操作步骤

1 新建文档，将素材“背景.jpg”拖曳到新建的文档中，将图层命名“背景”，效果及参数设置如图10-2所示。

2 新建图层并命名为“渐变”，使用【矩形选框工具】框选出一个长方形，将该图层填充渐变，如图10-3所示。

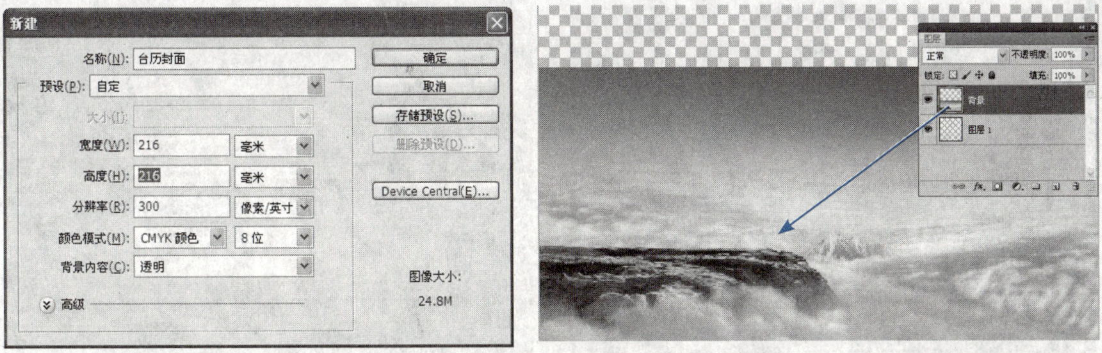

图10-2

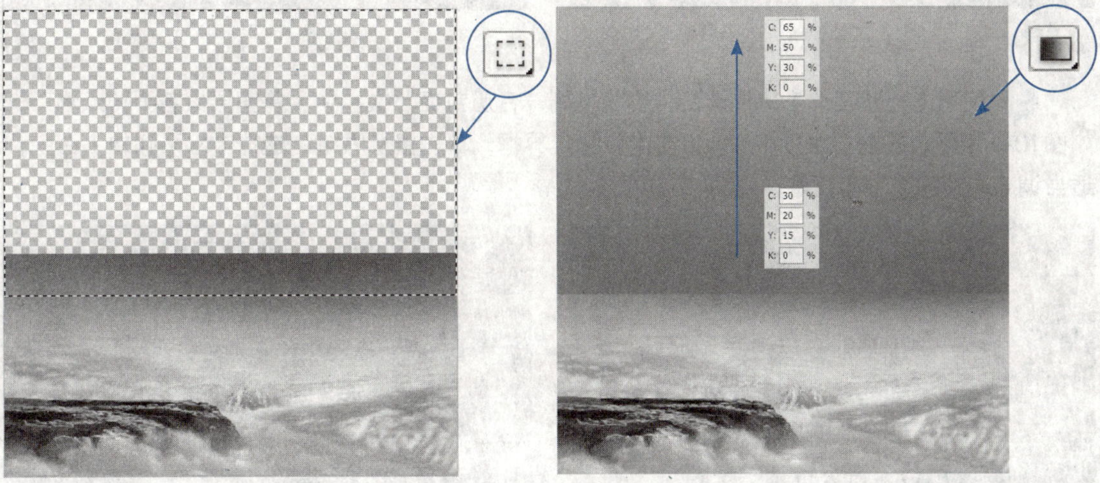

图10-3

3 为“渐变”图层添加蒙版，如图10-4所示。确认前景色为“黑色”，使用【画笔工具】在渐变和背景处涂抹，适当调节不透明度，使其自然融合，如图10-5所示。

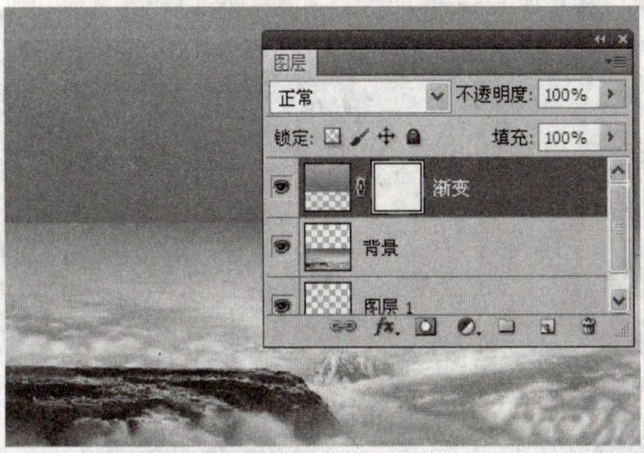

图10-4

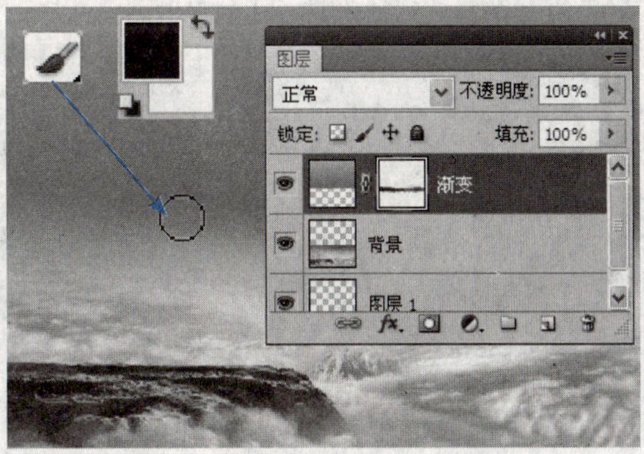

图10-5

4 打开素材“人物”，使用【钢笔工具】将素材中的人物抠选出来，如图10-6所示。打开【路径】调板，按住Ctrl键单击路径缩略图载入选区，如图10-7所示。

图10-6

图10-7

5 使用【移动工具】将抠选的人物拖曳到“台历封面”文档中，将图层命名为“人物”，如图10-8所示；按快捷键Ctrl+T调出自由变化定界框，单击鼠标右键，选择【水平翻转】命令，适当调节人物的大小和位置，如图10-9所示。

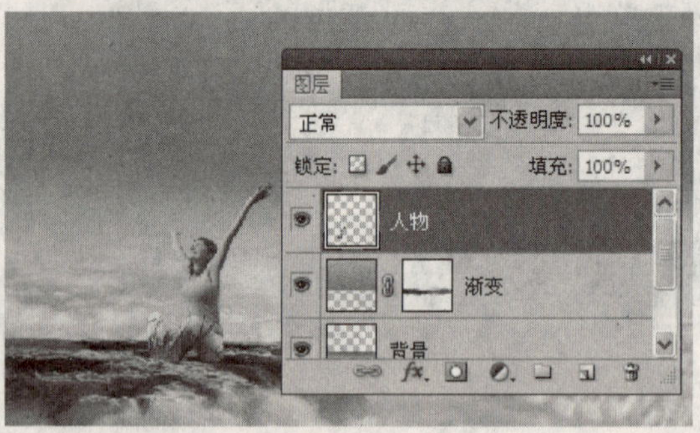

图10-8

图10-9

6 选择【污点修复画笔工具】，在选项栏中选中“内容识别”选项，然后在人物腿部与小草重合的地方涂抹，如图所10-10所示；持续涂抹，直至小草全部消失，如图10-11所示。

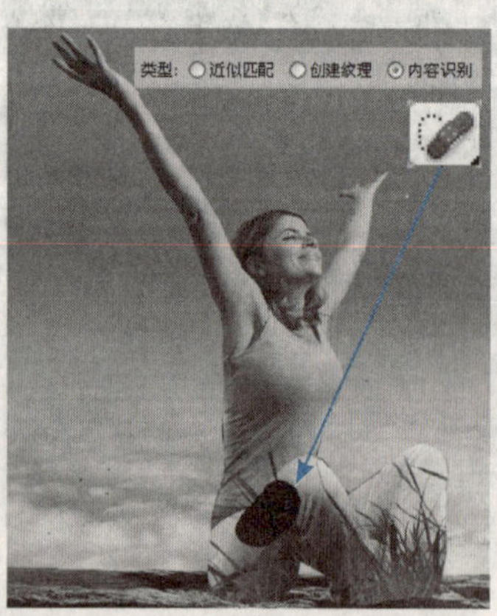

图10-10

图10-11

7 使用【横排文字工具】，在文本框中输入任意英文字母，覆盖于人体表面，并将图层命名为“横文字”，使用【直排文字工具】，在文本框中输入任意的英文字母，同样放到人体表面，并将图层命名为“竖文字”，如图10-12所示。复制图层“横文字”和“竖文字”，调节不透明度，使文字将人体覆盖，如图10-13所示。

图10-12

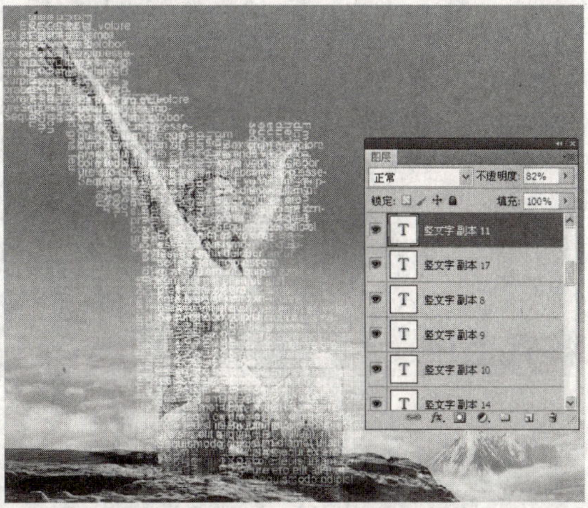
图10-13

8 使用【直排文字工具】在文档中输入“Photoshop”，将图层“Photoshop”复制两次，调节不透明度，并放在合适的位置，如图10-14所示。使用【直排文字工具】在文档中输入“Indesign”、“Illustrator”，并分别调节不透明度并复制两次，放在适当位置，如图10-15所示。

图10-14

图10-15

9 按快捷键Ctrl+E合并所有文字图层，复制“人物”层得到“人物副本”，关闭眼睛图标，使其隐藏，选中图层“人物”，执行【图像】→【调整】→【去色】命令，将人物去色，如图10-16所示。选中合并的文字图层，在【图层样式】对话框中选择【投影】选项，设置如图10-17所示。

10 将合并的文字层隐藏，保存文档。显示并选中文字图层，执行【滤镜】→【扭曲】→【置换】命令，在弹出【置换】对话框中单击【确定】按钮，在弹出的【选取一个置换图】对话框中选择刚保存的文档，单击【打开】按钮，如图10-18所示；将图层“人物”隐藏，选中“人物副本”图层，按住Ctrl键单击图层缩略图载入选区，按快捷键Ctrl+Shift+I反向选择，选中合并的文字层，按Delete键删除，如图10-19所示。

图10-16

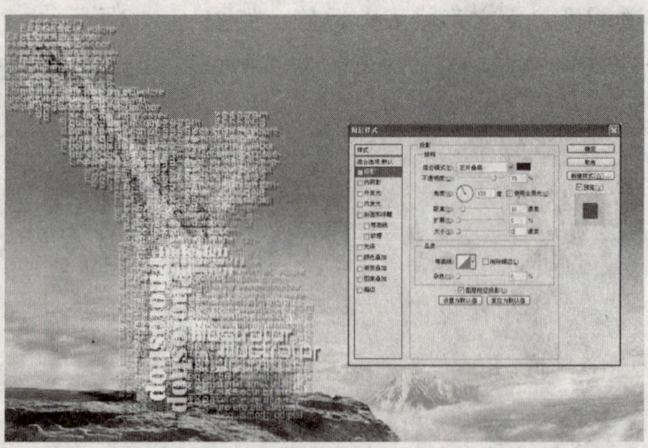

图10-17

图10-18

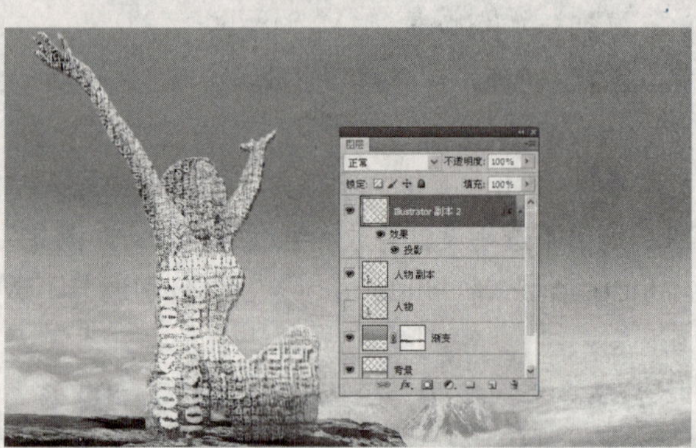

图10-19

11 选中文字层，将其载入选区并反选，选中“人物副本”层，按Delete键删除，取消选择，如图10-20所示。将“人物副本”图层拖曳到合并的文字层上方，将“人物副本”图层混合模式设置为“线性加深”，如图10-21所示。

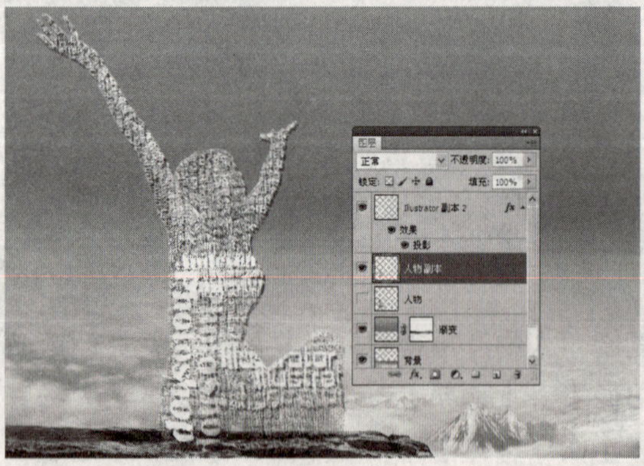

图10-20

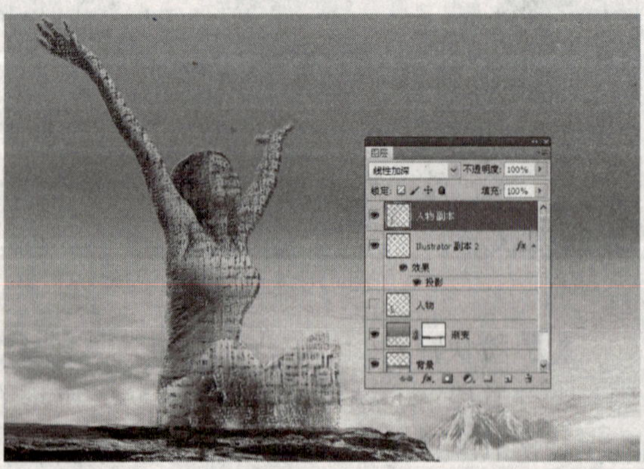

图10-21

12 选中文字层，在“效果”上单击鼠标右键，如图10-22所示。单击弹出的下拉菜单中【创建图层】命令，在弹出的对话框中单击【确定】按钮，将“人物”图层载入选区并反选，选中形成的“投影”层，按Delete键删除，将多出来的阴影删掉，如图10-23所示。

图10-22

图10-23

13 打开素材“花.psd”，将“花”图层载入选区，将“羽化半径”设置为10像素，如图10-24所示。为“花”设置描边，如图10-25所示。

图10-24

图10-25

14 打开素材“火1.jpg”，将“红”通道载入选区，如图10-26所示。将素材“火1.jpg”复制并粘贴到“花”文档中，调整到合适的大小并将图层命名为“火1”，如图10-27所示。

图10-26

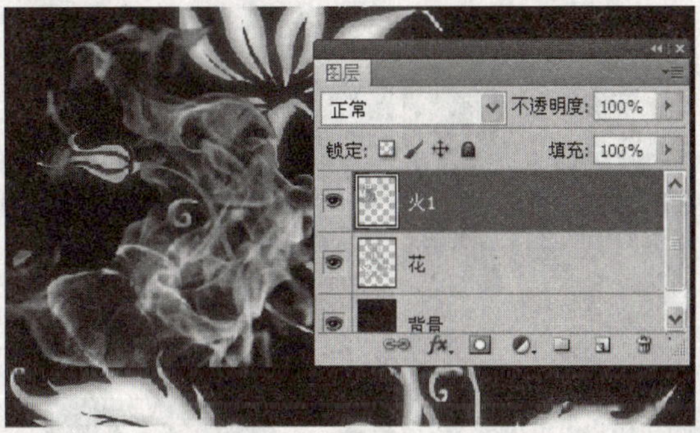

图10-27

15 按快捷键Ctrl+T调节其大小和方向，如图10-28所示。单击右键，选择【变形】命令，调整使其变形，设置混合模式为“滤色”，如图10-29所示。

图10-28

图10-29

16 为“火1”图层添加图层蒙版，使用【画笔工具】，将前景色设置为“黑色”，调整不透明度，对多余的火焰涂抹，如图10-30所示，调整效果，如图10-31所示。

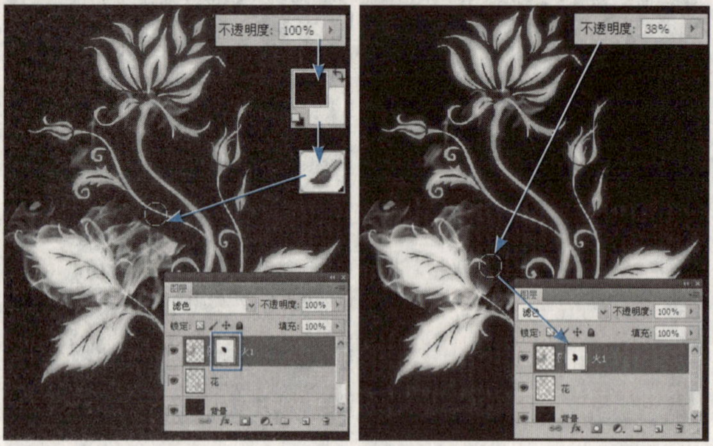

图10-30

图10-31

17 打开素材“火2”，将“红”通道载入选区，将其复制并粘贴到“花”文档中，调整其大小，如图10-32所示。使用【套索工具】将火焰下方的手框选出来，并将其删除，将图层命名为“火2”，如图10-33所示。

图10-32

图10-33

18 将该图层的不透明度调整为50%，按快捷键Ctrl+T调整其大小和方向，使其与花骨朵的大小相似，如图10-34所示。将不透明度设置为100%，混合模式设置为“滤色”，如图10-35所示。

图10-34

图10-35

19 为“火2”图层添加图层蒙版，确将前景色设置为“黑色”，使用【画笔工具】删除火焰中不需要的部分，如图10-36所示。

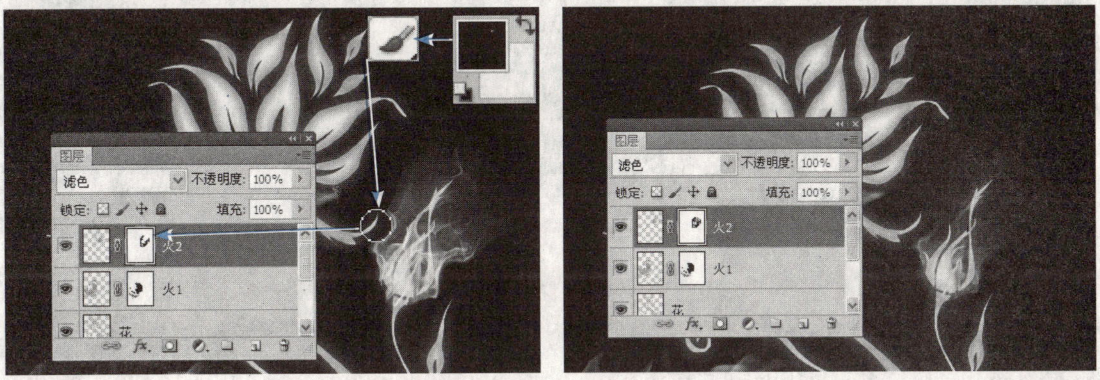

图10-36

20 使用同样的方法将其他火焰素材按需求放到合适的位置，并使其均匀自然，如图10-37所示。

图10-37

21 选中所有图层，按快捷键Ctrl+E合并所有图层，如图10-38所示。使用【移动工具】将其拖曳到“台历封面”文档中，如图10-39所示。

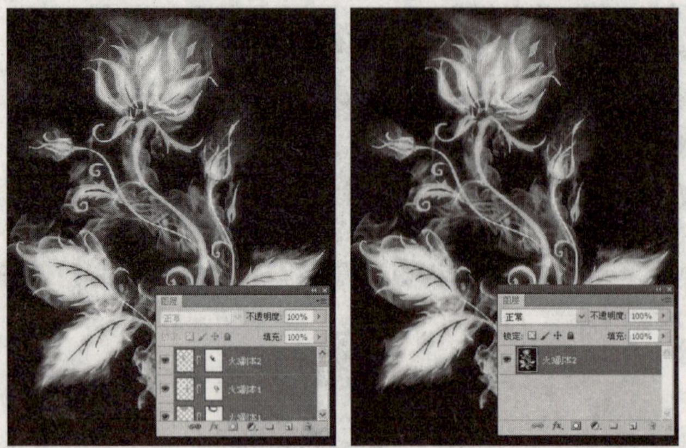

图10-38

图10-39

22 将该图层混合模式设置为“变量”，如图10-40所示；按快捷键Ctrl+T调整其位置的大小，如图10-41所示。

图10-40

图10-41

23 将该图层命名为“花朵”，为“花朵”图层添加图层蒙版，将前景色设置为“黑色”，使用【画笔工具】在花朵根部涂抹，并适当调节不透明度，如图10-42所示。使花朵的根部与云雾自然融合，如图10-43所示。

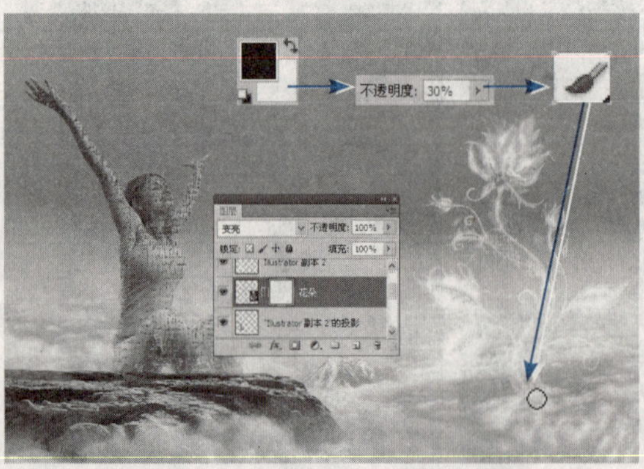

图10-42

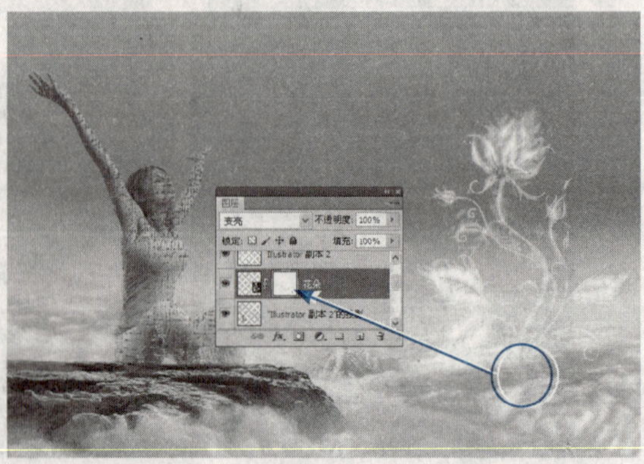

图10-43

24 打开素材“鸟”，使用【钢笔工具】将其抠选出来，并载入选区，如图10-44所示。使用【移动工具】将抠选出来的鸟拖曳到“台历封面”文档中，如图10-45所示。

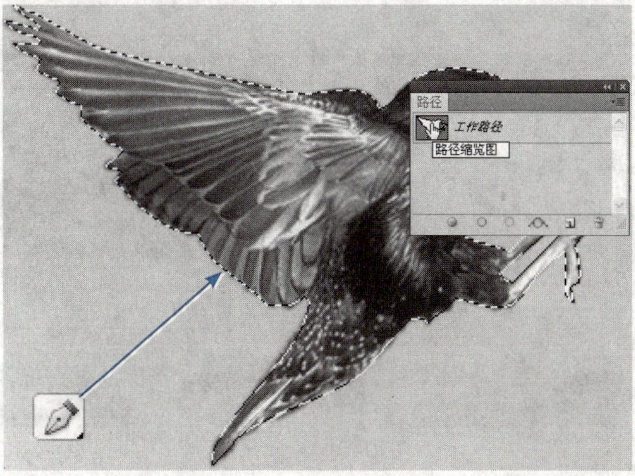

图10-44

图10-45

25 将图层命名为“鸟”，按快捷键Ctrl+T水平翻转并调节大小和方向，如图10-46所示。打开素材“火5”，载入“红”通道，将其复制并粘贴到“台历封面”文档中，适当调整大小、方向和位置，如图10-47所示。

图10-46

图10-47

26 将该图层命名为“翅膀”，为该图层添加图层蒙版，使用【画笔工具】涂掉不需要的部分，如图10-48所示。设置图层混合模式为“滤色”，复制两次该图层，如图10-49所示。

图10-48

图10-49

27 使用【横排文字工具】，分别输入“蓝海教育”和“2011”，设置如图10-50所示。选中图层“蓝海教育”和“2011”并将其载入选区，打开【通道】调板，新建专色通道，命名为“烫金”，如图10-51所示。

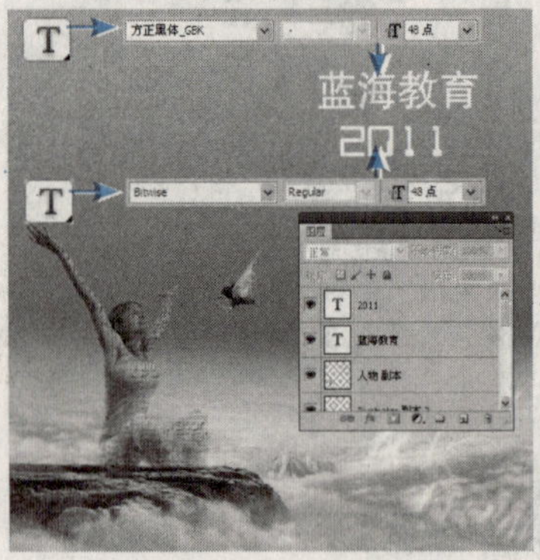

图10-50

图10-51

28 打开【图层】调板，将“蓝海教育”和“2011”图层删除，如图10-52所示。如此便完成了台历封面的设计与制作，台历封面的效果如图10-53所示。

图10-52

图10-53

10.2 小结

本章通过综合案例介绍了Photoshop 各种工具和命令的综合应用。通过综合案例的制作，让读者熟悉了Photoshop 的各种工具和命令。